沙生灌木资源利用

王喜明　薛振华　王雅梅　贺　勤　等◎著

中国林业出版社
·北京·

图书在版编目(CIP)数据

沙生灌木资源利用 / 王喜明等著. —北京：中国林业出版社，2020.6
ISBN 978 - 7 - 5219 - 0533 - 5

Ⅰ.①沙…　Ⅱ.①王…　Ⅲ.①沙生植物 - 灌木 - 资源利用 - 研究　Ⅳ.①S718.4

中国版本图书馆 CIP 数据核字(2020)第 066783 号

中国林业出版社·建筑分社

责任编辑：陈 惠 杜 娟

出　　版	中国林业出版社(100009 北京西城区刘海胡同 7 号)	
网　　站	http：//www. forestry. gov. cn/lycb. html	
印　　刷	北京中科印刷有限公司	
发　　行	中国林业出版社	
电　　话	(010)8314 3500	
版　　次	2020 年 6 月第 1 版	
印　　次	2020 年 6 月第 1 次	
开　　本	787 mm×1092 mm　1/16	
印　　张	13.5	
字　　数	330 千字	
定　　价	80.00 元	

序

我国木材供需矛盾长期突出，大力发展人造板工业成为解决我国木材供需矛盾的主要技术措施。中华人民共和国成立 70 年来，我国人造板工业取得了巨大发展，人造板年产量已超过 3 亿 m³ 居世界第一，而且在原料利用、产品结构质量及技术装备等方面均有很大提高，有些领域已达到国际领先水平。为了进一步拓宽人造板原料范围，我国又陆续开发了竹材和农业剩余物人造板，并使竹材人造板和农业剩余物人造板相继实现了产业化。与此同时，内蒙古农业大学大胆地开发研究了沙生灌木人造板，并在鄂尔多斯等政府部门的支持下于 1989 年在毛乌素沙地建设了我国第一条年产 5000m³ 沙柳材刨花板生产线，实现了沙生灌木枝条的工业化利用。该生产线的运行不仅带动了当地林产工业的发展，而且为农牧民种植的沙生灌木枝条找到了销路，种植沙生灌木林帮助当地农牧民实现脱贫致富。生产线运行 30 多年来，不仅企业取得了可观的经济效益，同时也使当地沙生灌木的种植面积翻了数十番，这种效应大大地带动了当地沙生灌木利用产业的发展，至今已建设了 15 条以沙生灌木为原料的刨花板和中密度纤维板生产线，人造板总产量达 58 万 m³，为我国人造板工业的发展谱写了光辉的一页，同时也为发展我国沙产业开辟了一条史无前例的途径。

内蒙古农业大学在沙生灌木和农业剩余物人造板技术开发和推广方面做了大量的工作，也取得了很大的成绩。在全面实施党中央提出的西部大开发战略中有必要推广此项技术。融木材工业与沙漠治理为一体，统筹协调发展，建立以经济发展促进良性生态环境的建设，以良性生态环境和合理开发利用生态系统促进经济发展的循环体系，最终取得经济建设和沙地治理双丰收。

2020 年 3 月

前　言

　　沙生灌木是生长在干旱和半干旱地区灌木的统称。这些灌木是经过大自然长期选择保留下来的，用于保护和改善沙漠、荒漠化等干旱和半干旱地区生态环境的主要树种。由于这些灌木树种容易种植和成活，且具有保持水土质量、防止水土流失、改良土壤性质、阻止风沙流动等良好的生态环境功能，目前是沙地造林的主要树种。据统计，我国西北六省（自治区）沙生灌木林面积达 986 万 hm^2，其中内蒙古为 454 万 hm^2，居首位；"十一五"期间，内蒙古每年沙生灌木造林面积 47 万 hm^2，占全区造林面积的 70%。"十二五"期间，内蒙古的造林为 400 万 hm^2，其中沙生灌木林的面积达 280 万 hm^2。到"十三五"期间，沙生灌木种植面积达到 400 万 hm^2。沙生灌木的一个重要的生物学特性就是每 3 到 7 年需平茬复壮，否则就枯死。据测算，每次平茬产沙生灌木枝条 2958 万 t，可生产人造板 2112 万 m^3，代替原木 6336 万 m^3，创造产值 633.6 亿元，农牧民卖沙生灌木收入 41.1 亿元。

　　回顾沙生灌木枝条工业化利用的发展历程，原伊克昭盟东胜市曼赖乡政府于 1987 年最先提出利用当地平茬收获的沙柳枝条制造刨花板，拟在当地建设一条年产 5000m^3 的沙柳刨花板生产线，并把沙柳刨花板生产技术交由当时的内蒙古林学院木材加工教研室完成。至此拉开了沙生灌木枝条工业化利用的科学研究、生产技术推广和工业化建设的序幕。期间遇到的困难除了资金、技术和装备外，最大的困难来自观念。多数林学专家学者认为在干旱和半干旱地区能够存活和保留下的灌木是几代造林人的汗水，工业化利用必将带来对沙生灌木林的大面积采伐，过不了几年灌木林地又将变为沙漠。专家们却认为，沙生灌木资源的开发不仅不会破坏生态环境，反而可以促进生态环境的建设。这是因为：(1)沙生灌木的再生能力强，平茬复壮是沙生灌木树种的一种抚育措施，平茬采伐消耗的是枝条蓄积量，而并不消耗面积总量，灌丛平茬 3 年后即可恢复原状，并且长势越来越旺，灌丛面积越采伐越大。(2)沙生灌木资源种源丰富，造林技术简单，成活率高，成本低，防护效益好。如果有经济利益的驱动，会极大地提高农牧民种植沙生灌木林的积极性。(3)农牧民种植沙柳有可观的经济收入，比在水蚀和沙地种粮食收成高，投入劳动力少，有利于农村产业结构的调整。(4)西部干旱和半干旱地区有大量的沙地和水蚀地等待开发种植，仅伊盟地区还有近 3.5 万 km^2 水蚀地和 3.5 万 km^2 的风蚀沙化地可用来开发种植。

　　40 年的实践证明，沙生灌木枝条的工业化利用不仅缓解了当地木材资源的供需矛盾，成为了当地林产工业的支柱产业，生产企业在自身取得可观经济效益的前提下，农牧民靠沙生灌木枝条有了可观的收入，进而激发了他们种植沙柳的积极性，沙生灌木林的种植面积逐年提高，使当地沙生灌木林的生态和产业功能得以双飞。因此，沙生灌木人造板工业的发展可以促进当地经济建设，并为改善当地生态环境开创一项崭新的沙产业。

内蒙古农业大学木材科学与技术学科先辈张恭副教授、高志悦教授、张海升教授、郑宏奎教授、安珍教授、牛耕芜副教授等对沙生灌木人造板工业的发展做了大量的工作，在此向他们表示崇高的敬意。

在本书的编写过程中参考了大量有关沙生灌木资源利用方面的资料，有些资料不属于正式出版物，所以没有列入参考文献，在这里一并向他们致谢！

全书共7章，由王喜明教授主编，编著人员分工如下：前言和第1章由王喜明（内蒙古农业大学）编写；第2章由王喜明和王雅梅（内蒙古农业大学）编写；第3章由冯利群（内蒙古农业大学）、贺勤（内蒙古农业大学）编写；第4章、第5章由张桂兰研究员（中国科学研究院理化所）、李奇（内蒙古农业大学）编写；第6章由红岭（内蒙古农业大学）编写；第7章由薛振华、贺勤（内蒙古农业大学）编写。

限于时间和水平，书中难免存在不妥之处，敬请读者和同行不吝赐教，深表谢意！

目　　录

第1章
沙生灌木资源与利用概述

进入 21 世纪以来，尽管我国荒漠化和沙化土地面积持续减少，但荒漠化和沙化状况依然严重，防治形势依然严峻。为解决这一问题，广大木材工业科技工作者紧紧围绕我国西部干旱和半干旱地区沙生灌木资源的现状，结合当地林产工业发展的需要，进行科学研究和技术推广，并取得了一定的成果。

1.1　我国沙漠及其治理现状

开展荒漠化和沙化监测是我国荒漠化和沙化防治的一项重要基础工作，根据《中华人民共和国防沙治沙法》和《联合国防治荒漠化公约》的有关要求，2013 年 7 月至 2015 年 10 月底，国家林业局组织相关部门单位开展了第五次全国荒漠化和沙化监测工作。共区划和调查图斑 634.46 万个，建立现地调查图片库 24.46 万个，获取各类信息记录 3.43 亿条，获得了截至 2014 年年底全国荒漠化和沙化土地现状及动态变化信息。监测结果显示，截至 2014 年，我国荒漠化土地面积 261.16 万 km^2，沙化土地面积 172.12 万 km^2。与 2009 年相比，5 年间荒漠化土地面积净减少 $12120km^2$，年均减少 $2424km^2$；沙化土地面积净减少 $9902km^2$，年均减少 $1980km^2$。

监测结果表明，自 2004 年以来，我国荒漠化和沙化状况连续 3 个监测期"双缩减"，呈现整体遏制、持续缩减、功能增强、成效明显的良好态势，但防治形势依然严峻。

1.1.1　荒漠化和沙化土地现状

1.1.1.1　荒漠化土地现状

截至 2014 年，全国荒漠化土地总面积 261.16 万 km^2，占国土总面积的 27.20%，分布于北京、天津、河北、山西、内蒙古、辽宁、吉林、山东、河南、海南、四川、云南、西藏、陕西、甘肃、青海、宁夏、新疆 18 个省(自治区、直辖市)的 528 个县(旗、市、区)。

各省区荒漠化现状。主要分布在新疆、内蒙古、西藏、甘肃、青海 5 省(自治区)，面积分别为 107.06 万 km²、60.92 万 km²、43.26 万 km²、19.50 万 km²、19.04 万 km²，5 省（自治区）荒漠化土地面积占全国荒漠化土地总面积的 95.64%；其他 13 省（自治区、直辖市）占 4.36%。

各气候类型区荒漠化现状。干旱区荒漠化土地面积为 117.16 万 km²，占全国荒漠化土地总面积的 44.86%；半干旱区荒漠化土地面积为 93.59 万 km²，占 35.84%；亚湿润干旱区荒漠化土地面积为 50.41 万 km²，占 19.30%。

荒漠化类型现状。风蚀荒漠化土地面积 182.63 万 km²，占全国荒漠化土地总面积的 69.93%；水蚀荒漠化土地面积 25.01 万 km²，占 9.58%；盐渍化土地面积 17.19 万 km²，占 6.58%；冻融荒漠化土地面积 36.33 万 km²，占 13.91%。

荒漠化程度现状。轻度荒漠化土地面积 74.93 万 km²，占全国荒漠化土地总面积的 28.69%；中度荒漠化土地面积 92.55 万 km²，占 35.44%；重度荒漠化土地面积 40.21 万 km²，占 15.40%；极重度荒漠化土地面积 53.47 万 km²，占 20.47%。

1.1.1.2 沙化土地现状

截至 2014 年，全国沙化土地总面积 172.12 万 km²，占国土总面积的 17.93%，分布在除上海、台湾及香港和澳门特别行政区外的 30 个省（自治区、直辖市）的 920 个县（旗、区）。

各省区沙化土地现状。主要分布在新疆、内蒙古、西藏、青海、甘肃 5 省（自治区），面积分别为 74.71 万 km²、40.79 万 km²、21.58 万 km²、12.46 万 km²、12.17 万 km²，5 省（自治区）沙化土地面积占全国沙化土地总面积的 93.95%；其他 25 省（自治区、直辖市）占 6.05%。

沙化土地类型现状。流动沙地（丘）面积 39.89 万 km²，占全国沙化土地总面积的 23.17%；半固定沙地（丘）面积 16.43 万 km²，占 9.55%；固定沙地（丘）面积 29.34 万 km²，占 17.05%；露沙地面积 9.10 万 km²，占 5.29%；沙化耕地面积 4.85 万 km²，占 2.82%；风蚀劣地（残丘）面积 6.38 万 km²，占 3.71%；戈壁面积 66.12 万 km²，占 38.41%；非生物治沙工程地面积 89km²，占 0.01%。

沙化程度现状。轻度沙化土地面积 26.11 万 km²，占全国沙化土地总面积的 15.17%；中度面积 25.36 万 km²，占 14.74%；重度面积 33.35 万 km²，占 19.38%；极重度面积 87.29 万 km²，占 50.71%。

沙化土地植被覆盖现状。沙化土地上的植被以草本和灌木为主，植被覆盖为草本型的沙化土地面积 71.89 万 km²，占全国沙化土地总面积的 41.77%；植被覆盖为灌木型的沙化土地面积 38.51 万 km²，占 22.37%；植被覆盖为乔灌草型的沙化土地面积 6.08 万 km²，占 3.53%；植被覆盖为纯乔木型的沙化土地面积 0.52 万 km²，仅占 0.30%。无植被覆盖型（指植被盖度小于 5% 和沙化耕地）的沙化土地面积 55.13 万 km²，占全国沙化土地总面积的 32.03%。

1.1.1.3 具有明显沙化趋势的土地现状

具有明显沙化趋势的土地主要是指由于土地过度利用或水资源匮乏等原因，造成的临界于沙化与非沙化土地之间的一种退化土地，虽然目前还不是沙化土地，但已具有明显的沙化趋势。

截至 2014 年，全国具有明显沙化趋势的土地面积为 30.03 万 km^2，占国土总面积的 3.13%。主要分布在内蒙古、新疆、青海、甘肃 4 省（自治区），面积分别为 17.40 万 km^2、4.71 万 km^2、4.13 万 km^2、1.78 万 km^2，其面积占全国具有明显沙化趋势的土地面积的 93.3%。

1.1.2 荒漠化和沙化土地动态

1.1.2.1 荒漠化土地动态变化

与 2009 年相比，全国荒漠化土地面积净减少 $12120km^2$，年均减少 $2424km^2$。

各省份荒漠化动态变化。与 2009 年相比，18 个省（自治区、直辖市）的荒漠化土地面积全部净减少。其中，内蒙古减少 $4169km^2$，甘肃减少 $1914km^2$，陕西减少 $1443km^2$，河北减少 $1156km^2$，宁夏减少 $1097km^2$，山西减少 $622km^2$，新疆减少 $589km^2$，青海减少 $507km^2$。

荒漠化类型动态变化。与 2009 年相比，风蚀荒漠化土地减少 $5671km^2$，水蚀荒漠化土地减少 $5109km^2$，盐渍化土地减少 $1100km^2$，冻融荒漠化减少 $240km^2$。

荒漠化程度动态变化。与 2009 年相比，轻度荒漠化土地增加 8.36 万 km^2，中度荒漠化土地减少 4.29 万 km^2，重度荒漠化土地减少 2.44 万 km^2，极重度荒漠化土地减少 2.83 万 km^2。

1.1.2.2 沙化土地动态变化

与 2009 年相比，全国沙化土地面积净减少 $9902km^2$，年均减少 $1980km^2$。

各省份沙化土地动态变化。与 2009 年相比，内蒙古等 29 省（自治区、直辖市）沙化土地面积都有不同程度的减少。其中，内蒙古减少 $3432km^2$，山东减少 $858km^2$，甘肃减少 $742km^2$，陕西减少 $593km^2$，江苏减少 $585km^2$，青海减少 $570km^2$，四川减少 $507km^2$。

沙化土地类型动态变化。与 2009 年相比，流动沙地（丘）减少 $7282km^2$，半固定沙地（丘）减少 $12841km^2$，固定沙地（丘）增加 $15506km^2$，露沙地减少 $8722km^2$，沙化耕地增加 $3905km^2$。

沙化程度动态变化。与 2009 年相比，轻度沙化土地增加 4.19 万 km^2，中度沙化土地增加 0.41 万 km^2，重度沙化土地增加 1.89 万 km^2，极重度沙化土地减少 7.48 万 km^2。

1.1.2.3 具有明显沙化趋势的土地动态变化

与 2009 年相比，全国具有明显沙化趋势的土地面积减少 $10723km^2$，年均减少 $2145km^2$。其中，内蒙古减少 $3989km^2$，甘肃减少 $3978km^2$，宁夏减少 $669km^2$，新疆减少 $471km^2$，河北减少 $404km^2$，青海减少 $338km^2$，陕西减少 $329km^2$。

1.1.3 当前荒漠化和沙化总体趋势

监测结果显示，当前土地荒漠化和沙化状况较 2009 年有明显好转，呈现整体遏制、持续缩减、功能增强、成效明显的良好态势。

荒漠化和沙化面积持续减少，沙化逆转速度加快。与 2009 年相比，全国荒漠化和沙化土地面积分别减少 $12120km^2$ 和 $9902km^2$，这是自 2004 年（第三次监测）出现缩减以来，连续第三个监测期出现"双缩减"。沙化土地年均减少 1980km^2，与第四次监测年均减少 1717km^2 相比，减少速度加快。

荒漠化和沙化程度进一步减轻，极重度减少明显。荒漠化和沙化程度呈逐步变轻趋势。从荒漠化土地看，极重度、重度和中度分别减少 2.83 万 km^2、2.44 万 km^2 和 4.29 万 km^2，轻度增加 8.36 万 km^2；从沙化土地看，极重度减少 7.48 万 km^2，轻度增加 4.19 万 km^2。极重度荒漠化和极重度沙化土地分别减少 5.03 和 7.90%。

沙区植被盖度增加，固碳能力增强。2014 年沙区的植被平均盖度为 18.33%，与 2009 年的 17.63% 相比，上升了 0.7 个百分点；京津风沙源治理一期工程区植被平均盖度增加了 7.7 个百分点；我国东部沙区(呼伦贝尔沙地、浑善达克沙地、科尔沁沙地、毛乌素沙地和库布齐沙漠)植被盖度增加了 8.3 个百分点，固碳能力提高 8.5%。

防风固沙能力提高，沙尘天气减少。2014 年与 2009 年相比，我国东部沙区土壤风蚀状况呈波动减小的趋势，土壤风蚀量下降了 33%，地表释尘量下降了约 37%，其中植被对输沙量控制的贡献率为 18%~20%。沙尘天气也明显减少，5 年间全国平均每年出现沙尘天气 9.4 次，较上一监测期减少 2.4 次，减少了 20.3%，北京地区减少了 63.0%，风沙危害明显减轻。

38% 的可治理沙化土地得到有效治理，重点地区生态状况明显改善。截至 2014 年，实际有效治理的沙化土地为 20.37 万 km^2，占 53 万 km^2 的可治理沙化土地的 38.4%。京津风沙源治理工程区和四大沙地等地区生态状况明显改善，京津风沙源治理一期工程区沙化土地减少 1486km^2，植被盖度平均增长 7.7 个百分点；四大沙地所在区域沙化土地减少 1685km^2，植被盖度增加 5~15 个百分点。

沙区特色产业逐步形成，群众收入明显增加。各地结合防沙治沙，建成了一批特色产业基地，沙区已营造经济林果 540 万 hm^2，年产干鲜果品 5360 万 t，占全国年产量的 33.9%。特色林果业带动沙区种植、加工和贮运产业的蓬勃发展，成为沙区经济发展的重要支柱和农民群众脱贫致富的拳头产业。其中，新疆特色林果年产值达 450 多亿元，全区农民人均林果收入达 1400 元；内蒙古林业年总产值达到 245 亿元，人均增收 460 元。

1.1.4 荒漠化和沙化持续减少的原因分析

我国荒漠化和沙化面积连续出现净减少，主要是党中央和国务院正确领导、地方各级党委政府高度重视、各部门密切配合的结果，是实施一系列保护与治理重大政策措施的结果，也是沙区广大干部群众真抓实干、艰苦奋斗的结果。

高层重视、高位推动是荒漠化和沙化状况持续好转的重要保障。党的十八大将生态文明建设纳入了中国特色社会主义事业"五位一体"的总体布局，把生态建设提到前所未有的高度。习近平总书记多次就生态建设作出重要批示指示，为防治工作指明了方向。省级政府防沙治沙目标责任制的落实和地方各级党委政府的真抓实干，使得荒漠化和沙化状况得以稳定持续好转。

依法防治、严格保护是荒漠化和沙化状况持续好转的重要基础。各地认真实施《中华人民共和国防沙治沙法》《中华人民共和国森林法》《中华人民共和国草原法》，普遍推行禁止滥放牧、禁止滥开垦、禁止滥樵采和沙区开发建设项目环境影响评价制度。全面实施天然林保护，建立了沙化土地封禁保护制度，划定了沙区植被保护红线，出台了党政领导干部生态环境损害责任追究办法。一系列严厉的措施，有效保护了沙区植被。

加大投入、加快治理是改善荒漠化和沙化状况的有效途径。近年来，国家继续实施京津风沙源治理、三北防护林体系建设、退牧还草、水土保持等生态工程，启动了新一轮退耕还林工程，加大了防治力度，加快了防治步伐，促进了沙区生态状况的好转。

深化改革、活化机制是荒漠化和沙化状况持续好转的动力源泉。中央相继推行了集体林权制度改革、国有林场改革，出台了加快防沙治沙工作的决定；建立了生态公益林补偿、草原保护奖补和沙化土地封禁保护补助政策，调动了社会各界防沙治沙的积极性，有力地推进了防沙治沙工作。

沙区土地利用方式的转变是荒漠化和沙化状况持续好转的有力措施。特别是退耕还林、退牧还草、草畜平衡等政策的实施，舍饲圈养、轮牧休牧等畜牧业生产方式的改变，煤炭、电能、风能在沙区农村能源结构中比重的提高，薪材比重的下降，种植业结构的调整以及城镇化和农村富余劳动力的输出等，减轻了土地的承载压力，减少了对沙区植被的破坏。

近 10 年来，荒漠化主要分布区降水呈波动增加的趋势，本监测期降水量较上一个监测期增加了 14.8%，有利于林草植被的建设和生态的自然修复。

1.1.5　荒漠化和沙化的严峻形势及防治对策

进入 21 世纪以来，尽管我国荒漠化和沙化土地面积持续减少，但荒漠化和沙化状况依然严重，防治形势依然严峻。

面积大，治理任务艰巨。全国荒漠化土地 261.16 万 km²，沙化土地 172.12 万 km²。2000 年以来，荒漠化土地仅缩减了 2.34%，沙化土地仅缩减了 1.43%，恢复速度缓慢；"十三五"期间需要完成 10 万 km² 的沙化土地治理任务，且立地条件更差，治理难度越来越大。

沙区生态脆弱，保护与巩固任务繁重。我国沙区自然条件差，自我调节和恢复能力差，植被破坏容易恢复难。现有明显沙化趋势的土地 30.03 万 km²，如果保护利用不当，极易成为新的沙化土地；已有效治理的沙化土地中，初步治理的面积占 55%，沙区生态修复仍处于初级阶段，后续巩固与恢复任务繁重。

导致荒漠化的人为因素依然存在。沙区开垦问题突出，5 年来沙区耕地面积增加 114.42 万 hm²，增加了 3.60%；沙化耕地面积增加 39.05 万 hm²，增加了 8.76%。超载放牧现象也很突出，2014 年牧区县平均牲畜超载率达 20.6%。同时，还发生了向沙漠排污的事件。

农业用水和生态用水矛盾凸显。农业用水挤占生态用水问题突出，塔里木河农业用水占比高达 97%；区域地下水位下降明显，科尔沁沙地农区地下水 10 年间下降了 2.07m；内陆湖泊面积急剧萎缩，近 30 年内蒙古湖泊个数和面积都减少了 30% 左右。缺水对沙区植被保护和建设形成巨大威胁。

土地荒漠化和沙化问题仍是当前我国最为严重的生态问题，是全面建设小康社会的重要制约因素，是建设生态文明、实现美丽中国的重点和难点。因此，必须进一步加快推进荒漠化和沙化防治工作。

建立严格的保护制度。坚持保护优先、自然修复为主，严守沙区生态红线，全面落实草原保护、水资源管理、沙化土地单位治理责任制，推进沙化土地封禁保护区和国家沙漠公园建设。

加强重点工程建设。继续抓好京津风沙源二期、三北防护林五期、退耕还林、退牧还草等重点生态工程建设，着力谋划实施丝绸之路经济带、青藏铁路公路沿线和东北老工业基地等重点区域的防沙治沙工程，加大投入力度，加快治理步伐。

强化依法治沙。深入贯彻落实《中华人民共和国防沙治沙法》，加大执法力度，严厉查处各种违法违规行为。加强配套法律法规建设，建立健全防沙治沙目标责任考核奖惩、沙化土地封禁保护、沙区植被保护红线、沙区开发建设项目环境影响评价等法律制度。

深化改革创新。在用足用好现有政策的基础上，积极探索建立荒漠生态补偿政策和防沙治沙奖励补助政策，建立稳定的防沙治沙投入机制；完善税收减免政策和金融扶持等相关政策，引导各方面资金投入防沙治沙。

加强科技支撑。加大防沙治沙科技创新投入，争取在干旱条件下植被恢复关键技术上取得新突破，加快新技术、新模式、新成果以及实用技术的推广应用，加强对技术人员和农牧民的培训，提高防沙治沙科技含量。

健全监测体系。加强监测网络体系建设，加大信息、遥感等现代技术推广应用力度，全面提升荒漠化和沙化监测能力及技术水平，形成装备精良、技术先进、适应荒漠化和沙化防治工作需要的综合监测网络体系。

严格考核制度。严格实行省级政府防沙治沙目标责任考核制度，强化荒漠生态环境损害责任追究和领导干部荒漠自然资源资产离任审计制，提高各级政府防沙治沙责任意识。

加强宣传协作。各相关部门要按照各自职责，各司其职，各负其责，密切配合，通力合作，形成合力；要加大对防沙治沙重要性、紧迫性和严峻性以及防沙治沙先进典型、模范人物和治理好典型、好案例的宣传，增强全民的防沙治沙意识，提高生态文明水平，推进防治工作上新台阶。

1.2　沙生灌木人造板生产技术产业化现状与发展

1.2.1　沙生灌木人造板推广现状

1987 年以来，广大木材工业科技工作者紧紧围绕我国西部干旱和半干旱地区沙生灌木资源的现状，结合当地林产工业发展的需要进行科学研究和技术推广。先后对沙柳材、柠条材、花棒材、杨柴材、多枝怪柳材、沙棘材、黄柳材、乌柳材等沙生灌木的宏观构造、微观（包括超微观）构造、纤维形态、化学成分、物理性能、力学性能等进行了系统的测试研究，为扩大人造板和制浆造纸原料提供了可靠的理论基础。在此基础上研究了沙柳材刨花板、沙柳材柠条材混合料刨花板、沙柳材中密度纤维板、沙柳材柠条材混合料中密度纤维板、柠条材刨花板、柠条材中密度纤维板、沙柳材重组木、沙生灌木纤维复合生态环境材料、沙生灌木纤维—木束复合材料、沙生灌木纤维—刨花复合材料等 10 种新型人造板材或复合材料产品的生产工艺与技术，为沙生灌木资源的综合利用提供了技术保障。同时当地科技和林业部门也从多种渠道资助沙生灌木资源综合开发利用的研究工作，教师们协助建立的人造板企业，也在实施产学研三结合的过程中不断地提供技术攻关课题，已经完成的技术攻关课题有：葵花秆刨花板防水技术和防水脲醛树脂胶的研究、沙柳材刨花板用低毒脲醛树脂胶的研究、贴面刨花板用改性三聚氰胺树脂胶的研究等。这些攻关课题的完成不仅提高了广大教师的科研能力，也为企业解决了生产中的一些技术难题。经过几年的努力，教师们已经取得和推广了沙柳材刨花板、沙柳中密纤维板、芦苇硬质纤维板、葵花秆刨花板、沙柳柠条混合料中密度纤维板等科研项目，得到了各级政府和同行专家的一致认可和高度评价。由上述项目撰写了 31 篇科技论文，完成的科研成果 1 项获国家"八五"科技攻关荣誉奖，1 项获自治区优秀教学成果二等奖，1 项获自治区科技进步三等奖，3 项获内蒙古林业厅科技进步二等奖。完成各级各类工程设计项目 23 项，其中 9 项工程已建成投产，总投资达 9430 万元，形成生产能力 11 万 m³/年，每年收购农牧民沙柳等原材料 12 万 t，农牧民卖沙柳等收入 1.44 亿元。

1.2.2　沙生灌木人造板工业对当地经济、生态建设的促进作用

沙灌地区沙生灌木开发利用及其产业化经营是沙产业的重要组成部分，这一产业体系的形成和卓有成效的发展是干旱半干旱地区农牧民走出贫困步入小康的有效途径。我国 10 多年的治沙经验证明，没有经济效益的单纯治沙是没有生命力的治沙，今后防沙治沙工作必须从单纯的防沙固沙逐步转移到全面开发沙漠资源的轨道上来。在建立社会主义市场经济的新形势下，必须对沙漠实施综合治理、综合开发，努力将当地人民治理家乡沙漠，改善当地生态环境的生产劳动转化成脱贫致富快步奔小康的致富之路。真正做到治理沙漠与脱贫致富并存，二者互相转化，互相促进，使沙漠治理与开发工作在当地经济建设中发挥出不可替代的作用。

随着沙区生态建设的发展和沙产业的推行，鄂尔多斯市以林为重点，同大自然进行了长期坚持不懈的斗争，在毛乌素和库布其沙区营造了大面积的沙柳林，对农牧民的生存和经济发展起到了很大作用。据鄂尔多斯市林业部门统计，截至 2006 年底，全市灌木林面积已达到 1296289hm²，占全市森林面积的 3/4 以上，灌木林资源主要由沙柳、柠条、红柳、乌柳、杨柴、花棒、枸杞等树种组成，其中柠条、沙柳林和杨柴面积最大，分别为 555306hm²、382102hm² 和 185452hm²，其次为沙棘 29564hm²，红柳 10503hm²，花棒 2126hm²，枸杞 826hm²。根据沙生灌木林的抚育原则，每年平茬可得沙生灌木条 400 万 t 以上。目前该地区用于人造板、造纸生产不足 20%，因此，还有巨大的开发潜力。

1997 年 12 月 15 日，内蒙古日报发表高利、王森文章，题为《以加工转化带动治沙绿化，伊盟林业步入良性循环轨道》，文中报道，伊盟沙柳面积增加到 800 万亩①，曼赖刨花板建厂 5 年，生产刨花板 2.7 万 m³，产值 2300 万元，利税 980 万元，曼赖乡原有沙柳林 5 万亩，1997 年为 17 万亩，2/3 的农民拥有沙柳林地，户均收入千元以上，大户石吉庆达

---

① 1 亩 =1/15 公顷(hm²)，下同。

万元。"曼赖现象"带动伊盟9家刨花板生产线，其中5万 m³刨花板，0.9万 m³贴面门板。上述报道充分证实其主题，以铁的事实告诉人们，实现沙灌地区沙生灌木的产业化经营，以经济建设逆向拉动生态建设。发展沙生灌木人造板工业，不仅不会破坏当地的生态环境，而且可以促进农牧民种植沙生灌木的积极性，主动退耕还林，在脱贫致富的生产劳动中改善当地的生态环境。

2000年8月，全国沙生灌木和农业剩余物人造板生产技术开发和推广研讨会在内蒙古农业大学召开，为了开好此次会议，会前我国木材工业主要创始人和奠基者王恺先生邀请国内8位人造板专家考察了沙漠地区的资源和沙生灌木人造板生产现状，深层次地走访了鄂尔多斯市的几家沙柳材人造板重点企业，了解沙柳材人造板工业的发展对当地经济建设和生态建设的作用。宏业人造板有限公司总经理在谈到最近鄂尔多斯市的治沙政策时，大胆地提出将国家拨给农民的治沙费，以提高沙柳材收购价的方式发给农民，治沙效果将出乎政府所料。天骄人造板有限责任公司总经理在回答笔者提出的在伊旗建设年产30万 m³中密度纤维板生产线原料是否足够时，回答道：原料不够现种也来得及。两位总经理的远见卓识，使笔者十分敬佩，也使王恺先生感到无比兴奋与激动。

20世纪70年代中期，王恺先生在奠定了我国木材工业的基础上，为了缓解我国木材供需矛盾，战略性地提出了积极合理开发除竹材资源以外的，包括农业加工剩余物和农作物秸秆在内的第三森林资源。我国木材工业科技工作者经过几十年的努力，使非木材人造板工业得到了长远的发展。竹材加工业在张齐生院士的带领下率先实现了产业化；农业剩余物人造板工业在陆仁书教授、王天佑研究员的带领下，不仅实现了工业化生产，而且产量占到全国人造板总产量的8%。沙生灌木人造板工业也在当地政府的支持，以及内蒙古农业大学木材科学与技术学科全体教师和生产企业的共同努力下，相继实现了工业化生产，并初具规模。上述竹材人造板、农业剩余物人造板、沙生灌木人造板虽然都是在开发人造板新资源的基础上发展起来的非木材人造板，但沙生灌木人造板工业发展具有其特殊的一面。众所周知，竹材人造板的开发是基于我国竹材资源蓄积量大而急需开发利用，农作物秸秆和农业加工剩余物属于废弃物综合利用，上述两种资源的开发利用只有利而无弊。然而沙生灌木的利用与资源采伐看似属于对当地原本脆弱的生态环境的破坏，有关林业专家提出沙漠地区的生态如此脆弱，经过几代人的努力才保存下来的植物资源大规模地砍伐利用可以吗？如今，这一切一切的疑虑都因"曼赖观象"而消失了。当地政府、广大科技工作者和专家也卸下身上的包袱，抱着成功的喜悦在实施西部大开发的战略过程中，积极推广沙生灌木人造板生产技术。王恺先生及时地抓住了这一有利时机，历史性地组织召开了"全国沙生灌木和农业剩余物人造板技术开发与推广研讨会"，人造板专家、沙生灌木人造板生产企业代表、人造板设备制造企业代表、政府有关职能部门负责人共同研讨此项事业，以期在沙灌地区进一步推广沙生灌木人造板。10年后，当人们再一次相聚内蒙古，会欣喜地看到，沙漠地区一座座白色的厂房矗立在浩瀚的灌木林中，一个山川秀美经济发达的西部重镇展现在人们面前，给木材工业一次机会，还沙漠治理一个奇迹。

1.2.3 沙生灌木资源利用产业化的战略目标和对策

实现沙区灌木资源利用产业化必须坚持党的基本路线和方针，从沙区林业资源的实际状况和特点出发，以市场为导向，在促进生态环境不断改善的同时，逐步加大开发力度，做到生态建设在先、开发在后。积极引进高新技术，提高沙产业各个环节的科技含量。以质量求生存，确保经营者和林农的合法权益，逐步实现下列战略目标。

实现生态建设和产业化经营同步发展。一切实施产业化的动作必须有利于保护和促进生态建设体系的加强，而不能在开发利用实现产业化的过程中，盲目布点，不合理设置规模，同时严格规定沙柳等沙生灌木的平茬期。这在以防风固沙，促进生态环境建设为主的沙区尤为重要。

立足资源现状，实现品种多样化和企业的合理布置。沙区灌丛植物大多木质化，是人造板生产的优质原料，拟开发的木质产品归纳为三类：一为整体类，如柳编、层积重组木等；二为木片类，如刨花板、单板复合板、水泥刨花板、石膏刨花板等；三为纤维板和纤维基材等。实现上述产品的工业化生产、产业化经营，规模和布局合理，可取得经济建设和生态建设双丰收。在建厂规模和布局上，集中建设大中型生产企业，分散建设原料基地。根据鄂尔多斯市沙区的资源状况，合理配置生产线，每 3 万 m³ 生产线的原料供应半径在 20km 范围为宜。若为了交通方便，局部集中建厂，则要建分散的原料基地，使各个企业的原料基地的距离在 100km 以内，并鼓励企业建设自己的原料基地。另外在产品品种的开发上应以市场为导向和目标，常规产品和高新技术产品相结合。

突出重点，发展高新技术产业。鄂尔多斯市沙区经济文化相对落后，在目前资金、人才、技术相对短缺的情况下，必须集中使用有限的资源，以沙柳刨花板为重点，集中建设 1~2 家年产量在 5 万 m³ 的人造板企业，并对初级产品进行深加工，引进高新技术设备、先进的管理方法和生产工艺，并以此为重点，消化吸收，带动其他小型人造板企业的发展，并逐渐建设其他品种人造板项目，如沙生灌木复合生态环境材料、石膏纤维制品等。在有条件的企业兴建家具生产线，以终极产品投向市场，求得更大的回报。

实现林业产业化在与市场经济体制接轨的同时，还必须与国家的扶贫攻坚相结合。产业化的运作必须符合以市场经济体制改革的要求为目标，彻底打破以往以政府为主的直接行政管理形式，采取灵活多样的管理模式，如公司加农户、合资合作、承包租赁、合伙经营、拍卖沙地使用权、股份经营或股份合作制等经营形式。以优惠的政策和优厚的条件广泛开展外引内联，吸引国内外各类不同所有制的企业或个人来沙区投资建厂。由于沙区人民相对贫困，实现沙区植物利用产业化不仅要使林场等活起来、富起来，而且要与固定的扶贫工程结合起来，在带动当地农牧民脱贫致富的道路上发挥重要作用。

制定相应的政策确保灌木资源永续利用，实现生态建设和经济建设双丰收。林业主管部门严把生产线厂地选择审批关，并对产品品种提出建议，除此之外林业部门还要与人造板企业签订相应的协议，在原料收购上制定"三收三不收"政策，即沙柳枝条根径大于 2cm 的收，生长期明显不够 3 年，过早平茬条不收；冬季采伐的黑条收，生长季生产的黄条不收；按沙地承包面积限量发票证，有票证的收，无票证的不收。这样可以确保沙柳资源的永续利用，以防农牧民只顾眼前利益将沙柳砍光，造成再度沙化。建议有条件的企业，承包沙地建设自己的原材料基地等。

综上所述，实现沙生灌木资源综合利用的工业化生产和产业化经营是著名科学家钱学森同志提出的沙产业重要组成部分，是沙区经济建设和生态建设并举发展的重要战略方针。人们应该根据这一沙产业理论，利用系统工程原理尽快大规模实现沙区灌木资源利用产业化，争取将沙区变成为我国重要的人造板生产基地。

第2章
沙生灌木的生物学和生态学特性

生物学特性是指生物生长发育的规律,即生物有机体生长、发育、繁殖的特点和对外界环境条件要求的综合。根据不同作物的生物学特性,采取相应的农业技术是获取作物高产优质的关键。

植物的生物学特性是指植物生长发育、繁殖的特点和有关性状,如种子发芽,根、茎、叶的生长,花果种子发育、生育期、分蘖或分枝特性、开花习性、受精特点以及各生育时期对环境条件的要求等;生态学特性是指植物种类对外界环境要求的特性。本章重点介绍常见沙生灌木的生物学和生态学特性。

生长在沙漠里的植物被称为沙生植物。沙生灌木是在指在干旱和半干旱地区生长的灌木的统称。我国沙生灌木林资源丰富,主要分布在北方地区。据统计,我国现有灌木林地总面积4529万 hm^2,占全国林地总面积的16.12%,截至2010年灌木林面积已经达到1340万 hm^2,而灌木林的总生物量也已达到2102亿 t。灌木具有生态适应性强、防风固沙、涵养水源、调节气候等生态效应,在改善土壤结构和生态系统并维持生态平衡等方面具有重要的作用,是内蒙古自治区西部的主要森林资源,在这些植物种类中,沙生灌木类植物对防风固沙起着主导作用。沙生灌木的种类繁多,包括柠条、沙柳、红柳、花棒、梭梭、乌柳、沙冬青、黄柳等,它们是宝贵的生物资源,多种植于干旱、半干旱地区。沙生灌木天然林和后期人工栽培林在我国西北地区防止土地沙漠化加剧、保持地下水源、改善土壤结构、改善生态系统并维持生态平衡等方面具有重要的作用,是治理水土流失的荒地和改善退化、沙化草场的先锋植物。沙生灌木中沙柳和柠条生长适应性强、人工栽植成活率高,而且在改善沙漠环境、保持水土等方面具有优良特性,因此在我国沙漠治理中大面积种植。在沙生灌木中最为常见的、目前保有面积最大的是柠条和沙柳。在我国广阔的沙化及荒漠化地区营造沙生灌木林,可以增加森林的碳库容量,在一定程度上缓解温室效应、营造绿色环境。灌木林不仅是重要的生态林,而且是经济效益很高的商品林,也是重要的薪炭林、饲料林、工业原料林和景观观赏林,是野生动物的重要栖息地,是生物多样性的一种重要形式。沙生灌木生长周期短、径级小、枝条的树皮含量大。通过初加工利用可进行柳编或作为薪炭材。深加工后可以作为工业用原料、饲料,制造刨花板和纤维板以及造纸。我国现有的灌木林对发展我国林木生物质能源具有很大作用。沙生灌木中的部分树种有很高的营养价值，如柠条、杨柴、花棒、梭梭等，其枝条含有丰富的营养成分，含量远远高于农作物秸秆，完全可以与优质的牧草相比，在广大农牧区可作为牲畜的饲料。据鄂尔多斯市当地实测，每公顷沙柳林可产枝条 5.1~6.6t，柠条和红柳产量高于沙柳林，按 4 年平茬(轮伐)一次，平均每公顷产枝条 5.85t 计算，六盟市仅柠条、沙柳红柳等已成熟灌木林每年就可产枝条 214.4 万 t，可为年产量为 165 万 m^3 人造板生产提供原料供应。沙生灌木是我国西部干旱、半干旱地区广泛种植的多年生灌丛植物，属于富含纤维素、半纤维素和木质素等天然高分子组分的生物质资源，具有来源广泛、储量丰富、价格低廉等特点，应用潜力巨大。近年来，在林业工程领域，对于沙生灌木资源的开发利用主要集中在沙生灌木基人造板和木质复合材料等方面。随着木材科学领域技术不断创新和发展，以及相关学科间的相互交叉渗透，加强对生物质资源的探索开发，深入挖掘生物质资源的应用潜力，是目前最具前景的研究方向。

2.1　沙　柳

沙柳(*Salix psammophila*)，蒙名又称额尔存一巴日嘎，别名北沙柳，又名筐柳，当地藏语称之为"降马"，是被子植物门(Angiospermae)双子叶植物纲(Dicotyledon-eae)金虎尾目(Malpighiales)杨柳科(Salicaceae)柳属(*Salix*)的一种灌木或小乔木，因其具有"干旱旱不死、牛羊啃不死、刀斧砍不死、沙土埋不死、水涝淹不死"的"五不死"特点，是干旱沙化地区植树造林和改善生态环境的一种重要树种，是草原地带典型的沙生中旱生落叶灌木或小乔木，是我国西部改善、治理沙区环境的重要树种，也是内蒙古沙区的重要树种。因其耐寒、耐旱、抗风沙等特性，对改善沙区环境起到重要作用。

2.1.1　沙柳的生物学特性

沙柳，属杨柳科落叶丛生直立灌木或小乔木。高 3~5m。枝细长、有毛，后变光滑、带紫色。芽锐尖，具有柔毛。叶线形至线状披针形，基部回形，先端锐尖至短尖，两面有绢状长柔毛，叶脉凸起，叶缘背卷，基部全缘，近尖端有明显的腺齿，长 1.5~5cm。花序与轴有长柔毛，雄花序长 1.5~3cm，花密集、腹面有 1 个细长椭圆形的腺体，顶端分裂，长约为苞叶的 1/2；雄蕊 2 个，花丝合生，苞片倒卵状椭圆形，基部有毛，顶端带红色或褐色；子房无柄，密生短毛，卵形至卵状椭圆形，腺体 1 个。苞片先端常为截形，3—4 月开花，5—6 月成果，蒴果密被柔毛，枝条和种子均可繁殖。

沙柳主要分布在内蒙古的毛乌素沙地、乌审旗、鄂托克旗东部、伊金霍洛旗中部，库布齐沙漠以及东部的浑善达克沙地、科尔沁沙地，呼伦贝尔沙地也有零星少量分布。除干旱草原地带以外，沙柳在黄土高原丘陵区也可以生长，也有引种到半荒漠地域的。地下水比较浅的沙地(含水率达 4% 以上)生长良好，沙柳常与乌柳、沙棘形成一种特殊景观，分布于流沙与滩地的过渡地带，通称为"柳湾林"。

沙柳既可用作燃料，又是纤维板、刨花板、纺织、造纸的重要原料；其叶含粗蛋白质 13.79%，粗脂肪 4.32%，为优质的家畜饲料。沙柳灌丛是保护沙区农牧业的天然屏障，是防风固沙的主要树种。因此，除对现有沙柳资源进行封育保护、平茬更新复壮外，还要人工营造沙柳速生丰产林，以形成大面积的沙柳工业用材林基地。目前鄂尔多斯市先后建起一些沙柳刨花板工厂，促进了沙柳的人工造林和集约化经营。由于沙柳市场前景非常好，当地农民种植沙柳的积极性也越来越高。

由于沙柳被沙埋后可产生大量的不定根，首先在丘间低地更新扩大，并向沙丘上部扩展，最后占据沙丘顶部；沙柳灌丛可天然种子更新或无性更新。种子更新取决于地下水位、地表植被、草根盘结和盐渍化程度。当地下水埋深在 50cm 以上时，毛管水可上升到地面，地表无干沙层，种子可萌芽更新，但草根盘结的地方不易更新，盐碱过重常造成种子腐烂（全盐量在 0.022%~0.118% 时不影响种子更新）。种子更新仅限于丘间低地。无性更新主要依赖沙柳产生的不定根向沙丘上部扩展，不定根可一直发展到沙丘顶部。沙柳在沙区有着重要的经济利用价值。

2.1.1.1　旱生型植物

沙柳比较耐旱，从叶的结构来看，具有旱生型植物的特征：叶为等面叶，叶肉组织只有栅栏薄壁组织细胞而无海绵薄壁组织细胞；栅栏薄壁组织细胞排列紧密，维管束极为发达，在叶缘及中肋外被有一层角质层，在叶边缘皮下还有两层下皮层；气孔微凹；幼茎的表层角质层也很发达。

2.1.1.2　种子萌发力强

据调查，在有沙柳母树的一块丘间低地，土壤含盐量为 0.02%，pH 值 8.1，地下水位为 55cm，土壤含水率 19.5%，$1m^2$ 面积内有沙柳天然实生苗 290 株，生长旺盛，说明沙柳种子萌发力强。

2.1.1.3　生根发芽力强

秋插沙柳，到翌年开春后，很快形成愈合根和不定根，同时休眠芽也很快地伸出地表。3 月下旬扦插的沙柳，到 4 月上旬近地表的芽已开放，地表以下 6cm 的芽也已萌发上伸；地表以下 4cm 开始就有不定根萌出，一根 50cm 的插条就有不定根 47 条，最长的已达 5cm，切口愈合组织基本形成。

2.1.1.4　根系极为发达

沙柳的主根发育不明显，但水平根系极为发达，一丛 4 年生的沙柳水平根幅达 20 余米。一丛 10 年生（被沙压）高 3.7m 的沙柳，从上至下密生粗细不等的侧根，有粗根（粗 1cm，长 8m 以上）11 条；中等根（粗 0.3~1cm，长 3~8m）31 条，细根及须根极多。表层（0~50cm）须根最发达，密如蛛网，盘结在沙丘上层形成庞大的表层根系网，起着良好的固沙和吸水作用。

2.1.2　沙柳的生态学特性

2.1.2.1　根层含水率与沙柳成活率的关系

沙柳造林成活率直接受沙地根层含水率的影响。当根层含水率为 2.3% 时，成活率仅 13%；而当根层含水率为 16.3% 时，成活率就达 100%。根据在固定和半固定沙地上调查的 15 块标准地，根层含水率变化在 2.3%~19.3% 之间，在此范围内沙地的根层含水率与沙柳的成活率相关极为显著，相关系数 $\gamma = 0.747$（图 2-1）。

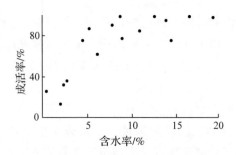

图 2-1　沙柳成活率与根层含水率的关系

从图 2-1 可以看出根层含水率在 4% 以上，成活率通常在 75% 以上。因此，在干旱沙区造林时，为了提高沙柳造林成活率，应选择沙地根层含水率在 4% 以上地区造林。

2.1.2.2　根层含水率与沙柳生长的关系

沙柳在造林后第 1 年生长快慢，直接受根层含水率的影响。因为当年生沙柳根系还不发达(图 2-2)。如 4 号标准地根层含水率为 2.3%，沙柳平均高仅 40cm，并且生长不良。而 1 号标准地根层含水率为 19.3%，沙柳平均高 114cm，生长旺盛。根据在固定、半固定沙地上调分析，沙地的根层含水率与 1 年生沙柳高生长相关极为显著，相关系数 $\gamma = 0.702$（图 2-3）。

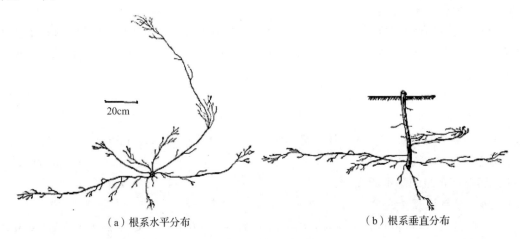

（a）根系水平分布　　　　　　　　　　（b）根系垂直分布

图 2-2　1 年生沙柳的根系分布

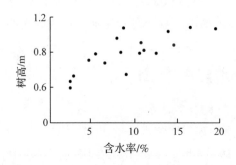

图 2-3　1 年生沙柳高生长与根层含水率的关系

　　但是，多年生沙柳高生长与沙地根层含水率相关关系不明显。根据在流沙地区的丘间低地及湖边沙地调查的 12 块标准地，沙地根层含水率在 0.7%~20.7% 之间，沙柳年龄 6~8 年，高生长与沙地根层含水率相关极不明显，相关系数 γ = 0.094。这主要是因为多年生沙柳根系极为发达，能从含水率低的沙地吸取水分供给生长。因此，根层含水率的大小就不足以影响沙柳生长。

2.1.2.3　根层含盐量、pH 值、土壤容重与沙柳生长的关系

　　根据在东湾调查的 12 块标准地，根层全盐量变化在 0.022%~0.118% 之间，在此范围内沙柳生长与根层全盐量相关关系不显著，相关系数 γ = 0.54（图 2-4）。由图 2-4 可看出，在此低盐范围内，根层全盐量对沙柳生长无影响。

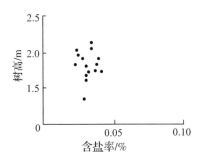

图 2-4　沙柳高生长于沙地根层含盐量的关系

　　调查地区 pH 值变化在 7.0~8.7 之间，在此范围内沙柳高生长与根层的 pH 值相关关系不显著，相关系数 γ = 0.06。从调查的 12 块标准地来看，pH 值在 9.0 以下，对沙柳生长没有影响，但 pH 在 9.0 以上，沙柳生长困难，甚至死亡。

　　根据调查，沙区根层土壤容重变化在 1.5~1.65g/cm³ 之间，在此范围内沙柳生长与根层土壤容重相关关系不显著，相关系数 γ = 0.066。沙地根层土壤容重变化较小，对沙柳生长无影响，但黏重的土壤上，沙柳生长不良。

2.1.2.4　风蚀、沙压与沙柳生长的关系

　　风蚀、沙压与沙柳生长有很密切的关系。在一块较为开阔的丘间低地进行调查，该标准地植物覆盖率极低，3 年生沙柳，春季平茬后，有的被沙压，有的被风蚀，有的既无沙压又无风蚀。在被沙压的地区，沙压厚度约 15~20cm，沙柳造林成活率 100%，平茬后萌条平均高 195cm；在无沙压、无风蚀的地段，沙柳造林成活率 84%，萌条平均高 155cm；在严重风蚀地段，风蚀厚度约 15~30cm，造林成活率仅 20%，平茬后的萌条高仅 88cm，生长不良。可见沙柳怕风蚀，却喜沙压。

2.2　柠　条

　　柠条是豆科锦鸡儿属（*Caragana*）的一个种，即柠条锦鸡儿（*Caragan Korshinskii*），是我国西部荒漠化沙化地区广泛种植的人工灌木林，在水土保持、防风固沙、保护和恢复生态平衡等方面都有非常重要的作用。

2.2.1 柠条的生物学特性

柠条是民间对豆科锦鸡儿属灌木中间锦鸡儿和柠条锦鸡儿的通称，包括小叶锦鸡儿、中间锦鸡儿、树锦鸡儿和柠条锦鸡儿等。在 −32~55℃ 范围都能生长，垂直分布在海拔 1000~2000m 之间。其中，小叶锦鸡儿主要生长在干旱的草原群落中，株高是三种锦鸡中最矮小的，通常为 50~80cm；柠条锦鸡儿通常株高 130~300cm，是锦鸡中最高大的，树叶为矩圆形或披针形，树皮为金黄色，属于旱生灌木，生长在干旱与半干旱荒漠地带的流动沙地或半固定沙地上；中间锦鸡儿的株高在小叶锦鸡儿与柠条锦鸡儿之间，通常为多分枝，枝条细长，旱生落叶灌木，树皮为黄白色、黄灰色或黄绿色。柠条锦鸡儿一般生长在沙地的固定、半固定沙丘地带，在丘间谷地、覆沙戈壁、河床边亦可生长，属于旱生灌木。柠条锦鸡儿有很强的抗旱性，还具有耐风蚀、不怕沙埋的特点。其根系被风蚀裸露后，一般情况下仍能正常生长；植株被沙埋后，分枝的生长则更加旺盛。在内蒙古西部柠条锦鸡儿分布区常可看到被沙埋而形成由几条甚至百余条分枝组成的固定着沙丘的大株丛，其周围积沙面积可达积沙厚度可达 5~7m。以下对柠条常见的柠条锦鸡儿和中间锦鸡儿的生物生态学特性进行介绍。

2.2.1.1 柠条锦鸡儿

旱生半灌木，植株高一般在 2~3m，树皮金黄色有光泽，枝直立，分枝少，小枝灰黄色被毛，羽状叶密被柔毛，多数为倒披针形，花单生，子房密生短柔毛，多数为荚果披针形，顶端渐尖，种子为挤压肾形，千粒重 55g。据两地观察旱作条件下第 6~7 年开花结实，其生育期是 5 月上旬展叶、中旬现蕾、下旬开花，7 月上旬种子成熟。

2.2.1.2 中间锦鸡儿

旱生灌木，分布于荒漠化草原及干旱草原地带的沙质地，常形成丛状群落。植株高 1~2m，多分枝，树皮灰黄色或黄绿色，枝条常成弧状弯曲，羽状叶被毛，椭圆形子房无毛或疏生柔毛，荚果披针形，种子肾形，千粒重 35~37g。据两地观察旱作条件下第 6~7 年开花，于 4 月下旬萌动，5 月中旬现蕾、下旬开花，7 月中旬种子成熟。

2.2.1.3 柠条生物学特性研究

（1）柠条的物候期

柠条的物候期随地区不同（表 2-1），各个品种的生育期也不尽相同（表 2-2）。

表 2-1　不同地区小叶锦鸡儿的物候期（月/日）

地　点	发芽	展叶	新梢开始生长	开花期	荚果期	种子采收期	落叶期	生长期/d
陕西神木	04/05	04/15	05/02	04/21—05/05	05/01—07/05	7 月中旬	10 月中旬	190
山西岚县	04/19	05/01	05/18	05/07—05/21	05/14—07/20	7 月下旬	10 月上旬	167
内蒙古准格尔旗	04/16	04/28	05/11	05/05—05/20	05/10—07/12	7 月中旬	10 月上旬	170
祁连山北麓	05/10	05/18	06/02	05/27—06/15	06/03—07/30	8 月初	9 月底	140

表 2-2　内蒙古几种柠条的生育期

种　名	返　青	现　蕾	开　花	结　实	果后营养期	开始枯黄
小叶锦鸡儿	4 月中旬	5 月中旬	5 月下旬	6 月上旬~7 月底	8 月~9 月底	10 月上旬
中间锦鸡儿	4 月中旬	5 月中旬	5 月下旬	6 月上旬~7 月中旬	7 月下旬~9 月底	10 月上旬
柠条锦鸡儿	4 月上、中旬	5 月上、中旬	5 月下旬~6 月上旬	6 月上旬~7 月中旬	7 月下旬~10 月上旬	10 月中旬

据观察，华北、西北地区的小叶锦鸡儿芽膨大及树液开始流动的日平均气温为 5~7℃，叶落末期的气温约为 2~3℃。一般每年 4 月开始返青，10 月上旬叶子开始枯黄，5~7 月开花结实，花期较早，生育期较长。各个地区有叶期的长短取决于当地有效积温的高低和无霜期的长短。内蒙古小叶锦鸡儿的生长期为 140~170d，山西和陕西为 160~190d。

（2）柠条根系的特性

①根系发达

柠条有庞大的根系（表 2-3），分别向水平和垂直方向发展。根深和根幅分别大于枝高和冠幅。根幅与冠幅之比较大。苗期根系生长特快，远比地上部生长迅速。根重与地上部枝重大体平衡。水平根随树龄增加而超过主根的长度。在黄土高原地区，柠条的根系主要密集于 10~100cm 深的土层中，最长侧根长达 6.82cm。在风沙区侧根可长达 8m。据调查，15a 生柠条鲜根量在红土地上为 4096.5kg/hm²，在黄土地上为 16102.5kg/hm²。

表 2-3　山西省兴县小叶锦鸡儿根系枝条生长调查

树龄/a	主根长度/cm	主根粗度/cm	侧根总数条	侧根平均粗度/cm	最长水平根长度/cm	根深/cm	根幅/cm	密集根层/cm	根鲜重/g	枝平均高度/cm	每丛平均枝条数条	每公顷总枝数条	平均地径/cm	冠幅/cm	每丛枝鲜重/g	主根长与枝高比	最长水平根与主根深比	根幅与冠幅比	水平根长与主根长比	根重与枝重比
1	81	0.12	8	0.07	57	63	80	10~40	48	14.2	13	42900	0.2	6	40	6.1	4.0	13.3	0.70	1.2
2	128	0.25	12	0.11	83	75	150	15~50	230	46	18	59400	0.35	20	220	2.8	1.8	7.5	0.65	1.0
3	198	0.45	19	0.20	164	150	300	15~70	1880	72	32	105600	0.51	60	1050	2.7	2.3	5.0	0.83	1.1
4	274	0.77	31	0.43	231	220	420	15~90	3860	108	57	188100	0.82	100	3610	2.5	4.0	4.2	0.84	1.1
5	368	1.11	39	0.62	398	300	600	20~100	6450	124	82	270600	1.01	120	7160	3.0	3.2	5.0	1.10	0.9

注：1~2a 生调查地点山西兴县马圈沟，用人工挖出法调查，海拔 1214m，年平均温度 8℃，1982 年秋；3~5a 生调查地点山西兴县高家村，用水力冲挖法调查，海拔 880m，年平均温度 10℃，年降水量为 450~500mm，坡度 20°~25°，粉砂壤土，1977 年秋。

②根系具有极强的吸收深土层水分的能力

据西北水土保持研究所在陕西黄龙山的测定，柠条根系具有极强的吸收深层土壤水分的能力。在定期降雨相同的条件下，相邻的糜子地和 16a 生柠条锦鸡儿林地比较，在柠条锦鸡儿林地蓄水保水能力大大强于糜子地的情况下，土壤含水量大大低于糜子地，特别是

40~160cm 的深土层。这充分说明柠条锦鸡儿有极强的吸收深土层水分的能力，半年时间柠条锦鸡儿林地比糜子农地多吸收水分 1416.7m³/hm²，相当于 141.7mm 降雨，并且主要是深层土壤水分。

③根系不耐涝

据兰州沙漠研究所观察，在试验地内因地势低洼积水，表层含水率达 16.19% 时，有的柠条死亡，这说明柠条根系不耐涝。

（3）植株枝条的形态特性

①生态型及生态习性

锦鸡儿属植物主要生长于草原区，有的生长于荒漠区和森林草原区，还有的生长于高寒干旱的高山、亚高山地带。由于长期恶劣的生态环境综合影响，使锦鸡儿属各个种形成了明显的旱生结构和不同生态型，即枝条上生有硬刺，包括枝刺、托叶刺、皮刺及叶柄转化成的刺，另外各个种枝条表面具白毛或蜡质层，以防夏日曝晒和冬春严寒环境，是典型的在干旱、严寒条件下自然选择形成的落叶旱生灌木。按照锦鸡儿属各个种的形态特征，大致可以分为 4 种不同的类型（表 2-4）。

表 2-4　锦鸡儿属植物的不同生态型

特征类型	植株高/cm	主要分布地带	植物形态	代表种
高大灌木或小乔木	200 以上	森林区或森林草原带、干旱草原带	枝条直立高大	树锦鸡儿、柠条锦鸡儿
一般灌木	100~200	干旱草原及典型草原亚带	枝多而伸直	小叶锦鸡儿
小灌木	50~100	荒漠草原亚带	枝多丛生直立	矮锦鸡儿
横卧垫状矮灌木	50 以下	高山、亚高山灌丛带、半荒漠带、草原荒漠亚带	枝条垫状丛生或横卧	毛刺锦鸡儿、鬼箭锦鸡儿

②枝条萌蘖力和再生能力极强

柠条各个种均系丛生灌木，一般从 3a 生开始大量萌枝，特别是经过平茬以后，能从根颈部萌生出大量枝条，形成稠密的灌丛。2a 生小叶锦鸡儿单株有 18 个枝条，3a 生有 32 个枝条，4a 生 57 个枝条，5a 生 82 个枝条（表 3）。山西省兴县白家山村有一株 15a 生的小叶锦鸡儿共有 475 个枝条，覆盖面积为 3.28m×3.17m；大善村一块 0.37hm² 的小叶锦鸡儿片林，枝条茂密，完全郁闭。据调查，每公顷平均均 1650 丛，每丛平均具 421 枝条，每公顷具 69.465 万个枝条。山西省临县程家塔乡有 1 株 300 多年树龄的小叶锦鸡儿，灌丛高 3.5m，周长达 25m，系全国柠条之王。

另外，枝条被沙埋之后，能从枝上产生不定根，随着沙的加厚，不定根不断地增加，并从上部又萌生出许多新的枝条。这样地下增加了吸收根，地上增加了新的营养枝，任凭沙压土埋，生长不衰。

尽管柠条在一年中被牲畜多次啃食枝叶，生长仍然十分旺盛，充分显示了其极强的再生能力（表 2-5、表 2-6）。从表 2-6 中可以看出，柠条被适量啃食后，有如摘心修剪之作用，可以促进生长和分枝。经过啃食的柠条，其高、地径、生物量均比未啃食的大。但若过度啃食，超过了植株再生能力，会导致生长势变衰。

表 2-5　牲畜啃食对柠条生长的影响

树龄[*]/a	啃食情况	高/cm	地径/cm	重量/g	当年生枝/cm		二年生枝/cm		三年生枝/cm	
					长	径	长	径	长	径
20 - 3	啃　食	150.0	1.23	207.0	50.0	0.28	30.0	0.60	70.0	1.23
20 - 3	未啃食	105.0	0.63	45.3	17.0	0.13	18.0	0.30	70.0	0.63
差值		45.0	0.60	162.7	33.0	0.16	12.0	0.30	0.0	0.60

注：* 表内 20 - 3 系指 20a 生平茬后第 3 年，下同。

表 2-6　不同啃食高度对柠条生长的影响

树龄/a	平茬后第 1 年		平茬后第 2 年生长情况							
	高/cm	啃食茬高/cm	高/cm	地径/cm	当年枝长/cm	当年枝直径/cm	每 m² 枝数/条	每 m² 枝重量/g	生长势	色泽
40	100	25.0	106	0.72	80	0.45	40	3200	旺　盛	嫩　绿
40	35.0	35.2	112	0.95	77	0.56	60	6240	旺　盛	嫩　绿
40	35.0	50.0	120	0.98	70	0.47	56	7065	旺　盛	深　绿
40	35.0	75.0	135	0.90	60	0.33	31	3348	一　般	深　绿
40	35.0	90.0	145	0.88	55	0.36	30	1515	一　般	深　绿

（4）柠条叶的特性

锦鸡儿属植物绝大多数种为落叶旱生灌木，叶面小，大部分种的叶退化为条形、狭条形或线形。仅有极个别分布于我国西南部气候温暖湿润地区的种为常绿革质叶灌木，叶子常年不落。从解剖学特征看，柠条叶子具有典型的旱生结构，其蒸腾面积极度缩小，保护组织高度发达。

（5）柠条开花结实的特性

通过对小叶锦鸡儿实生苗进行的观察，其幼年相一般为 3～4a，从幼年相到成年相的变换可以叫做相的变换。相的变换随着实生苗的生长，顺枝干缓慢地发生，从先端细胞分裂最盛之点开始。因而通常幼年相与成年相混在同一树体内。但是，幼年相的终了并不意味立即就转向成年相，还存在一定时期的过渡相。这种过渡相在外观上无明显表现，而是把开花状态作为成年相的标志。这就是说，过渡相里也含有幼年相。柠条地上部分平茬以后翌春再萌生新枝芽，这等于将已经进入成年相开花结果的柠条植株又退回到幼年相，必须再经一个相的转换周期，即再经 2～3a 的生长发育，柠条才能重新具有开花结实之能力。直播的小叶锦鸡儿一般在播后第 4a 开花结实（山西省兴县），第 5a 普遍开花结实，第 6～7a 大量结实。经过平茬的小叶锦鸡儿第 1a 不会开花，第 2～3a 才开花结实，因而开花结实主要靠 3a 生以上的枝条，采种必须是平茬以后 3a 以上的柠条林（表 2-7）。多年不平茬的老柠条林结实率明显下降，被牲畜啃食严重的柠条林结实寥寥无几。另外，花朵着生部位主要在距基部 30cm 以上中上部枝条上。柠条开花与气温、光照等有关，光照强、温度高则开花多，花绽开得快，1 天内以 14:00 开花最多，22:00 至次日 7:00 不开花。柠条结实的多少受其结实年龄、郁闭度等因素影响。据陕西省佳县打火店林场资料介绍，柠条在第 6 个结实龄种子产量最高，平均产量高达 292.5kg/hm^2，郁闭度 0.6 时种子产量高达 247.5kg/hm^2。此外，柠条的结实亦有周期性，一般可分丰年、平年、歉年，间隔时间大约为 1~2a。

表 2-7　山西兴县康宁小叶锦鸡儿开花结实习性调查

树 龄 /a	每丛枝数	每丛花数	2a 生枝		3a 生枝		4a 生枝		5a 生枝	
			花数	占总花/%	花数	占总花/%	花数	占总花/%	花数	占总花/%
10-1	57	0	—	—	—	—	—	—	—	—
10-2	74	0	0	0	—	—	—	—	—	—
10-3	92	132	9	7	123	93	—	—	—	—
10-4	119	243	8	6	49	20	186	74	—	—
10-5	133	441	3	0.7	173	39.2	168	38.1	97	22

（6）柠条种子的特性

柠条各个种的荚果内约有种子 3~8 粒，有肾形、长肾形、圆形或球形，或因在荚果内互相挤压呈现多种形状。不同种的柠条种子具有不同的特点（表 2-8）。

表 2-8　4 种锦鸡儿种子特征比较

种 名	大 小 /mm	干粒重 /g	室温干藏下种子生命力	形 状	颜 色	种 脐	种 阜
柠条锦鸡儿	7.6×4.7	32~55	3	肾 形	黄绿、黄褐或具紫黑色斑纹	形状为盾形或近似三角形，脐痕很大	大而高高隆起，向下（种脐处）略钩
小叶锦鸡儿	5.3×3.0	25~31	3	肾 形	同 上	形状为圆形或近似椭圆形、脐痕很小	微微隆起，圆而无钩
树锦鸡儿	5.0×2.8	23~25	3	圆形至球形	褐而微红	不明显	不明显
中间锦鸡儿	6.0×4.0	30~50	3	肾 形	黄绿、黄褐、褐色或褐色斑纹	形状为圆形或椭圆形、脐痕较小	明 显

同一个种因立地条件不同，种子的大小、千粒重、纯种率等显著不同。在土壤含水率高的流动沙地上的柠条锦鸡儿林，生长旺盛，高达 279cm，秕种率仅为 11.61%，纯种率达 85.50%，千粒重为 54.85g，明显优于其他干旱沙地。

柠条种子皮薄，透水性好，吸水容易，发芽快。柠条种子在 25℃ 的温度下吸水 4h，其吸水量为风干种子量的 100.3%，以后增加较少。这说明柠条种子在 4h 内吸水最快，吸水达饱和需 1d。但吸水 14h 就开始萌动，1d 即可发芽。发芽时的需水量为风干种子重量的 113.9%，可见种子发芽需水量较多。柠条种子发芽的最适土壤含水量为 12%~14%，土壤含水量在 8% 时也能发芽。在 5~30℃ 之间均能发芽，但其最适温度为 20~22℃，此时发芽势为 40%~70%。从发芽到出苗需 4~6d。另据测定，树锦鸡儿种子在 20℃ 的恒温下，21d 的平均发芽势只有 45%，如改为 20~30℃ 的变温，21d 即可得到 79% 的平均发芽势，说明柠条种子的发芽适宜温度在 20~30℃ 内。

柠条种子在常温下的贮藏年限不宜过长，一般贮藏 3a 的种子发芽率明显下降，第 4a 只有很少的种子发芽或全部失去发芽能力。

（7）环境条件对柠条生长的影响

①立地条件对柠条生长的影响

戴秀章等在环境恶劣、干旱贫瘠的宁夏黄土干旱地区，用 4a 生柠条锦鸡儿优势丛（地上部分）生物量作为评定宜林地立地质量指标，用生物统计的方法对影响柠条锦鸡儿生长发育的环境因素进行了深入分析，发现立地条件与柠条锦鸡儿生长发育的关系最为密切，立地条件的微小变化都能引起柠条生长情况的差异。在实践中，可以利用柠条生长对于各种因子的敏感性来定量评价宜林地的立地质量，以便造林时做到因地制宜，适地适树。

凡是地上部分鲜重量较大的立地类型，均有较好的宜林性和较高的生产潜力，在这样的宜林地上，可以栽培经济价值高、效益大、抗旱性较差的树种。凡地上部分鲜重量较小的立地条件类型，则更易成功营造抗旱性强、生长量小的树种。另外，地形的各个因子对于柠条生长的影响程度也不同。据戴秀章等研究，在地形诸多因子中，地形部位对柠条生长影响最大（因为地形部位决定着水分温度的再分配），坡度次之，坡向较小。

②土壤对柠条生长的影响

柠条对土壤的适应性很强，无论在黄土、红土、黑土、沙土、砾质沙土上均能生长。但立地条件不同，土壤的水分、养分及其理化性质大不相同，因而生长量差异很大。在山西省兴县的调查结果表明，粉沙壤土、黄土的土质疏松，透水性好，对小叶锦鸡儿的生长发育最为有利。砾质沙土、黑垆土次之，白夹土较差，红土最差（表 2-9）。其次，土壤质地与柠条生长的关系极为密切。据调查，黄黏土的和沙壤土的含水率分别为 9.78% 和 4.08%。虽然黄黏土的含水率高，但由于土壤黏重，其上的柠条锦鸡儿生长极差，年均生长量只有 0.4cm，几乎濒于死亡。而在沙壤土上生长迅速，年平均生长量 67cm。此外，在不同类型的沙土上，柠条锦鸡儿的生长量显著不同。

表 2-9　不同土质对小叶锦鸡儿生长的影响

地 形	密 度 /（丛/hm²）	土 质	树 龄 /a	新梢长 /cm	柠条平均地径 /cm	单株开花量	每丛鲜重 /kg
20~25℃阳坡	2805	黄土	7 – 3	48	0.94	190	12.87
20~25℃阳坡	2850	粉沙壤土	8 – 3	42	0.87	214	14.63
20~25℃阳坡	2745	黑垆土	7 – 3	37	0.93	184	9.45
20~25℃阳坡	2880	白夹土	9 – 3	35	0.87	164	8.79
20~25℃阳坡	2505	红土	8 – 3	17	0.84	158	6.48
20~25℃阳坡	2685	砾质沙土	9 – 3	24	0.83	192	10.57

③温度对柠条生长的影响

柠条系阳性树种，根据对小叶锦鸡儿的调查，气候温暖与寒冷对其生长影响特别明显。日本学者吉良龙夫为了研究温度与树种分布及其生长发育的关系，曾提出一个新的积温指标——温暖指数、寒冷指数。按照吉良龙夫的积温指标理论，植物的生长、同化、呼吸、蒸腾等基础生理作用的强度与温度之间存在着近似直线关系的指数曲线。根据在山西省兴县和岚县对播种第 3a 的小叶锦鸡儿生长与温度关系的调查，充分说明柠条的生长量与温度成正比（表 2-10）。

表 2-10   小叶锦鸡儿生长与温度的关系

调查地点	年平均气温 /℃	温暖指数 /℃	寒冷指数 /℃	平均株高 /cm	每丛枝数 /枝	枝平均地径 /mm	生物量(干重) /(kg/hm²)
兴县王家山	8.4	83.7	-43.2	84	21	7.6	899.1
岚县冯周村	6.8	70.5	-48.7	41	13	4.3	243.3
比 率	1.24	1.19	0.89	2.05	1.61	1.77	3.7

（8）柠条的抗旱性

柠条除了在形态方面具有旱生结构之外，生理上也具有抗旱性。据报道，柠条锦鸡儿和小叶锦鸡儿在生理生化方面均表现出旱生植物的特性。两者原生质的黏滞性高，弹性强，透性大，抗脱水能力强，可溶性糖含量高，束缚水和自由水的比值高，从而构成耐旱的特性。

（9）柠条的抗热性

张金如的试验表明，柠条锦鸡儿开始受热害的温度是 46℃，抗热极限温度为 48～49℃。柠条不但抗旱性强，而且抗热性极强。

（10）柠条的抗寒性

柠条具很强的抗寒性，能抵御 -40℃到 -30℃的严寒。内蒙古准格尔旗极端冻土层深达 128cm，锡林郭勒盟年平均气温只有 1.5℃，最低气温 -42℃，最大冻土层深达 290cm。柠条锦鸡儿和小叶锦鸡儿等在上述地区均能正常生长安全越冬。陕西省吴旗县柠条飞播幼苗，当年平均株高 2～3cm，根长 33cm，生长 50 d 仅 3 个叶，当年 1 月份平均气温为 -7.8℃，绝对最低气温为 -28℃时，越冬率为 100%。宁夏固原县年平均气温 6.3℃，1 月最低气温 -8.2℃，绝对最低气温为 -26.9℃，当年直播柠条高 2～3cm，越冬率达 95%以上。

柠条的抗寒性很强。其地理垂直分布上限海拔高达 5000m，绝对低温远低于 -42℃。有些种的抗寒性还要强，如在西藏阿里地区，分布在喜马拉雅山北坡海拔 4100～5000m 地区的变色锦鸡儿，分布在甘、青、川三省交界处的甘肃玛曲县海拔 3400～3900m 的阳坡、半阳坡的鬼箭锦鸡儿等都说明了柠条具有极强的抗寒性。

2.2.2　柠条的生态学特性

柠条的根系十分发达。据观察，柠条的幼龄株（1～4a），在开花结实前，其地上部分生长缓慢，而根系却生长迅速。播种的实生苗 15～20d 后，其根长为苗高的 8～10 倍，当年生苗根长为苗高的 3～4 倍，成年株根深为株高的 4～7cm，随着株龄的增大根量也相应地增长，其根系的特点是根量大于地上生物量，根深大于株高，根幅大于冠幅。在各种不良生境条件下，却能适应环境，其根系具有极强的吸收水分的生态学特性。

（1）无性繁殖萌能力强，具有发达的根径可萌发大量的枝条，其茎被沙埋也可产生不定根和不定芽萌发新枝条。此外有老龄株的侧根增粗后，不仅具有顽强的生殖能力，而且具有不怕沙埋的特性。

（2）有性繁殖能力强，柠条种子在 7 月份先后成熟。裂荚后种子掉落在地上，此时正值雨季，土壤湿度较好，其种子若被沙埋 4～5d 可出苗。幼苗很耐寒，据对 1～10cm 高的幼苗做越冬观察，越冬均为 100%。

（3）生长期。柠条当年地上生长量为 5～20cm，2～3 年内生长缓慢，地上部分低，主根浅，侧根少，易被牲畜啃食而连根拔起。其适应沙质土地，年生长量与当地降雨量成正相关。第 4～5 年地上生长快，有条件可每年中耕 1～2 次，本地区可每隔 4～7 年平茬 1 次，如果不平茬在第 7 年后生长呈现不同程度的退化。

（4）柠条不同生育期的营养价值。柠条的营养价值从生长开始到营养期，现蕾期直至扬花期均含有较高的蛋白质及必需的氨基酸。但是，由于柠条叶小枝叶刺多，又有苦涩味，因此，虽然营养价值较高，但生长期适口性较差，柠条对山羊适口性最好，其次是骆驼、牛和绵羊。同时利用率较低，各种牲畜主要采食柠条的细枝嫩叶，其损失率在 50% 以上。如果将收获后的柠条经机械侧切、揉丝或加工成颗粒，利用率会达到 98%～99%，而且提高牲畜的采食量和消化率。

2.3　花　棒

花棒（*Hedysarum scoparium*），别名细枝岩黄耆、花子柴、牛尾梢，是蝶形花科岩黄蓍属落叶灌木。该树嫩枝绿色，花冠紫红色，十分艳丽，被称为"荒漠之秀"。

2.3.1　花棒的生物学特性

花棒为半灌木，高可达 4～5m，多分枝。枝干深黄色，常呈纤维状剥落。嫩枝绿色或黄绿色，具纵沟、疏生平状的长柔毛。单数羽状复叶，上部具少数小叶，下部具小叶 7～11 片。托叶卵状披针形，较小，外面有平状柔毛，早落。小叶，披针形或条状披针形，长 10～30mm，宽 2～6mm，先端渐尖或锐尖，灰绿色；总状花序腋生，总花梗比叶长，花小疏散紫红色，长 15～20mm。荚果，有荚节 2～4，荚节两面膨胀，近宽卵形，有明显网纹，密生白色毡状柔毛。花期 6—8 月，果期，8—9 月。种子椭圆形，黄褐色，长 3.7～4.5mm，宽 2.3～3.0mm，千粒重 13.9～15.1g。

花棒分布于我国内蒙古、甘肃、宁夏、陕西、新疆等地，其分布中心主要集中于巴丹吉林沙漠和宁夏沙坡头及周边腾格里沙漠地区，它是西北沙荒地固沙造林的优良先锋树种。

花棒生长快，分枝多，固沙力强。直播造林后，当年幼苗高达 15～30cm。植苗造林，在沙坡头年生长高度达 102cm，新发枝条一般有 10 多个，造林后 2～3 年，流沙即被固定。花棒生长 3～5 年后大量开花结实。每株可产种子 0.5～1.0kg，能在条件较好的地方天然下种繁殖。

花棒耐干旱，在含水率仅为 2%～3% 的流沙上，干沙层厚达 40cm 时，仍能正常生长；抗热性强，能忍受 40～50℃ 的高温，沙面温度高达 70℃ 时不影响茎干生长。花棒适于全盐量为 0.4% 以下的低盐地和微碱性沙地上生长，过湿或黏重的土壤上生长不良。主、侧根系都很发达。一般分布在 20～60cm 的沙层中，苗圃中一年生花棒垂直根可达 1m。成年植株根幅可达 10 多米，最大根幅可达 20～30m，当植株被沙压后，还可形成多层水平根系网。根生有根瘤，有良好的改土效果。花棒生长在干热的环境中，耐热，耐干旱，抗风蚀，喜沙埋，具有独特的生物学特性。

2.3.1.1 花棒根系特征

花棒的主、侧根都极发达，一般分布于 20～60cm 的沙层中，当植株被沙压后，还可形成多层水平根系网，扩大根系吸收面积，以适应生长需水。苗圃中 1 年生花棒垂直根系可达 1m，能贮存较多的水分和养分，利于成活。花棒造林后，至根伸至含水分较多的沙层后，以发展水平根系为主，成年花棒植株根幅可达 10 余米，最大根幅可达 20～30m，平均单株固沙面积 10m² 以上。花棒从苗期开始当年生根上就长有根瘤，一般直径 0.5～2mm，长 1～5mm，起固氮作用，使其能在疮薄的沙土上生长。

2.3.1.2 花棒的耐旱性结构

花棒极耐旱，在含水率仅为 2%～3% 的流沙上，干沙层厚达 40cm 时仍能够正常生长。李广毅、王有德、冯显魁等先后系统研究了花棒叶、茎组织适应干旱沙漠环境的内部结构，认为花棒叶片富含水分，一般含水率为干物质的 2 倍以上；叶片表面被有深厚的角质层，叶片内维管束、栅栏组织高度发达，有利于水分的补充和营养的输送。花棒茎干外部包着数层尚未剥落的茎皮，即使沙面温度高达 50～60℃，茎干也不会灼伤，使茎干得到保护；且花棒茎中有发达的导水组织，木质部发达，有利于水分吸收和输送。安守芹研究得出花棒根部韧皮部发达，根的次生结构中有发达的木栓层，具有明显的适应干旱沙漠环境的内部结构。以上研究结果说明，花棒具有显著的适应于干旱、高温沙质环境的典型生理结构。马虹采用电镜手段从花棒胚胎学方面进行了研究，认为花棒是适应于荒漠和半荒漠地区的优势植物。安守芹对花棒进行了苗期耐热性、抗旱性研究，认为花棒幼苗抗热能力大于柠条、杨柴，抗旱能力大于杨柴，略小于柠条，具有一定抗热、抗旱能力。王玉魁对花棒进行了 7 项生态生理综合指标的测试，证明其抗旱性高于传统的树种二白杨和小叶杨，适于在干旱环境中生长。李茂哉研究得出花棒具有独特的生物生态学习性，很耐干旱，新栽面遇到干旱时，幼芽能潜伏数月之久而不死，遇到降雨新萌芽破土而出，形成新的植株。

2.3.1.3 花棒叶片的水分生理生态特征

水分对植物的生存起着决定作用，在干旱少雨的沙地生境尤其如此，所以研究花棒的水分生理生态特征也是生态学家的重要研究内容之一。但目前人们对花棒这方面的内容研究较少。杨明等研究了花棒水分生理生态特性，认为花棒蒸腾速率日变化幅度很大，且有午休的特点，是对干旱、半干旱生境的一种调节和适应。张利平在沙漠地区典型的高温低湿条件下，研究了花棒叶片的气体交换特征，研究结果表明花棒叶片气孔导度日变化呈现周期波动曲线，与气孔导度波动变化相对应，净光合速率和蒸腾速率也同步地呈现周期波动。分析认为，花棒气孔导度发生周期波动，其决定因素是大气湿度过低和沙体含水量下降，是花棒在沙漠干旱条件下，实现水分利用的最优策略。李录章研究了花棒蒸腾作用，认为花棒全天都在不间断地蒸腾，以此满足其自身在逆境中对水分的吸收与消耗，构成水分代谢的特殊规律。赵明范等提出了花棒抗盐碱上限指标，在土壤含盐量 <5g/L 时仍能正常生长。

2.3.2　花棒的生态学特性

2.3.2.1　防风固沙

花棒抗逆性强，既抗寒耐旱，又抗盐碱，同时耐牧性也很强。它生于荒漠区的半固定沙丘和流动沙丘，常在沙丘的背风坡下部形成小片植丛，为沙漠植被的优势种。耐风蚀和沙埋，因其根深，根部沙土被风吹去外露 40～50cm 后仍能生存。茎被沙埋也能再分枝，生长反而更为旺盛。花棒分枝力强，幼令花棒到冬季时地上部分枯死，第二年春季又从根颈处萌发新枝 60～70 条，生长迅速，高达 2～3m。枝条上叶腋处长出腋芽的能力强，故可利用茎和枝实行隐性繁殖。由于花棒的抗逆性强，适应性较广，所以是一种容易推广种植的优势牧草。

2.3.2.2　经济价值

花棒具有重要的经济价值，是木本粮油树种，种子可食用，炒食香甜如豆，种子含油率达 20% 左右，含粗蛋白 24%，粗脂肪 20%；枝干皮层富含纤维，可以剥麻；枝条坚硬而脆，含有油脂，火力大，干湿均能燃烧，是很好的燃料；嫩枝叶含粗蛋白质 20.3%，能较快提高沙地肥力，使沙丘表面形成黑色结皮，增加沙地的腐殖质含量。嫩枝叶牲畜均喜食，是饲料、肥料、燃料三料灌木。

2.3.2.3　饲用价值

花棒为优等饲用半灌木，营养价值高，粗蛋白质含量高达 20% 左右，维生素和矿物质含量也很丰富，蛋白质的氨基酸组成比较齐全，动物必需的氨基酸含量高。据中国农业科学院草原研究所中心化验室分析，花棒的化学成分及营养价值如表 2-11 所示。

表 2-11　花棒的化学成分及营养价值

生育期	干物质/%	粗蛋白质/%	粗脂肪/%	粗纤维/%	无氮浸出物/%	粗灰粉/%	钙/%	磷/%
	92.46	18.35	3.02	25.66	45.86	7.11	1.11	0.20
开　花	可消化粗蛋白质/(g/kg)		总能/(M cal/kg)		消化能/(M cal/kg)		代谢能/(M cal/kg)	
	103		4.31		2.04		1.67	

花棒适口性好，各种家畜均喜食，骆驼最喜食，羊喜食其嫩枝叶。幼嫩的花棒可作为畜、禽良好的蛋白质、维生素补充饲料。据农牧民反映，花棒能促进幼畜发育，增加母畜的产乳量，花棒的产草量较高，一般产青草 1.5 万 kg/hm²，种子量 750～1050kg/hm²。

2.4　杨　柴

杨柴(*Corethrodendron fruicoswm var. mongolicum*)，又名羊柴、蒙古岩黄者、三花子、踏郎等。豆科小灌木，高 1～2m。主要分布于内蒙古、陕北、宁夏等省(区)的乌兰布和、库布齐、毛乌素沙漠或沙地，多生于沙丘、沙地和冲刷沟中，根入土极深，耐旱耐沙埋。目前已作为优良的固沙植物被广泛引种到华北与西北地区东部的各沙区。

2.4.1 杨柴的生物学特性

杨柴在冬季 −30℃低温，夏季 50℃以上的高温条件下能正常生长，所以耐寒、耐高温。幼苗萎蔫系数是 0.46%，耐旱，但不耐涝，沙地含水率 >70% 即生长不良以致死亡。杨柴根系较发达。经调查，多年生的垂直主根长 1.6~3.4m，水平根系 6.2~16.2m，多分布在 30~50cm 的沙表层，茎蘖自然繁殖极快，"一株可成林"，根系有丰富的根瘤，聚集成块状，固氮作用强。它与花棒属同一属，但杨柴自然繁殖力强，多在根际形成萌蘖，贴地面向外扩展，积沙后能生不定根蔓延繁生，覆盖沙面，自然形成较大灌丛堆，据调查，在库布齐沙漠中杨柴灌丛可达 113.9m²，根系有根瘤，可以改良土壤。

杨柴喜适度沙埋，抗风蚀，在整个生育期耐较高的温度，所以萌动较迟，4 月中旬萌芽，4 月下旬至 5 月初为展叶期，6—7 月生长旺盛，8 月底停止生长。杨柴的嫩枝叶含粗蛋白质 16.5%~20.7%，为优良饲料。花期 8—9 月份，果期 9—10 月份，花期长，6—9月份可作为蜜源植物。花淡紫色，蝶形，总状花序，6 月上旬至 8 月中旬不断开花，景色壮观，可作为干旱区园林绿化的观赏植物。花期虽长，但落花严重，座果率仅 20% 左右，播种造林第 2a 开花结实，3~4a 产种量增加，第 5a 后产量逐年下降。经试验调查研究，影响杨柴结实量的因素较多，其中林龄、密度、立地条件、病虫害的影响尤为明显。

平茬复壮，能提高杨柴的生物量，3~4a 时杨柴需平茬，平茬后当年萌条 30 根左右，高达 50~80cm，最高 1m。

2.4.2 杨柴的生态学特性

2.4.2.1 生长发育规律

杨柴春季播种后，15d 左右出苗，当年高生长 40cm 左右。越冬杨柴 4 月下旬开始展叶，5 月下旬新枝生长。一般 1 年抽 3 次枝，个别植株可抽 4~5 次枝，即在当年生 1 次枝上抽 2 次枝，再在 2 次枝上抽 3 次枝，依次类推。杨柴 1 年开 2 次花，6 月上中旬为第一花期，7 月中旬为第二花期，9 月底、10 月初果实成熟。11 月初落叶。

2.4.2.2 适生条件

杨柴不同沙地类型造林试验结果表明：杨柴在各种沙地类型上造林成活率均较高，尤以疏松的流动、半流动沙地上成活率最高，生长最好，根蘖苗最多（表 2-12）。

表 2-12 不同沙地类型上杨柴林成活与生长情况

沙地类型	沙层厚 /m	栽植时间	当年成活率/%	丛高 /m	丛幅 /m	根萌生苗数/株		
						栽植第 1 年	栽植第 2 年	栽植第 3 年
流动沙地	3~5	1987 年 3 月	88.1	1.59	3.1×2.5	5	23	40
半流动沙地	2~3	1987 年 3 月	89.2	1.56	2.5×2.4	5	18	28
固定沙地	3~4	1987 年 3 月	82.5	1.43	2.1×2.4	2	10	20
平缓河滩地	1~2	1987 年 3 月	83.0	1.46	2.0×1.8	3	8	15
薄复沙地	0.5~1	1987 年 3 月	85.5	1.42	2.0×1.5	2	10	16

注：表中为 1990 年 8 月调查数据。

2.4.2.3　根萌蘖力极强

杨柴栽植或直播造林后，从第 2 年开始即可萌蘖繁殖，树龄越大，萌蘖苗越多。因此，杨柴具有栽 1 株成一片的特性，固沙效果显著。如我们定点调查的 1 个 225m² 的沙丘，原来只有杨柴 30 株，5 年后有根蘖苗 12~20 株/m²，面积已扩展到 3200m²。

2.4.2.4　根系发达抗旱性强

调查表明 1a 生杨柴播种苗，苗高 25cm 时，主根长 85cm，侧根 30 余条，主根长是苗高的 3~4 倍，可见杨柴幼苗根系生长迅速。4a 生杨柴株高 125cm，主根长 251cm，侧根根幅 565cm，形成强大的根系网，吸收水分，使杨柴抗旱性强。

2.4.2.5　耐风蚀沙埋

试验结果表明：杨柴沙埋厚度不超过株高的 2/3 时，生长仍旺盛，超过 2/3 时，生长减弱、出现枯条；2a 生苗风蚀 30cm 时，生长仍正常，风蚀达 45cm 时，生长欠佳，出孤枯条。

2.5　梭　梭

梭梭（*Haloxylon ammodendron*）是一种超旱生的无叶与落枝性的高大灌木或小乔木，株高变化较大，高度一般为 1.5~4.0m，也有达 7m，干基直径 60~70cm。干具节瘤，扭曲，具纵向的条状凹陷。树皮薄，灰褐色。主侧根均发达，长达地上部高的 5~10 倍。枝条粗短，开展，当年生枝条鲜绿色，味咸、光滑，节间长约 1cm，生于 2a 生枝的叶腋内，幼枝在 1 年中有 1~2 次分枝，最末次分枝在秋冬脱落，枝条开展，当年生绿化嫩枝作为同化器官，进行光合作用。叶极端退化成短三角膜状鳞片，基部宽，先端钝。花两性，单生于 2a 生枝条的叶腋。小苞片宽卵形，膜质，与花等长；花被片 5，矩圆形；果期自背部生翅状附属物，翅半圆形，膜质，全缘或略有缺刻，基部心形，花被片翅以上部分稍内曲。胞果黄褐色，种子黑褐色，直径约 2.5mm，胚暗绿色。花期 4—6 月，果期 9—10 月。

梭梭主要分布在亚非大陆温带和亚热带的干旱区。梭梭在亚非大陆连续分布区有 11 个种，主要生长在流动沙丘、半固定沙丘、盐渍土及砾质戈壁上。我国有 2 种，即白梭梭和梭梭，在我国的西北荒漠、半荒漠地区具有较为普遍的分布。

（1）白梭梭是中亚细亚荒漠沙生植被的主要成分，我国新疆北部、甘肃、宁夏、内蒙古沙区均有引种。在我国分布于古尔班通古特沙漠、艾比湖东部沙漠和伊犁地区霍城沙漠，并零星见于乌伦古河和额尔齐斯河沿岸地段。

（2）梭梭是中亚荒漠中分布最广的荒漠植被类型，产于我国新疆、甘肃西部、宁夏西北部、青海北部、内蒙古。在我国梭梭东起半荒漠库布齐沙漠经内蒙古阿拉善高原、甘肃河西走廊、青海柴达木盆地一直分布到新疆。

2.5.1　梭梭的生物学特性

2.5.1.1　白梭梭（波斯梭梭）

为落叶小乔木或长成灌木状，一般高 1~7m。树皮灰白色，木材坚而脆，老枝灰褐色或淡黄褐色，通常具环状裂隙；当年枝弯垂（幼树上的直立），节间长 5~15mm，直径约

1.5mm。叶鳞片状，三角形，先端渐尖，紧贴于节上，腋间具棉毛。花两性、形小，对生于叶腋。花着生于2a生枝条的侧生短枝上，小苞片舟状，卵形，与花被等长，边缘膜质；花被片倒卵形，先端钝或略急尖，果时背面先端之下1/4处生翅状附属物；翅状附属物扇形或近圆形，宽4~7mm，淡黄色，脉不明显，基部宽楔形至圆形，边缘微波状或近全缘；花盘不明显。胞果淡黄褐色，果皮不与种子贴生。种子直径约2.5mm；胚盘旋成上面平下面凸的陀螺状。

白梭梭花为风媒花，雌雄蕊同花，异长且异熟，异花授粉，花期5—6月，每一小枝上有3对小花，开花时上下一起开放，始花期较梭梭退后，花期只有10余天。果期9—10月，种子灰白色。

白梭梭是典型的超旱生沙生植物，适生于荒漠地区的流动沙丘、半固定沙丘或厚层沙质地上，水分全凭大气降水与沙层凝结水供给，在沙层含水量5g/kg时仍能正常生长，与潜水一般无关系。它的根系十分发达，分布广而深。

2.5.1.2　梭梭(琐琐、梭梭柴)

小乔木，高1~9m，树干地径可达50cm。树皮灰白色，木材坚而脆；老枝灰褐色或淡黄褐色，通常具环状裂隙；当年枝细长，斜升或弯垂，节间长4~12mm，直径约1.5mm。叶鳞片状，宽三角形，稍开展，先端突尖，腋间具棉毛。花着生于二年生枝条的侧生短枝上；小苞片舟状，宽卵形，与花被近等长，边缘膜质；花被片矩圆形，先端钝，背面先端之下1/3处生翅状附物；翅状附物肾形至近圆形，宽5~8mm，斜伸或平展，边缘波状或啮蚀状，基部心形至楔形；花被片在翅以上部分稍内曲并围抱果实；花盘不明显。胞果黄褐色，果皮不与种子贴生。种子黑色，直径约2.5mm；胚盘旋成上面平下面凸的陀螺状，暗绿色。

梭梭花为果风媒花，雌雄蕊同花，异长且异熟，异花授粉，梭梭花期5—7月。孕期9—10月，种子黑褐色。

梭梭适应旱生环境，叶片退化成鳞片状，并以嫩枝代替进行光合作用，具有明显的抗旱特性。梭梭的耐盐(耐盐临界范围可达4%~6%)和耐干旱贫瘠(在土壤含水量)3.2~26g/kg时，能正常生长)的能力很强，梭梭垂直根系一般深为5m，最深达9m，水平根系伸展达10m，常可形成盐生植被和戈壁荒漠植破。

梭梭适生于半荒漠和荒漠地区的沙漠中，可生长于土质平地(土漠)、砾漠(沙砾质戈壁)、盐漠(干涸湖盆)及沙漠沙丘和丘间低地，为一种潜水湿生植物。其生境多为地下水较高的沙丘间低地、干河床、湖盆边缘、山前平原或石质砾石地，以含有一定量盐分(全盐量20g/kg)的土壤或沙地生长最好，沙埋后形成沙丘。

2.5.2　梭梭的生态学特性

梭梭的形态特征是适应生态的外在表现。梭梭是我国西北干旱荒漠地区固沙先锋植物，具有耐干旱、耐盐碱、抗风沙、生长迅速等特点。

2.5.2.1　白梭梭

白梭梭能耐±40℃左右的气温和70℃的地表温度，对水分适应性较差，只能生长在土壤含水率3%~10%的沙丘和丘间地。白梭梭耐盐能力为土壤总盐量不大于0.6%。极耐风沙，9~10 级大风，植株不受影响，较喜沙埋，沙埋能促进生长，但稍怕风蚀，风蚀则限制生长，特别是苗期风蚀常造成大片死亡，甚至全部毁灭。

白梭梭生态幅较窄，只能生长在基质中等、水分较好、盐分较轻的风积固定、半固定沙丘和厚层沙地上。

白梭梭在生理上也表现出很强的抗旱性，较高的光合能力。据测定，6—9 月份平均光合强度（CO_2）为 7.297mg/（kg·h），并具有旱生植物的气孔特点，白梭梭同化枝皮层的气扎密度为 212.9 个/mm²，比梭梭柴多；孔径为 17.2μm×3.6μm，比梭梭柴略小。白梭梭对水分的利用效率也较高，它用 165.6g 水，可制造 1g 干物质。白梭梭有比较发达的高度木质化纤维，能抗御高温和风吹沙打。

2.5.2.2 梭梭

梭梭为典型的旱生植物，不仅耐旱、耐碱、耐盐，并且具有较高的耐土壤贫瘠能力。梭梭柴能耐 –45~42℃的高低气温和 70℃的地表温度，抗旱性极强，在不积水的情况下，土壤含水率（1m 土层平均）从 5%~20% 都能适应，亦能耐 10% 相对湿度和 20~40 的干燥度。梭梭属于耐盐植物，梭梭幼苗耐盐能力颇强，土壤总盐量（1m 土层平均）0.5%~1.0% 能成活生长。成年林的土壤含盐量 4% 时生长正常，0.3%~1.0% 生长良好，低于 0.1% 反而生长不良；土壤表层含盐量达 28.52% 时，梭梭还能生长。天然梭梭林土壤表层总盐量达 10% 甚至更高，下层在 1% 以上时生长良好。梭梭植株吸盐后，嫩枝含盐可高达 17%，被称为"盐木"。

梭梭的根系极其庞大，垂直根系可达 8m 多，吸收地下水或悬着水，水平根多分布在 40~60cm 深处，向四周伸展可达 10 余米，吸收沙层上部的大气降水（包括融雪水）和凝聚水。它的根系还具有很大的渗透压，达 5238kPa，能吸收土壤中极少的水分。这是梭梭生理抗性强的又一原因。

2.6 沙 棘

沙棘（*Hippophae rhamnoides*），又称醋柳、黄酸刺、酸刺柳、黑刺、酸刺等，为胡颓子科沙棘属，是一种落叶性灌木，其特性是耐旱，抗风沙，可以在盐碱化土地上生存，因此被广泛用于水土保持。国内分布于华北、西北、西南等地。沙棘为药食同源植物。沙棘的根、茎、叶、花、果，特别是沙棘果实含有丰富的营养物质和生物活性物质，可以广泛应用于食品、医药、轻工、航天、农牧渔业等国民经济的许多领域。沙棘果实入药具有止咳化痰、健胃消食、活血散瘀之功效。现代医学研究，沙棘可降低胆固醇，缓解心绞痛发作，还有防治冠状动脉粥样硬化性心脏病的作用。

2.6.1 沙棘的生物学特性

沙棘是落叶灌木或乔木，高 1~5m，高山沟谷可达 18m。棘刺较多，粗壮，顶生或侧生；嫩枝褐绿色，密被银白色而带褐色鳞片或有时具白色星状毛，老枝灰黑色，粗糙；芽大，金黄色或锈色。单叶通常近对生；叶柄极短；叶片纸质，狭披针形或长圆状披针形，长 3~8cm，宽约 1cm，两端钝形或基部近圆形，上面绿色，初被白色盾形毛或星状毛，下面银白色或淡白色，被鳞片。花黄色，花瓣 4 瓣，花芯淡绿色，花苞球状，嫩绿色；果实圆球形，直径 4~6mm，橙黄色或橘红色；果梗长 1~2.5mm。种子小，黑色或紫黑色，有光泽。花期 4—5 月，果期 9—10 月。

沙棘是阳性树种，喜光照，在疏林下可以生长，但对郁闭度大的林区不能适应。沙棘对于土壤的要求不很严格，在粟钙土、灰钙土、棕钙土、草甸土、黑护土上都有分布，在砾石土、轻度盐碱土、沙土，甚至在砒砂岩和半石半土地区也可以生长但不喜过于黏重的土壤。

沙棘对降水有一定的要求，一般应在年降水量 400mm 以上，如果降水量不足 400mm，但属河漫滩地、丘陵沟谷等地亦可生长，但不喜积水。沙棘对温度要求不很严格，极端最低温度可达 -50℃，极端最高温度可达 50℃，年日照时数 1500~3300h。

沙棘幼苗期比较娇嫩，畏强光、高温和曝晒，也畏积水。但一旦苗根伸展开来，则适应性增强。5~8cm 高的 1a 生幼苗，可以安全越冬。沙棘生长从第 2 年起加速，第 1 次生长高峰在 4~6a 之间，此后生长转缓。间隔 4~6a，又出现第 2 个生长高峰。但不同地区因环境有别，生长高峰期也有不同，如祁连山地区第 1 次生长高峰期在 8~10a 间，间隔 8~10a 出现第 2 个生长高峰期。

沙棘根系发达，须根较多。据余文涌等调查，树高 1.52m，地径 3cm 的植株。有主根 1 条，长 1.2m；侧根 27 条，总长 20m 须根 316 条，总长 45.34m；毛根 89 条。总长 2.01m；各种根总共 433 条，长 68.5m。沙棘根系有放线菌形成的根瘤。据测定，单个根瘤体积一般为 0.3cm³，有的达 4.5cm。3.5 年生沙棘林，30cm 长的根有菌体 34 个，在 1m³ 的体积内，有根瘤 100~140 个。

沙棘通常 3a 生开始结果，至 5a 生时进入盛果期，大约维持 4~5a，往后枝条部分干枯，内膛空虚，树势转弱。待隔 3a 左右，枝条更新，树势转旺，又可迎来新的结果盛期。沙棘的单株产果量随各地区条件不同变幅很大，在盛果期间株产 2~5kg。经人工选育的优良品种可达 20kg 以上。沙棘树的寿命在不同地区不同环境下，变动幅度也很大。在有些地区，树龄 20 多年就因多种原因而枯死；在有些地区，树龄可达几十年甚至上百年。

2.6.2 沙棘的生态学特性

作为治沙和水土保持的生态树种，沙棘具备了 Whlttaker 列出的干旱、半干旱地区植物所具有的耐干旱的特点：深根性或广布根系，具备储水组织，有蜡质、毛等保护组织，可从干燥的土壤中吸收水分，生长迅速等。

2.6.2.1 水分生理生态学特性

沙棘有强的适应半干旱生境的能力。在旱季，沙棘叶水势降低、持水力增强、蒸腾作用减弱，具较高的束缚水与组织水含量。这些生理生态学特性使沙棘在干旱条件下，通过自身调节作用使体内水分达到平衡，从而增强对恶劣生境的适应能力。

2.6.2.2 形态解剖学特性

沙棘主产半干旱半湿润地区，具中生的茎、叶结构和一定的旱生表层结构。沙棘叶表面覆盖着发达的表皮毛，表皮毛由简单低级的星状毛向高级复杂的盾状毛演化，盾状毛的出现是抵御寒冷和减少蒸腾的适应；沙棘叶较厚的角质层和发达的栅栏组织细胞，对干旱有强的适应性。沙棘茎的皮层外部细胞较小、排列整齐、细胞壁厚，表皮外有很厚的角质层和一定量的蜡质，有效地减少了体内水分的损耗。沙棘根系发达的周皮薄壁组织和较大的细胞间隙使其具有较高的持水能力。

2.6.2.3 根系特性

试验证明，沙棘根系的含水量、持水势均较高。因此有学者认为，沙棘是一种喜水性的中生性植物。这和沙棘能够生长于较干旱条件下的事实并不矛盾，因为它可以通过克隆植物所特有的生理整合和觅养行为等多种途径来适应和利用生境条件。在异质生境中，克隆觅养行为可使其逃避不利的生境斑块和利用有利的生境，生理整合作用使克隆各分株之间共享生境资源（水分、养分）。沙棘根系具"双重性"，即主根不发达，但可由侧根的依次代替形成垂直根系，一般可向下扎 2~3m。因此，沙棘的根系是兼具深根性树种和浅根性树种根系特征的复合型根系。此外，沙棘根系穿透力极强，能穿透岩石顺着石缝扎下茂密的根系。这些根系特性，提高了沙棘在不利生境中的存活能力，同时为退化生态系统的恢复提供了理论依据。

2.6.2.4 固氮特性

沙棘根系结瘤由不同于豆科植物和根瘤菌的弗兰克氏内生菌对根系侵染而成，具较高的固氮能力。沙棘根瘤除了固定空气中的氮素外，还能促进土壤养分库中矿物有机质、难溶性无机和有机化合物向有效态转化，利于植物体的吸收和利用。固氮作用增加了土壤养分的含量，提高了林地的生产力，因而具有重要的生态经济意义。

2.6.2.5 适应性强、耐寒、耐旱、耐瘠薄

沙棘主要分布于海拔 1000m 以上的欧亚大陆温带地区，海拔 1000m 以下有零星分布。沙棘强的生态适应性表现为，能忍耐 −50℃ 严寒和 60℃ 的地面高温；能生存于裸露的岩石上；在侵蚀严重、肥力很低的荒山陡坡、砒砂岩地区及河滩地生长良好并形成灌丛林地。

2.7 乌 柳

乌柳（*Salix cheilophila*），又称乌柳根、小红柳，属杨柳科柳属，灌木或小乔木。分布于我国内蒙古、河北、山西、陕西、甘肃、青海、西藏、四川和云南等地。

2.7.1 乌柳的生物学特性

乌柳，高可达 4m。枝细长，幼时被绢毛，后脱落，1~2a 生枝紫红色或紫褐色，有光泽。叶条形或条状披针形，长 1.5~5cm，宽 3~7mm，先端尖或渐尖，基部楔形，边缘常反卷，中上部有细腺齿，上面幼时被绢状柔毛，下面有明显的绢毛，叶柄长 1~3mm。花序先叶开放，圆柱形，长 1.5~2.5cm，径 3~4mm，花序轴具柔毛，苞片侧卵状椭圆形，黄褐色，雄蕊 2，完全合生，花丝无毛，花药球形，黄色，腹腺 1；子房近无柄，卵状椭圆形，密被短柔毛，花柱极短。蒴果长约 3mm，密被短毛。

2.7.2 乌柳的生态学特性

2.7.2.1 适应性强

乌柳适应的生态幅度宽阔，其根深、耐旱、耐瘠薄，适宜在沟谷滩地、河流两岸及较湿润的沙地中栽植，也可以作为干旱、半干旱区的防风固沙林树种，也可以作为溪畔水旁的水源涵养林树种。乌柳，这个树种能够根据环境状况调整自己的生长高度，遇到立地环境好的地段，它可以长成小乔木，遇到立地环境差的地段，它可以长成小灌木。

2.7.2.2 用途广泛

树干可作为小农具用材，嫩枝叶可作为饲料，饲喂草食家畜。其枝条也是上好的编织材料，具有较好的开发前景。同时，乌柳也是荒山、荒坡、荒地造林的理想先锋树种。已经在青海共和盆地广泛引种种植，在共和沙珠玉沙地形成成片防风固沙林丛和林带。乌柳在青海省各林区都有天然分布，生于海拔 1700~3800m 的山坡和林缘地带。

2.8 黄 柳

黄柳(*Salix gordejevii*)是杨柳科柳属的一种旱中生灌木，主要分布于中国的辽宁、吉林、宁夏和内蒙古等省区栽培。

2.8.1 黄柳的生物学特性

黄柳是杨柳科柳属的一种旱中生灌木，高 2~3m。树皮淡黄白色，不裂；1a 生枝黄色，有光泽；当年幼枝黄褐色，细长，无毛；芽长圆形，无毛或微被毛。叶狭条形，长 3~8cm，宽 3~5mm，先端渐尖，基部楔形，边缘具细密腺齿(叶幼时腺齿不明显)，上面深绿色，下面苍白色，两面光滑无毛；叶柄长 2~5mm；托叶条形，长 3~5mm，边缘腺点，脱落。花序先叶开放，矩圆形，长 1.5~2.5cm，无总梗；苞片倒卵形或卵形，长 1.5~2mm，具柔毛，先端黑褐色；腺体 1，腹生；雄花具雄蕊 2，分离，花丝无毛；子房矩圆形，长 2~3mm，疏被柔毛，花柱极短，柱头 2 裂。蒴果淡黄褐色，长 3~4mm。花期 4—5月，果期 5—6 月。

2.8.2 黄柳的生态学特性

2.8.2.1 生长习性

黄柳广泛见于草原带地下水位较高的沙地，在流动沙丘上，往往形成单种灌丛群聚。具有耐寒、耐热、抗风沙、易繁殖、生长快、萌芽力强等特点。黄柳的生境与北沙柳相近似，适生于疏松的沙质土壤。黄柳具有强大而开展的根系，主根一般深达 3.5m，侧根长达 20m，粗壮、强韧，细根交织，固沙性能强，生长快，栽植 1 年侧根可达 11m；2 年可伸展到 13.2m，为冠幅的 13 倍。根系密集层次为 20~80cm。黄柳所以能在干旱的流沙上生长，与它具有庞大根系有关。

2.8.2.2 物候期

黄柳耐沙埋，易生不定根，以加速生长。据中国科学院兰州沙漠所沙坡头科学试验站资料，沙埋厚度达 47cm 的黄柳，当年平均生长高度比未沙埋的高 85cm，比沙埋 25cm 的高 41.2cm。黄柳能耐风蚀，风蚀达 15cm 时，对其当年生长影响并不显著。黄柳萌芽力强，无性繁殖容易，可行插条和播种繁殖，秋季栽植比春、夏季栽植成活率高，可达 80%。平茬可以复壮，据调查，平连后当年平均高生产较未平茬的提高 197%。栽植后 2~3 年平茬一次为宜。黄柳野生于草原地带，在固定、半固定沙地及流动沙丘上都广有分布，多在落沙坡脚或丘顶生长，形成茂密的柳丛或黄柳泡包。

2.8.2.3　饲用价值

黄柳在幼嫩时，山羊乐食，散落在地上的枯枝叶，山羊、绵羊和牛喜欢拣食。含有较多的脂肪和无氮浸出物，蛋白质和粗纤维中等，灰分中含钙较多；蛋白质的品质较好，所含必需氨基酸较一般比禾谷类饲料多，大约同小麦麸所含相近。

2.9　多枝柽柳

多枝柽柳(*Tamarix ramosissima*)，别名红柳，柽柳科柽柳属灌木或小乔木。种群在自然界中主要有 4 种生境分布类型：风沙土生境类型、草甸土生境类型、吐加依土生境类型和盐土生境类型。

2.9.1　多枝柽柳的生物学特性

柽柳为灌木或小乔木，高 3~6m。幼枝柔弱，开展而下垂，红紫色或暗紫色。叶鳞片状、钻形或卵状披针形，长 1~3mm，半贴生，背面有龙骨状柱。每年开花 2~3 次，春季在头年生的小枝节上侧生总状花序，花稍大而稀疏；夏、秋季在当年生的幼枝顶端形成总状花序，组成顶生大型圆锥花序，常下弯，花略小而密生，每朵花具有一线状钻形绿色小苞片。花 5 枚，粉红；萼片卵形；花瓣椭圆状倒卵形，长约 2mm；雄蕊着生于花盘裂片之间，长于花瓣；子房圆锥状瓶形，花柱 3 个，棍棒状。蒴果长约 3.5mm，3 瓣裂。花期 4—9 月，果期 6—10 月。柽柳适应性强，对气候土壤要求不严，在黏壤土、沙质壤土及河边冲积土中均可生长，常栽于河边、路边、沟边、庭院等处，喜生于河流冲积地、海滨、滩头、潮湿盐碱地和沙荒地。柽柳为温带及亚热带树种，原产于我国甘肃、河北、河南、山东、湖北、安徽、江苏、浙江、福建、广东、云南等地，黄河流域及沿海盐碱地多有栽培。柽柳喜光，耐旱、耐寒，较耐水湿，极耐盐碱、沙荒地。其根系发达，萌生力强，极耐修剪刈割。

2.9.1.1　分布特点

全世界柽柳属植物 90 余种，分布由欧洲的西部、地中海沿岸、东北非、中亚、小亚，到西亚、南亚、亚洲中部，最后到达亚洲的东部，同时间断分布于非洲西南部。主要产于旧大陆的温带及亚热带的荒漠、半荒漠及草原地带。在我国西北荒漠、半荒漠地区，从山前河谷直到沙漠腹地都有较普遍的柽柳属植物分布。国产 18 种 1 变种，约占世界种类 20%，仅次于伊朗(35 种)和前苏联(25 种)。其中不少种是中国和新疆的特有种。

砾石戈壁、黏土、沙土、流沙、各种不同程度的盐渍化土壤、典型盐土上都有不同的种分布；有的种类如多枝柽柳的生态适应性强，成为世界广布种，有的生态适应幅度窄，仅分布在一种生境中，如生长在沙漠腹地的沙生柽柳和盐土地区的刚毛柽柳；短穗柽柳和短毛柽柳；莎车柽柳和塔里木柽柳的分布区更小，为窄域种。

柽柳属植物资源分布与气候、河流及河流水量有关。夏季洪水所到之处，都会出现大片柽柳群落，加之柽柳是典型的泌盐植物，在地下水位高、容易发生盐渍化现象的地区都有较大面积的柽柳群落存在，且生长发育良好。

新疆塔里木盆地的柽柳植物作为起源于古地中海的地中海区、西亚至中亚地理成分，是与古南大陆有联系的属，在第三纪特别是新第三纪来的地理、气候变更等的自然历史影响下，已经形成一相对独立发生、发展和分布的，且具有其旱化、盐化和残遗特征的独特的分布区类型。

2.9.1.2 群落特征

概括起来，柽柳群落有以下特征：发育异质性，群落发育阶段同地貌特征和土壤类型有关；群落寡种性，与柽柳伴生的乔木、灌木及草本植物通常不超过 30 种；群落的单优性，柽柳群落从发生到衰老的整个生命周期，始终保持其优势种和建群种的地位；群落的非地带性，虽分布于荒漠区，皆沿河而生，故称河岸发生林，积水区也能发生，但多为小面积，不稳定，须有一定的地表水或地下水供给，又称潜水性泌盐中生植物。它不属荒漠地带性植被。无相对稳定的气候顶极群落，是一非地带性的隐域植被类型；林龄结构的复杂性，柽柳群落的发生是在以水为条件的异质生境条件下完成其生活周期的。它的种群在大的空间范围内处于动态平衡中。就一地而言，种群可能是同龄的，但就某一流域或某一地区而言，植物种群可能是异龄的，以此保证种群的天然更新。

2.9.1.3 生态适应性

大多数种类的柽柳适宜引种环境的年平均温度为 5~15℃，在极端最低气温 -25℃ 以上，极端最高气温为 45℃ 以下的地区都能进行引种。

柽柳属植物是一类耐盐性强的植物，生长发育中的泌盐作用和落叶过程在土壤盐分运动中具有重要的生态学作用。柽柳在重盐土中生长良好，但有的种类不适应在碱土基质上生长。经测定，各种柽柳的插穗在 0.5% 的 NaCl 溶液中，生根率为 40%~100%，平均为 79.1%，当 NaCl 溶液浓度增至 1.0% 时，生根范围仍为 40%~100%。但种间表现不一，有的种生根率下降，有的种反而呈上升趋势。平均生根率下降至 70.9%。当浓度为 3.0% 时，各个种的生根率显著下降至 20% 以下，有的种已不生根，平均为 2.7%。芽的萌发也受到完全抑制。因此，总盐量小于 1.0% 的各种盐渍化土壤可以作为柽柳属植物扦插育苗的基质。柽柳属某些种的生境土壤含盐量分析显示，0~30cm 土层中的总盐量为 9.30%~48.4%，30~60cm 土层中的总盐量为 0.53%~4.20%，30~100cm 土层中的总盐量为 0.63%~3.26%，其中主要是氯化盐和硫酸盐类，说明成龄植株对重度盐渍化土壤有较强的适应能力。柽柳属植物在种子萌发和幼苗期也有一定的耐盐性，在自然生境中，0~30cm 土层中的总盐量为 0.15%~0.99% 时，多枝柽柳的种子可以正常萌发，形成大片幼苗。因此，0~30cm 土层总盐量低于 1% 的沙荒地，均可作为柽柳育苗圃地。水培试验结果也表明，甘肃柽柳和长穗柽柳耐盐性最好，而多花柽柳、山川柽柳和多枝柽柳的耐盐性最差。土壤水含盐量不超过 7.0g/L 时，上述几种柽柳均能生长成活。

柽柳抗旱性因种而异。通过对 12 种柽柳的水分生理指标和形态指标的研究，结果显示沙生柽柳的抗旱性最强，而短毛柽柳最弱。在荒漠地区的河岸边或非河岸的暂时性积水地段，柽柳种子萌发和幼苗发生与立地水条件形成了一种动态的适应关系。在这种以水为主导的异质生境中完成其幼年期的生命过程。成龄的植株却能忍受极端的干旱环境。

柽柳叶退化成鳞片状，同化枝细软，多年生木质化枝条光滑柔性强，萌蘖力强，抗风折、沙割和沙埋，具很强的固沙防风作用。

柽柳抗虫害能力较弱。危害柽柳的害虫种类较多，主要造成大面积危害的是柽柳条叶甲，近几年在引种地吐鲁番大面积发生。虫口数量大时，在几日内将成片柽柳的鳞片状叶食尽，被害枝梢干枯弯曲。虫害发生时，常在大片柽柳群落中形成点、片或带状危害区，林相呈秋冬季状。

2.9.2 多枝柽柳的生态学特性

柽柳为典型的阳性树种，喜光喜热、耐盐碱、抗干旱，幼苗期喜潮湿多水的环境，在荒漠生态系统中的重要地位。新疆地处亚洲荒漠地带，特殊的气候、土壤和水文条件给柽柳的侵入繁衍创造了良好的环境，以柽柳属植物资源丰富、种类多（15 种）、面积大（约540 万 hm^2），分布广而成为中国柽柳属植物物种多样性最丰富的地域。新疆北部柽柳资源大部分在玛纳斯河和奎屯河下游两岸及二河下游的湖滨一带；南部几十条河的下游两岸及其广大流沙区湖滨附近各种盐渍化土壤及典型盐土上都有成片的柽柳群落分布。

柽柳属植物全部为大灌木类，在荒漠植物群落中，主要占据着灌木层，多数种具有较大的种群。柽柳灌丛在中亚温带荒漠植被中占优势地位，在塔里木盆地的极干旱荒漠植物群落中柽柳占较高成分，流动沙丘上除沙生柽柳外几乎无植被覆盖。能够适应荒漠区多种不良的生态环境，具有其他植物无法替代的抗干旱、耐盐碱、耐贫瘠、耐风蚀沙埋、耐水湿、寿命长、根系深、用途广等特点，是干旱沙荒盐碱地优良的防风固沙植物和水土保持改良树种。

2.9.2.1 降低风速

有较好的防护效益。配置在农田防护林迎风面做下木时，在 1.5m 高处，旷野风速为9.5m/s，林后仅为 3.9m，风速下降了 58.9%；在 1m 高处，林前风速为 8.8m/s，林后风速为 3.6m/s，风速降低 56.8%；柽柳纯林除了具有较好的阻沙固沙效果外，还具有明显的防风效益，如旷野风速为 6.7m/s 时，林带后、林后 3H、林后 7H 的风速分别降为1.1m/s、2.0m/s、3.5m/s；在自然生境中，单个柽柳沙包和以柽柳为主组成的群落，同样具有明显的防风效应，一个 3m 高的柽柳沙包，其背风向的防护范围也可达到包高的 10倍；在一个平均株高为 1.5m、盖度为 45% 的群落中，1m 和 1.5m 高度上的风速仅为空旷地上的 47% 和 60%。由于柽柳群落具有较好的防风效果，从而大大地减少了群落下垫面的风蚀，对于防止干旱荒漠地区荒漠化有重要意义。

2.9.2.2 阻沙滞沙

柽柳枝叶繁茂，阻沙能力强，植株被沙埋后，被埋枝条上很快就生出不定根，地上部萌发更多新枝，阻挡风沙。柽柳还是典型的泌盐植物，可将吸收到体内的盐分通过泌盐孔排出体外，枯枝落叶中的盐分常与被阻挡的沙粒黏在一起，形成固定的沙包。与干旱荒漠地区其他大灌木相比，柽柳属植物的绝大多数种都有很强的阻沙固沙作用。

2.9.2.3　改善局部小气候

据在吐鲁番沙漠研究站人工林内测定结果，柽柳林内的小气候比裸地明显改善，5月中旬林内地表最高温度比旷野低18.8~19.3℃，林内蒸发量比旷野减小了22.9%~58.0%，空气相对湿度增加了22.0%~24.6%。大面积的柽柳人工林和天然群落通过枝叶蒸腾水分，降低了地下水位，防止了盐分上升，对防止和减缓土地进一步盐渍化，有着积极的生态意义。

2.9.2.4　生态地位重要

柽柳具有较强的生态适应性，不同生境下的种类都有，从山谷、砾石戈壁、绿洲、河流下游广大冲积平原、海滨、沙地一直到塔克拉玛干大沙漠腹地流动沙丘上都有柽柳分布。它不仅在保护和维持荒漠生态平衡中起到积极的作用，而且它的生境多样性为荒漠地区多样的微生物、寄生植物、昆虫、动物等提供了附生、栖息地。柽柳的花、果、嫩枝、根及枯枝落叶为荒漠地区的动物、昆虫和土壤微生物提供了食物和生长基质，是荒漠生态系统食物链中的重要一环。

2.10　山　杏

山杏（*Armeniaca sibirica*）对环境的适应性强，具有耐旱、耐寒、耐瘠薄的特点。在−40℃到−30℃还可以安全越冬。山杏对地势、土壤要求不严，在海拔1000m高山上仍能正常生长和结果。它耐盐碱，几乎在各类土壤上都能生长，但在疏松肥沃、排水良好的沙壤土和壤土上生长最好。山杏是喜光树种，在光照充足的阳坡，在夏季干燥炎热的山坡地生长发育良好。多年造林实践证明，山杏分布广，适应性强，造林成本低，见效快，在气候干旱与土壤贫瘠的山地造林优势突出，是经济落后地区加快荒山绿化进程的先锋树种。

2.10.1　山杏的生物学特性

山杏，系蔷薇科李亚科李属灌木，树高2~5m。枝、芽、树皮各部像杏树，小枝淡红褐色或灰色、无毛、多刺状。叶宽椭圆形至宽圆形，先端渐尖或尾尖，基部宽楔形或楔形，长4~5cm，宽3~4cm，较一般栽培的杏树形小而叶长，两面无毛或在下面脉腋间有簇毛，叶柄长1.5~3cm。花多两朵生于一芽，梗短或近于无梗，单花直径约2.5cm；花萼圆筒形，萼片卵圆形或椭圆形，紫红褐色；花瓣近圆形，径约1cm，粉白色。果近球形，径多在2.5cm左右，果肉熟时橙黄色，肉质薄，多纤维，核扁圆形或扁卵形，边缘平薄锐利，表面粗糙，有较明显的网纹。花期3月；果熟期6—7月，其寿命可达100a以上。是我国北方的主要栽培果树品种之一。

山杏的开花结果习性为1a生枝每节一般着生1~3个花芽，在花束状结果枝上除顶芽为叶芽外，其余均为花芽。花单生，近无柄梗，花茎1.5~2.0cm，萼筒钟状；花开后花瓣白色或粉红色、核果近球形，有沟，两侧扁，黄色带红晕，微有短绒毛，果肉较薄而干裂，核平滑。山杏花为纯花芽，花分完全花和退化花两种：完全花座果率高，退化花座果率低。山杏一般不落花，但座果后生理落果比较严重，第一次落果出现在幼果迅速膨大期，此时期的落果量占总落量数的70%以上。一般说果实膨大正和新梢迅速生长期几乎同时进行，此时如果树体营养不良，很容易造成大量生理落果。

山杏的物候期一般在 4 月中旬花芽开始膨大，随之叶芽也渐膨大，4 月底开花，开花后很快进入盛花期。5 月初果实形成。4 月末 5 月初叶芽开始萌发，为坐果期。5 月下旬开始硬核，果实硬核后，又出现第 2 次果实迅速增重期。到 7 月中旬果实成熟，果实发育日期为 80d 左右。果实采收期花芽已基本形成。到 10 月份开始落叶。全年生长发育期 180d 左右。

2.10.2　山杏的生态学特性

2.10.2.1　山杏适应性强

山杏根系强大，扎根能力强，能深入土壤深层，在山地上其根系能沿半风化岩石缝隙而深入下层，在土层较薄处根系浅而广。据有关人士测定水平根展可达 12.6m，垂直根深达 7.4m，与树冠相比的比值为 5.07。由于它强大的根系，使其更加抗旱耐寒，丘陵、山地都能生长结实。

2.10.2.2　山杏具有食用特性

山杏以其酸甜适口为特色，深受人们的喜爱。杏果实营养丰富，含有多种有机成分和人体所必需的维生素及无机盐类，是一种营养价值较高的水果。含蛋白质 23%~27%、粗脂肪 50%~60%、糖类 10%，还含有磷、铁、钾等无机盐类及多种维生素，是滋补佳品。山杏肉除了供人们鲜食之外，还可以加工制成杏脯、糖水杏罐头、杏干、杏酱、杏汁、杏酒、杏青梅、杏话梅、杏丹皮等；杏仁可以制成杏仁霜、杏仁露、杏仁酪、杏仁酱、杏仁点心、杏仁酱菜、杏仁油等，杏仁油微黄透明，味道清香，不仅是一种优良的食用油，山杏叶质柔软，含粗蛋白和粗纤维，是牛、马、羊喜食的好饲料。

2.10.2.3　山杏具有药学特性

山杏含量最丰富的是维生素 B17 等成分。维生素 B17 是极有效的抗癌物质，且只对癌细胞有抑杀作用，而对正常的细胞和健康组织无毒性。山杏果味甘，酸，性平，有润肺定喘，生津止渴功能。还有良好的药用作用，在中草药中居重要地位，主治风寒肺病，生津止渴，润肺化痰，清热解毒，对肺癌、乳房癌、鼻咽癌有疗效。鲜果或蜜饯杏脯早、中、晚各吃一个、有生津止渴、润燥除烦之效。鲜果一次不宜多吃，免伤脾胃；大便溏薄者忌服杏仁。杏仁还可供药用，杏仁中含有的杏仁苷、杏仁酶两种物质已被国际卫生组织认定为具有抗癌防癌功效。

2.10.2.4　山杏的其他用途

杏仁还可加工成润滑油；壳可用于油漆活性炭、肥皂等多种化工品；杏仁油还是一种高级的油漆涂料、化妆品及优质香皂的重要原料。

2.11　沙地柏

沙地柏（*Juniperus sabina*）是柏科圆柏属常绿匍匐针叶灌木，少数为直立灌木或小乔木，亦称叉子圆柏、爬地柏等。具有适应性强、抗寒、耐干旱、耐瘠薄、耐盐碱、生长速度快等特性。其姿态优美，枝叶茂密，叶色苍翠碧绿，四季常绿，全年覆盖效果好，是园林绿化的优良地被植物和盆景材料。

2.11.1 沙地柏的生物学特性

沙地柏植株低矮一般无明显主干，大多丛生，枝平展向上，株高 0.5~1.5m，分枝密，斜上伸展，枝皮灰褐色，裂成不规则薄片脱落；1a 生枝的分枝皆为圆柱形，直径约 1mm，叶两型。刺叶生于幼树上，常交互对生或三叶交叉轮生，长 3~7mm。鳞叶常生于壮龄植株或老树上，交互对生，斜方形，先端微钝或急尖，背面中部有明显腺体。雌雄异株，稀同株。雄球花椭圆形或长圆形；圆形球果生于弯曲的小枝顶端，倒三角状卵形。花期 4—5 月，果期 9—10 月。主要分布在温带大陆性干旱、半干旱区，在我国主要分布在西北、华北地区的干旱石质山坡。在年降雨量 110~570mm，年均气温 -1.4~9.3℃，绝对高气温 30~38.6℃，绝对低气温 -26℃到 -32.7℃，无霜期 60~194d 的环境里均能正常生长。沙地柏耐寒、耐旱，耐土壤瘠薄，适应性强，能在钙质土壤、微酸性土壤、微碱性土壤中生长。沙地柏根系发达，细根极多，且枝叶茂密，萌芽力和萌蘖力强。沙地柏能忍受风蚀沙埋，长期适应干旱的沙漠环境，是干旱、半干旱地区防风固沙和水土保持的优良树种。

2.11.2 沙地柏的生态学特性

(1)沙地柏枝叶密集，具有较强的扩展能力，能迅速以匍匐状覆盖地面。抗污染能力强，管理粗放，种植后不需经常更换。可用于大面积裸露平地或坡地的成片栽植，也可用于林下空地的填充。具有防尘、降温、增湿、净化空气、防止表土被冲刷等生态功能及绿化景观效应。

(2)沙地柏根系发达，细根极多，10~60cm 的土层内形成纵横交错的根系网，萌芽力和萌蘖力强。抗寒、抗旱、耐土壤瘠薄，适应性强，能在钙质和微酸性土壤上生长，有节水、固沙、改良土壤结构的特殊功能。在年降水量不低于 200mm 的地区生长，常年不用浇水，能忍受风蚀沙埋，长期适应干旱的沙漠环境，是干旱、半干旱地区防风固沙和水土保持的优良树种。同时，也是园林坡面绿化的优良地被植物。

(3)沙地柏四季常绿，抗病虫害能力强，适应各种土质、水质的生长环境，是园林乔灌木混合配制景观的首选树种，是替代草坪的新型地被植物，且养护费用低。

(4)沙地柏为沙生植物，一般分布在固定和半固定沙地上，经驯化后，在黄土丘陵地及水肥条件较好的土壤上生长良好。喜光，极耐干旱，耐寒，耐高温，在 -37~40℃能正常生长越冬、越夏。枝条落地后长出不定根，形成庞大的根系并生新枝。

2.12 油 蒿

油蒿(*Arternisia ordosica*)又名黑沙蒿，蒙语称西巴嘎。是我国北部及西北部温带荒漠和草原地带沙漠化的主要标志性植物，适应干旱的沙地环境，具有耐沙埋、抗风蚀、耐贫瘠、分枝和结实性良好等特性，在荒漠生态系统重建与恢复中，起着非常重要的作用。

2.12.1　油蒿的生物学特性

油蒿隶属菊科蒿属龙蒿亚属，半灌木植物，株高 50～100cm，无明显主茎，多分枝，老枝条外皮黑灰色或暗灰黑色，当年生枝外皮褐色、黄褐色、紫红色甚至黑紫色，枝条分生殖枝和营养枝两类，茎枝与营养枝常组成大的密丛。植株中下部叶和营养枝的全部叶，长 3～9cm，宽 2～4cm，一回羽状全裂，侧裂片 2～3 对，丝状条形。头状花序卵形，直径 1.5～2.5mm，斜生或下垂，多数在茎上排列成展开的圆锥状；总苞片 3～4 层，卵形或长卵形；边缘小花雌性、结实，中央小花两性、不结实。瘦果倒卵形，黑色或黑绿色，果壁上具细纹。

油蒿以种子繁殖为主，繁殖旺盛期的油蒿平均每株可成花 24700 个左右，结实率高于 70%，油蒿群落中的土壤种子库大，在宁夏沙坡头人工固沙区，油蒿的种子产量为 545.57 粒/m²，土壤种子库中的密度为 26030 粒/m²，油蒿种子成熟后在植株上可持续保存到翌年，种子的脱落速度很慢，到第 2 年 5 月仍有 20% 的种子滞留在植株上，种子的这种分批脱落，是它适应于沙漠极端干旱环境，在进化中形成的生态对策。在毛乌素沙地，0～10cm 沙层中油蒿种子的贮量为 817 万粒/hm²（迎风坡），平沙地为 134 万粒/hm²，这些种子是油蒿种群定居、生存、繁衍和扩散的基础。油蒿还可无性繁殖，由于沙埋、放牧、牲畜践踏，使枝条入土，继而在枝条上长出不定根，脱离母株后便形成单独个体。枝条扦插后 15d 就能长出不定根，25d 后可移栽，实现无性繁殖。

油蒿产于库布齐沙地、毛乌素沙地、乌兰布和沙漠、腾格里沙漠和甘肃河西走廊沙地，在我国主要分布在内蒙古、陕西、宁夏和甘肃等省区，分布范围北至蒙古边境，东以黄河为界，向西可深入到腾格里沙漠的西部边缘（但不进入巴丹吉林沙漠的中心腹地），南面基本上与毛乌素沙区的边界吻合，就地带性分布范围而言，东起典型草原的西部，西至半荒漠的东部，跨越了半荒漠，荒漠草原和典型草原 3 个不同的植被类型。

油蒿喜生于半固定沙丘、沙地和覆沙土壤上，在疏松的沙丘上生长发育良好，而在固定沙丘上生长势明显变差。在油蒿分布区土壤为原始栗钙土和原始灰钙土或栗钙土型沙土和灰钙土型沙土。集中分布在鄂尔多斯地区的毛乌素沙地和宁夏河东沙地，在鄂尔多斯高地的景观中起到重要的作用。在内蒙古鄂尔多斯和阿拉善地区，3 月上、中旬开始萌芽，逐渐生出叶片，叶密生绒毛，入夏后毛落，6 月形成新枝，当年生枝条长达 30～80cm，7—9 月为生长盛期，7 月中下旬形成头状花序，8 月开花，9 月结实，9 月下旬至 11 月初果实逐渐成熟，成熟后果实不易脱落，便于采种，10 月下旬至 11 月初叶转枯黄、脱落。油蒿枝条有两种：营养枝和生殖枝。营养枝在初霜后逐渐形成冬眠芽，翌年继续生长；生殖枝仅在当年生长，越冬以后即行枯死。

2.12.2　油蒿的生态学特性

2.12.2.1　固沙效果明显

油蒿能长期适应干旱的沙地环境，在形态解剖结构方面表现出耐干旱、耐沙埋、耐土壤贫瘠特性，在有性繁殖与无性繁殖方面具有良好的生物学特性，使油蒿成为干旱和半干旱气候条件下沙土基质环境中植物间生存斗争的优胜者，是一个相当稳定的建群种，成为我国北方温带荒漠和草原地带沙漠化的主要标志性半灌木。油蒿具有直根系,并且根系非常发达,在半固定、固定沙地上主要分布在 20~45cm 深的土层中,在流动沙地上根系可以达到 100cm 深,有时可达 200cm。油蒿在沙地上定植后,随着时间的迁移,沙地被固定,土壤结构逐渐发生变化,如土壤紧实度增大,地表产生结皮或板结等,油蒿对它自己所改变了的环境条件渐渐地变得不适应,长势变差,植株数量虽然有时很多,但普遍矮小,干枯枝条增多,抵抗力减弱,因此常被病虫袭击,生长逐渐衰退,甚至由其他的植物来代替。在不同生境中生长的油蒿,其形态与高度上会表现出很大的差异。油蒿分布区内,越往西气候旱化程度越高,油蒿个体高度明显降低。

与其他沙生植物花棒、柠条、中间锦鸡儿等相比,油蒿的固沙效果更加良好。大量对荒漠与草原过渡地带人工植被的演替历程研究认为,在没有人为干扰和其他大的扰动情况下,人工植被区将会长期稳定在灌木以油蒿为主,草本以雾冰藜和小画眉草为主的演替阶段。据陕西榆林地区试种油蒿之后,风速和沙流量均大为降低,且细土粒增多,肥力提高。

2.12.2.2 用作饲料

油蒿季节性饲料平衡中有一定意义,是骆驼的主要饲草。由于它含有挥发性物质,气味浓并有苦味,适口性不佳,除骆驼外,其他家畜一般不食,但在饲草缺乏时,如早春,山羊、绵羊也采食。冬季适口性有所提高,骆驼和羊均喜食。据内蒙古鄂尔多斯试验,秋季油蒿的适口性仅次于冷蒿,而远胜于阿尔泰狗娃花、猪毛蒿、糙隐子草、沙生针茅、猪毛菜等。由于枝叶保存得好,是家畜的主要饲草,马有时也采食。油蒿草场适宜放牧利用,刈割会抑制生殖枝形成,对提高适口性有一定的作用。也可与其他牧草混合或单独调制成青贮饲料,晒制干草或粉碎成粉。

2.12.2.3 种子入药

油蒿种子含油率较高,约占干重的 27.4%。是一种暗褐色碘值较高的不饱和脂肪酸,可制作油漆。也可入药,其根可止血;茎叶和花蕾有清热、祛风湿、拔脓之功能;种子利尿。

2.13 平枝枸子

平枝枸子(*Cotoneaster horizontalis*)又名铺地蜈蚣、矮红子,属蔷薇科枸子属。为落叶或半常绿匍匐灌木,耐寒性极强,是园林绿化中很有发展潜力的一个新品种。中国枸子属植物资源非常丰富,是枸子属植物的分布中心,国内外园林绿化中大量使用的枸子属植物,多数来自中国的西部地区,或由中国的枸子属植物杂交、选育而成。目前,世界上园林应用较多的枸子有 30 多种,其中匍匐性的平枝枸子最受欢迎,具有多种应用价值。

2.13.1 平枝荀子的生物学特性

平枝枸子为落叶或半常绿灌木,高约 0.5m,小枝向四外散开平行生长,就像是一层一层的,故名"平枝"。叶子厚革质,近圆形或宽椭圆形,在枝条上一左一右错开排列,生长期叶片浓绿发亮,晚秋时变红,花小、无柄,花瓣直立、倒卵形,单花或 2 朵并生,粉红色。开花时节粉红色的小花星星点点镶嵌于稠密的绿叶之中，十分醒目，花期 5—6 月。径 5~7mm，无梗。果实近球形，鲜红色，常有 3 个小核。果期 9—12 个月，经冬不落。平枝枸子可用扦插、播种繁殖，但由于播种繁殖种子需要层积处理，且发芽率不高，生产上还是以扦插为主。

2.13.2　平枝荀子的生态学特性

平枝子原产于我国的西南、华中、西北地区，多散生于海拔 2000~4000m 的高山湿润地带，分布于我国陕西、甘肃、湖北、湖南、四川、贵州和云南等地。平枝枸子性强健，管理粗放，喜光，但也耐半阴，可植于疏林下。较耐寒，在零下 20 ℃的低温时不会发生冻害，在华北地区可以露地安全越冬。也耐干旱，喜排水良好的土壤，在肥沃且通透性好的沙壤土中生长最好，亦耐轻度盐碱，可在石灰质土壤中生长。抗性强，3 月中下旬萌芽长叶，病虫害较少。

第3章
沙生灌木的构造和性质

灌木是无明显直立主干的木本植物，通常于基部分枝，呈丛生，有的虽有主干，也较矮，树高均在3m以下。内蒙古自治区地域辽阔，属干旱、半干旱地区。除东部地区分布有大面积以乔木为主体的森林外，全区各地灌木资源广泛分布，种类丰富。据统计全区成林灌木面积约212万 hm²，共有灌木树种289个，占木本植物总数的59.8%，半灌木树种72个，占木本植物总数的14.9%，分属442个科，107属。

本章主要介绍内蒙古沙漠地区生长的灌木，包括沙柳材、柠条锦鸡儿材、花棒材、杨柴材、沙棘材、乌柳材、黄柳材、榛子材等的构造和性质。

3.1 沙柳材

3.1.1 沙柳材的宏观构造

沙柳材属散孔材，管孔在扩大镜下可见。心边材区分不明显，年轮分界不明显。木射线在放大镜下清晰，分布均匀。材色白黄，木材纹理通直，结构甚细，均匀。外皮灰白色，光滑无裂隙，树皮约占25.4%。

3.1.2 沙柳材的显微构造

导管，在横切面星散分布且均匀，为卵圆形，管孔分布数约256个/mm²。多为单管孔，少数为径列复管孔，侵填体少见(图3-1)。导管壁厚为1.3~2.0μm，弦向直径一般为25~78μm，导管分子长度约为219~318μm，1a生沙柳导管长略小于2~3a生沙柳。穿孔板的穿孔为单穿孔，管间纹孔互列。在径切面上纹孔数目较多，圆形或椭圆形。

木纤维，仅见纤维状管胞，细胞壁较薄，一般为2~4μm，弦向直径一般为12~26μm，长度约为507μm，纤丝角较小，平均11.09°。胶质纤维常见。

木射线，射线组织异型单列，在横切面上10~14条/mm，有4~6个细胞高。

轴向薄壁组织，少见，为离管型星散状。

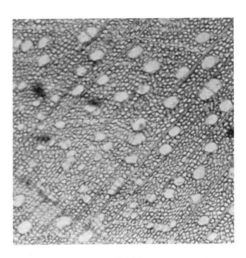

图 3-1　沙柳材的横切面（**X100 ×**）

3.1.3　沙柳材的纤维形态

沙柳材属散孔材，主要由导管、木纤维、木射线薄壁细胞及少量轴向薄壁细胞组成。其中导管占 27.1%，木纤维占 68.4%，木射线薄壁细胞占 3.4%，其他占 1.1%。

1a、2a 和 3a 生沙柳材的纤维长度和宽度见表 3-1。

表 3-1　沙柳材的纤维形态

部 位	木纤维				长宽比
	长 度/μm		宽 度/μm		
	范 围	平 均	范 围	平 均	
1a	350~670	470	12~26	18	26
2a	390~770	540	12~24	17	32
3a	390~770	540	12~24	17	32

由表 3-1 可知，沙柳材的木纤维的长度在 350~700μm，平均为 510μm，木纤维宽度一般为 12~26μm，平均为 17μm。纤维的长度、长宽比、壁腔比、壁厚是衡量纤维原料优劣的主要指标。一般来说，长度长，长宽比大的纤维，在造纸和制造纤维板时，单位面积中纤维之间相互交织的次数多，纤维具有较好的结合性能。根据国际木材解剖学协会的纤维长度分级标准：纤维长度大于 1600μm 为长纤维，在 900~1600μm 为中等纤维，小于 900μm 为短纤维（下同）。沙柳材纤维属于短纤维。造纸业经验认为，纤维长宽比小于 35 的原料，其制浆造纸价值较低。沙柳材纤维的长宽比较小为 30，不适合于造纸。

3.1.4　沙柳材的化学性质

沙柳材的化学成分主要是纤维素、半纤维素和木素，以及少量抽提物和灰分。其中纤维素以微纤丝形式存在，形成细胞的骨架，而半纤维素和木素起填充作用，使纤丝彼此联结起来。其化学成分及含量见表 3-2。

表 3-2 沙柳材的化学成分

指　标	数　值/%	指　标	数　值/%
灰　分	3.20	苯乙醇抽提物	2.91
冷水抽提物	8.21	综纤维素	78.96 *
热水抽提物	10.33	半纤维素	23.37
1% NaOH 抽提物	28.18	木　素	18.20

注： *亚氯酸钠综纤维素含量

由表 3-2，沙柳材的灰分含量为 3.2%。冷水抽出物含量为 8.21%，热水抽出物为 10.33%，其数值高于木材，低于麦草、芦苇和葵花杆。沙柳材的 1% NaOH 抽出物为一般木材的最高值，为 28.18%，说明沙柳材的中低级碳水化合物含量为木材的上限。沙柳材的苯乙醇抽出物为 2.91%，位于木材中间值，其中包括脂肪、蜡和树脂，若含量较大有利于提高板的耐水性。沙柳材的纤维素含量较高，用亚氯酸钠法测定其综纤维素含量为 78.96%，可以作为制造人造板的原料。沙柳材的半纤维素和木素含量分别为 23.37% 和 18.20%。

沙柳的 pH 值、缓冲容量和凝胶时间见表 3-3。

表 3-3 沙柳材的 pH 值、缓冲容量及其凝胶时间

部　位	pH 值	回流抽提液的 pH 值	酸缓冲容量 /ml	酸缓冲容量 /mmol	碱缓冲容量 /ml	碱缓冲容量 /mmol	总缓冲容量 /ml	总缓冲容量 /mmol	固化时间 /s
上	5.74	5.24	2.07	0.058	7.94	0.265	10.01	0.323	466.8
中	5.82	5.58	3.16	0.081	8.62	0.279	11.78	0.360	458.1
下	5.92	5.42	1.74	0.037	8.92	0.282	10.66	0.319	472.0
平　均	5.83	5.42	2.32	0.057	8.49	0.275	10.81	0.332	465.6

木材的酸碱缓冲作用表现为它对酸碱的抵抗能力，是维持 pH 值基本不变的性能。它的大小对胶合面上胶黏剂 pH 值变化有决定作用，是施胶过程中应考虑的因素。由表 3-3 可知，沙柳材总缓冲容量为 0.332mmol，其中酸缓冲容量为 0.057mmol，碱缓冲容量为 0.275mmol。沙柳的酸碱缓冲容量较高，抵抗外来酸作用的缓冲能力强，更能促进脲醛树脂固化。

3.1.5　沙柳材的物理性质

沙柳材的基本密度、全干密度和气干密度见表 3-4。

表 3-4 沙柳材的密度

项　目	样本数 n	平均值 $\bar{X}$ /(g/cm³)	标准差 S /(g/cm³)	标准误差 Sr /(g/cm³)	变异系数 CV /%	准确指数 P /%
基本密度	10	0.462	0.0207	0.0065	4.48	2.8
全干密度	10	0.551	0.0301	0.0095	5.46	3.4
气干密度	10	0.582	0.0289	0.0091	4.96	3.1

从表 3-4 中看出，沙柳材的 3 种密度的准确指数均小于 5%，说明数据可靠有效。沙柳材的基本密度为 0.462g/cm³，气干密度为 0.582g/cm³，全干密度为 0.551g/cm³。依据我国木材气干密度分级情况，密度小于 0.3 为很小级，密度在 0.351~0.75g/cm³ 为小级，在 0.551~0.75g/cm³ 为中等，在 0.751~0.95g/cm³ 为大级（下同）。所以，沙柳材的密度等级属于中等。

沙柳材的干缩率见表 3-5。

表 3-5　沙柳材的干缩率

项　目	样本数 n	平均值 $\bar{X}$/%	标准差 S/%	标准误差 Sr/%	变异系数 CV/%	准确指数 P/%
全干体积干缩率	25	16.41	0.0180	0.0036	10.77	4.3
全干弦向干缩率	25	8.55	0.0103	0.0021	12.05	4.9
全干径向干缩率	25	3.31	0.0037	0.0007	11.18	4.5

由表 3-5，沙柳材的体积干缩率为 16.41%，弦向干缩率为 8.55%，径向干缩率为 3.31%，弦径向干缩比为 2.58。沙柳的干缩率和乌柳相当，比黄柳要大。

3.1.6　沙柳材的力学性质

5a 生沙柳材的各力学强度值见表 3-6。

表 3-6　沙柳材的力学强度

项　目	样本数 n	平均值 $\bar{X}$	标准差 S	标准误差 Sr	变异系数 CV/%	准确指数 P/%
顺纹抗压强度	30	67.19MPa	4.79MPa	0.76MPa	7.12	2.25
横纹抗压强度	40	11.61MPa	0.81MPa	0.13MPa	7.01	2.22
抗弯强度	30	108.70MPa	14.62MPa	2.31MPa	13.45	4.25
顺纹抗剪强度	30	10.02MPa	2.07MPa	0.33MPa	20.70	6.55
顺纹抗拉强度	30	75.09MPa	9.69MPa	1.53MPa	12.90	4.08
硬　度	30	2113.90N	301.86N	47.73N	14.28	4.52

由表 3-6，沙柳材的顺纹抗压强度为 67.19MPa，横纹抗压强度为 11.61MPa，抗弯强度为 108.70MPa，顺纹抗剪强度为 10.02MPa，顺纹抗拉强度为 75.09MPa，硬度为 2113.90N。沙柳材的顺纹抗压强度是横纹抗压强度的 5.8 倍，顺纹抗压强度是顺纹抗拉强度的 1/10，说明沙柳材脆性大，抗弯强度和顺纹抗压强度之比为 1.6，比其他木材的值小。沙柳的顺纹剪切值比较小，而沙柳材的硬度偏大。

3.2　柠条锦鸡儿材

3.2.1　柠条锦鸡儿材的宏观构造

柠条锦鸡儿为散孔材，管孔小，肉眼下不可见，放大镜下略明显。轴向薄壁组织在放大镜下可见，环管状。木射线较发达，放大镜下可见。年轮明显，心边材区分明显，边材淡黄色，心材黄色至褐色。材色绿黄，有光泽，纹理直或斜，结构均匀，硬度较大，强度中等，韧性高，可压缩性大。外皮光滑，黄褐色，有光泽。树皮含量高，体积约占的18%，其树皮由外皮和内皮组成，其中，内皮占60%左右，内皮中韧皮纤维含量较高。髓心较明显，直径为470~1720μm，约为端向直径的1/20，髓心部分松软。

3.2.2 柠条锦鸡儿材的显微构造

导管，横切面上早材管孔为卵圆形和圆形，略具多角形轮廓，多数为单管孔，管孔团偶见，部分含有褐色树胶，侵填体丰富(图3-2)。早材导管壁厚度为2.8μm，弦径最大为93μm，多数在52~80μm，长50~170μm，平均104μm。晚材带管孔多为圆形和椭圆形，通常呈管孔链(2~4个)，导管壁厚为2.75μm，弦径多为46~72μm，长48~180μm，平均108μm，具有螺纹加厚。导管上多具梯状穿孔，底壁水平或略倾斜。管间纹孔呈梯状，纹孔口宽。

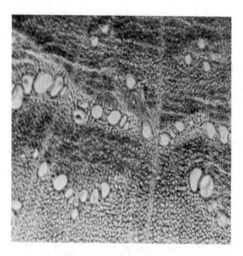

图3-2 柠条锦鸡儿材的横切面(X100×)

木纤维，为韧型纤维和纤维状管胞，韧性纤维含量明显多于纤维状管胞。纤维长度略短而胞壁较厚，壁厚1.2~1.9μm，直径多为10.8~14.9μm，长度一般在480~550μm，平均530μm，平均微纤丝角8.08°。

轴向薄壁组织，为傍管带状及环管状。

木射线，同型单列及多列，横切面上射线分布为2~6条/mm，多列射线宽至3~5个细胞，射线高4~36个细胞，多数为10~27个细胞。射线细胞中树胶发达，晶体未见，端壁直行。

3.2.3 柠条锦鸡儿材的纤维形态

柠条锦鸡儿材为孔材，主要由导管、木纤维、木射线薄壁细胞及少量轴向薄壁细胞组成。其中导管占29.5%，木纤维占65.5%，木射线薄壁细胞占3.8%，其他占1.2%。

据定性观测，韧性纤维含量明显多于纤维状管胞。韧性纤维和纤维状管胞是两端尖削、壁厚腔小、细而长的细胞(图3-3)，为柠条锦鸡儿的机械组织，是优良的纤维原料，特别是柠条锦鸡儿材的韧性纤维含量高，这更有利于制浆造纸和制造纤维板。

图 3-3　柠条锦鸡儿材的木纤维（100 ×）

5a 生柠条锦鸡儿材不同部位的纤维形态见表 3-7。

表 3-7　柠条锦鸡儿材不同部位的纤维形态

部　位		长　度/μm		宽　度/μm		长宽比
		平均值	均方差	平均值	均方差	
木质部分	上	480	100	8.3	4.1	58
	中	550	130	7.8	5.6	71
	下	560	180	9.5	3.3	58

由表 3-7 可知，同一植株的纤维形态随其部位的不同而不同，如纤维长度由伐根向上逐渐增长到梢部又开始减少，到梢头最短。纤维长度为 580μm，纤维宽度为 8.53μm，长宽比为 62。柠条锦鸡儿的纤维形态也好于沙柳，可与速生杨材媲美。

3.2.4　柠条锦鸡儿材的化学性质

柠条锦鸡儿材的化学成分主要是纤维素、半纤维素和木素。其中纤维素以微纤丝形式存在，形成细胞壁的骨架，而半纤维素和木素起填充作用，使纤丝彼此联结起来。柠条锦鸡儿材的化学成分见表 3-8。

表 3-8　柠条锦鸡儿材的化学成分

指　标	数　值/%	指　标	数　值/%
灰　分	2.58	苯乙醇抽提物	7.90
冷水抽提物	9.41	综纤维素	73.74*
热水抽提物	11.50	半纤维素	21.22
1% NaOH 抽提物	28.70	木　素	18.37

注：＊亚氯酸钠综纤维素含量

柠条锦鸡儿材的灰分含量为 2.58%，其含量小于沙柳材而大于乔木材（一般为 1%）。在灰分中，SiO_2 占 60% 以上，它不仅阻碍了脲醛树脂胶的胶合，影响制板强度，而且在制浆过程中会使浆液变黑，污染浆料，影响水循环。因此，在用柠条锦鸡儿材做原料时，应针对柠条锦鸡儿树皮外表层含有结壳物质和灰分含量较大的特点，尽量采取去皮后使用。

冷热水抽提物亦称水抽提物，是利用冷水或热水作为溶剂，使植物纤维中的可溶性物质溶解出来，这些物质一般为无机盐、多糖、单宁和色素等物质。冷水抽提物与热水抽提物含量大体相同，但由于水温越高其抽提物含量越大，因而热水抽提物含量大于冷水抽提物含量。柠条锦鸡儿材的冷水和热水抽出物含量均高于常用乔木材，但与沙柳相比，前者大于沙柳，后者小于沙柳。水抽提物中的大部分物质与纤维板生产工艺有关，如单宁可与各种金属盐类形成特殊颜色的沉淀物质而损害板面质量。这就要求，对于水抽提物含量较高的原料，则不宜采用湿法生产工艺，而应考虑干法或半干法生产工艺。

柠条锦鸡儿材的 1% NaOH 抽提物含量较高，说明柠条锦鸡儿材中的中低级碳水化合物含量较高。为了防止热压时粘板，在原料软化时须加入一定数量的 NaOH，以去除部分抽提物。

柠条锦鸡儿材的苯乙醇抽提物含量为 6.2%，略高于常用针阔叶树材，其含量高将有利于提高人造板的耐水性。但苯乙醇抽提物含量过高会影响胶合力。

柠条锦鸡儿材的纤维素含量较高，其综纤维素含量为 73.74%，可见为制浆和制造纤维板的优质原料。

柠条锦鸡儿材的酸碱缓冲容量和 pH 值见表 3-9。

表 3-9　柠条锦鸡儿材的 pH 值及酸碱缓冲容量

次　数	pH 值	酸缓冲容量		碱缓冲容量		总缓冲容量		固化时间
		/ml	/mmol	/ml	/mmol	/ml	/mmol	/s
第一次	6.02	0.72	0.018	7.40	0.370	8.12	0.388	1676
第二次	6.00	0.68	0.017	7.65	0.382	8.33	0.399	1634
平　均	6.01	0.70	0.018	7.53	0.376	8.23	0.394	1655

柠条锦鸡儿材的 pH 值为 6.01，柠条锦鸡儿材比杨柴和花棒 pH 都高，都属酸性。木材中的碱性物质不利于脲醛树脂胶的固化，木材中的酸性物质含量高，可增加人造板的平面抗拉强度，对固化剂的加入量起决定性作用。

木材的缓冲作用表现在它对酸、碱的抵制能力，是保持 pH 值基本不变的性能。它的大小对胶合面上胶黏剂 pH 值变化有着决定性影响，是施胶过程中应考虑的因素。在生产中为提高脲醛树脂的酸性，常加入氯化铵等酸性固化剂，尤其是对碱性较高、碱缓冲容量较高的木材进行胶合时，应适当增大酸性固化剂用量，以保证脲醛树脂胶的酸性符合工艺要求，酸性固化剂的加入量不仅决定于木材本身 pH 值，还决定于木材酸碱缓冲容量的高低。缓冲作用的大小用缓冲能力表示。柠条锦鸡儿材总缓冲容量为 0.394mmol，其中酸缓冲容量为 0.018mmol，碱缓冲容量为 0.376mmol。碱缓冲容量最大，胶的固化时间越长，柠条锦鸡儿材的固化时间为 1655s。

3.2.5　柠条锦鸡儿材的物理性质

柠条锦鸡儿材的密度见表 3-10。

表 3-10　柠条锦鸡儿材的密度

项　目	样本数 n	平均值 $\bar{X}$ /(g/cm³)	标准差 S /(g/cm³)	标准误差 Sr /(g/cm³)	变异系数 CV /%	准确指数 P /%
基本密度	20	0.676	0.039	0.009	5.83	2.61
全干密度	20	0.645	0.040	0.009	6.17	2.76
气干密度	20	0.556	0.038	0.009	6.89	3.08

10a 生柠条材基部试样的物理力学性能为基本密度 0.676g/cm³，全干密度 0.645g/cm³，气干密度为 0.556g/cm³。依据我国木材气干密度分级情况，柠条锦鸡儿材的密度等级属于中等，比沙柳材的密度要大。

3.2.6　柠条锦鸡儿材的力学性质

柠条锦鸡儿材的力学性质见表 3-11。

表 3-11　柠条锦鸡儿材的力学强度

项　目	样本数 n	平均值 $\bar{X}$	标准差 S	标准误差 Sr	变异系数 CV/%	准确指数 P/%
顺纹抗压强度	30	71.57MPa	4.26MPa	0.78MPa	5.95	2.17
抗弯强度	30	126.37MPa	11.42MPa	2.08MPa	9.03	3.30
顺纹抗剪强度	30	12.62MPa	1.69MPa	0.31MPa	13.41	4.90
顺纹抗拉强度	30	98.93MPa	9.60MPa	1.75MPa	9.70	3.54
硬　度	30	3445.96N	261.43N	47.73N	7.59	2.77

由表 3-11 看出，柠条锦鸡儿材的顺纹抗压强度为 71.57MPa，抗弯强度为 126.37MPa，顺纹抗剪强度为 12.62MPa，顺纹抗拉强度为 98.92MPa，硬度为 3445.96N。柠条锦鸡儿材的抗弯强度和顺纹抗压强度之比为 1.76，比其他木材的值小。柠条锦鸡儿材的硬度值较高。

3.3　花棒材

3.3.1　花棒材的宏观构造

花棒材属散孔材，管孔在放大镜下可见。木射线发达，宽，肉眼可见。轴向薄壁组织在放大镜下可见，为环管状。心边材区分明显，边材黄白，心材红褐色，整体材色较深，年轮不甚明显。木材纹理直或斜，结构均匀，硬度中等。外皮呈灰色，易脱落，厚 1mm，约占花棒材体积的 8%。髓心明显，呈不规则卵圆形。

3.3.2　花棒材的显微构造

导管，横切面上为圆形，卵圆形，略具多角形轮廓，散布，导管分布密度为 7 ~ 13 个/

mm^2。多为单管孔和复管孔，管孔团偶见。有侵填体和树胶。导管分子长度为 $30\sim41\mu m$，平均长 $39\mu m$，壁薄，厚为 $2.72\sim4.08\mu m$，平均 $3.3\mu m$。单穿孔，椭圆形及圆形，底壁倾斜。管间纹孔互列，圆形，密集。具螺纹加厚。

木纤维，木纤维长 $856.8\sim952\mu m$，平均 $938.4\mu m$，壁薄，平均厚度为 $2.3\mu m$，木纤维宽度分布 $11.06\sim11.83\mu m$，平均 $11.00\mu m$。

木射线，单列、双列或多列，偶有多列聚合木射线。射线高度平均 25 个细胞。射线细胞内含物丰富。木射线异型，主要由直立细胞组成。

轴向薄壁组织，轴向薄壁组织发达，环管束状或围管翼状，宽 $4\sim8$ 个细胞。

3.3.3 花棒材的纤维形态

花棒材主要由导管、木纤维、木射线薄壁细胞及少量轴向薄壁细胞组成。其中导管占 20.4%，木纤维占 64.9%，木射线薄壁细胞占 12.8%，其他占 19%。

花棒材经离析后，有韧性纤维、纤维状管胞、导管分子、轴向薄壁细胞、射线薄壁细胞组成。3a 生花棒材不同部位的纤维形态见表 3-12。

表 3-12　花棒材的纤维形态

长　度/μm		宽　度/μm		壁　厚 /μm	长宽比	壁腔比
平　均	范　围	平　均	范　围			
940	$860\sim940$	11.00	$10.06\sim11.83$	2.30	85	0.72

花棒材的纤维形态较好，表现为导管分子占比例较少，长度范围为 $30\sim40.8\mu m$，极差较小，平均值为 $39\mu m$。木纤维所占比例较大，其长度在 $856.8\sim952\mu m$，平均 $938.4\mu m$，且壁较薄，厚度平均 $2.3\mu m$。其他细胞中木射线薄壁细胞多，木薄壁细胞较少。从表 3-10 中可知，花棒的纤维形态较好，纤维长度平均 $940\mu m$，属中等长度，长宽比大，优于其他沙生灌木。纤维细胞壁较薄，在制浆与热压过程容易压扁成为带状，柔软性好，接触面积较大，利于纤维交织。纤维细胞壁虽较薄，但由于细胞腔较窄，故壁腔比较大。花棒可以用作制浆造纸、纤维板、刨花板。

3.3.4 花棒材的化学性质

花棒材的化学成分见表 3-13。

表 3-13　花棒材的化学成分

指　标	数　值/%	指　标	数　值/%
灰　分	0.93	苯乙醇抽提物	8.01
冷水抽提物	2.44	综纤维素	84.10 *
热水抽提物	3.65	半纤维素	18.31
1% NaOH 抽提物	14.76	木素	14.39

注：* 亚氯酸钠综纤维素含量

花棒材的灰分含量为 0.93%，远小于灌木柠条锦鸡儿和沙柳、秸秆类棉秆，与乔木毛白杨和红松相差不大，属较低者。

　　冷水抽提物与热水抽提物含量大体相同，但由于水温越高其抽提物含量越大，因而热水抽提物含量大于冷水抽提物含量。花棒材的冷水和热水抽出物含量为 2.44% 和 3.65%。远低于柠条锦鸡儿、沙柳、棉秆，也小于毛白杨和红松，故制板时适应性较好。水抽提物中的大部分物质与纤维板生产工艺有关，如单宁可与各种金属盐类形成特殊颜色的沉淀物质而损害板面质量。这就要求，对于水抽提物含量较高的原料，则不宜采用湿法生产工艺，而应考虑干法或半干法生产工艺。

　　花棒的 1% NaOH 抽提物含量为 14.76%，说明花棒材中的中低级碳水化合物含量较高。为了防止热压时粘板，在原料软化时须加入一定数量的 NaOH，以去除部分抽提物。

　　花棒的苯乙醇抽提物含量为 8.01%，其含量高将有利于提高人造板的耐水性。但苯乙醇抽提物含量过高会影响胶合力。

　　花棒的纤维素含量较高，其综纤维素含量为 84.10%，为制浆和制造纤维板的优质原料。制浆可缩短蒸煮时间，利用烧碱法制浆时，可减少碱耗，降低成本。木素含量较高的原料，蒸煮比较困难，而花棒的木素含量低，为 14.39%。

　　花棒的酸碱缓冲容量和 pH 值见表 3-14。

表 3-14　花棒材的 pH 值及酸碱缓冲容量

次　数	pH 值	酸缓冲容量		碱缓冲容量		总缓冲容量		固化时间
		/ml	/mmol	/ml	/mmol	/ml	/mmol	/s
第一次	5.89	1.23	0.031	5.92	0.296	7.15	0.327	1602
第二次	5.86	1.18	0.030	5.88	0.294	7.06	0.324	1614
平　均	5.88	1.21	0.031	5.90	0.295	7.11	0.326	1609

　　花棒的 pH 值为 5.88，花棒材的 pH 值较柠条锦鸡儿要小，属酸性。木材中的酸性物质含量高，可增加人造板的平面抗拉强度，对固化剂的加入量起决定性作用。

　　在生产中为提高脲醛树脂的酸性，常加入氯化铵等酸性固化剂，尤其是对碱性较高、碱缓冲容量较高的木材进行胶合时，花棒材总缓冲容量为 0.326mmol，其中酸缓冲容量为 0.031mmol，比柠条锦鸡儿高，碱缓冲容量为 0.295mmol，比柠条锦鸡儿低。花棒材的固化时间为 1609s，比柠条锦鸡儿所需时间短。

3.4　杨柴材

3.4.1　杨柴材的宏观构造

　　杨柴材属散孔材，管孔多而小，在放大镜下可见。木射线呈浅色细线，肉眼下清晰可见。心边材区分不明显。早晚材区分明显，早材黄白色，晚材略显灰红色。木材纹理直，结构细，硬度较大。外皮灰褐色，常呈纤维状剥落，内皮灰黄色。树皮较厚，占杨柴总体积的 18.80%。髓心呈圆形。直径约 2~3mm。

3.4.2 杨柴材的显微构造

导管，在横切面上呈不规则的多角形，管孔组合多为孔团状，也有少数单管孔。早材管孔数目多于晚材，平均分布数为 8~16 个/mm²，晚材管孔内常含有树胶。导管分子长度一般为 123~167μm，平均 148μm，宽度范围为 69.6~121.8μm，平均 100.8μm，壁厚一般为 2.5~4.2μm，平均 3.0μm。导管分子底壁倾斜，多为单穿孔。管间纹孔数量丰富，呈互列，纹孔口长型。

木纤维，具纤维状管胞和韧型纤维（图 3-4）。细而长，在横切面上呈多角形。纤维最大长度为 1142μm，最小长度为 544μm，一般为 640~960μm，平均为 830μm。弦向直径一般为 8.4~18.6μm，平均 13.9μm。壁厚一般为 1.4~5.1μm，平均为 2.4μm。

木射线，同型单列及多列木射线，木射线分布数为 6~9 条/mm。多为 3~6 个细胞宽的多列射线，一般为 38~60 个细胞高。射线长度较短，射线细胞内常含有树胶。

轴向薄壁组织，较发达，为轮界型和傍管束状。

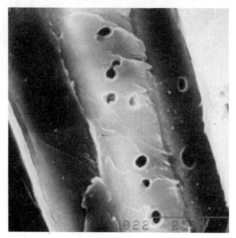

图 3-4　杨柴材韧型纤维上的纹孔（R4000 ×）

3.4.3 杨柴材的纤维形态

杨柴材经离析后，有韧性纤维、纤维状管胞、导管分子、轴向薄壁细胞和射线薄壁细胞。其中韧性纤维和纤维状管胞为杨柴材的机械组织，是优良的纤维原料，特别是据实验室观测，杨柴材的韧性纤维含量明显多于纤维状管胞，这更有利于制造纤维板和制浆造纸。

5a 生杨柴材不同部位的纤维形态见表 3-15。

表 3-15　杨柴材的纤维形态

部　位	纤维长度/μm		纤维宽度/μm		单壁厚度/μm		长宽比	壁腔比
	平均值	均方差	平均值	均方差	平均值	均方差		
上	760	130	13.0	3.9	2.3	0.73	58.4	0.55
中	890	100	14.0	3.3	2.4	0.83	63.6	0.50
下	850	90	14.2	4.1	2.5	1.20	59.8	0.52

由表 3-15 可知，同一植株的纤维形态，随其部位的不同而不同。由伐根向上，纤维长度逐渐增加，而细胞壁厚度由伐根到顶部则有下降趋势。杨柴材与沙柳材和幼龄新疆杨比较，其纤维长度大，长宽比大，壁腔比小，纤维形态与白桦相接近，故是制造纤维板和刨花板的优良原料。但从制浆造纸方面来看，与针叶树材纤维相比则差异很大。杨柴材的纤维长度较短且挺直，其缺点是短纤维影响了纤维之间的结合，从而降低了纸的强度。如

果在针叶树材纸浆中混入一定比例的杨柴材纤维,可改善浆料的匀度。

3.4.4 杨柴材的化学性质

与其他沙生灌木材一样,杨柴材的化学成分主要是纤维素、半纤维素和木素,具体见表 3-16。

表 3-16 杨柴材的化学成分

指 标	数 值/%	指 标	数 值/%
灰 分	1.86	苯乙醇抽提物	4.26
冷水抽提物	2.83	综纤维素	77.24*
热水抽提物	4.50	半纤维素	23.43
1% NaOH 抽提物	23.68	木 素	20.76

注:＊亚氯酸钠综纤维素含量

由表 3-14 可以看出,杨柴材的灰分含量为 1.86%,小于柠条锦鸡儿材和沙柳材等,属中等。杨柴材的冷水和热水抽出物含量为 2.83% 和 4.50%。远低于柠条锦鸡儿、沙柳、棉秆,故制板时适应性较好。水抽提物中的大部分物质与纤维板生产工艺有关,如单宁可与各种金属盐类形成特殊颜色的沉淀物质而损害板面质量。这就要求,对于水抽提物含量较高的原料,则不宜采用湿法生产工艺,而应考虑干法或半干法生产工艺。杨柴的 1% NaOH 抽提物含量为 23.68%,说明杨柴材中的中低级碳水化合物含量较高。花棒的苯乙醇抽提物含量为 4.26%,其含量高将有利于提高人造板的耐水性。但苯乙醇抽提物含量过高会影响胶合力。杨柴材的纤维素含量较高,其综纤维素含量为 77.24%,可见为制浆和制造纤维板的优质原料。制浆可缩短蒸煮时间,利用烧碱法制浆时,可减少碱耗,降低成本。木素含量较高的原料,蒸煮比较困难,而杨柴的木素含量略低,为 20.76%。

杨柴材的 pH 值和酸碱缓冲容量见表 3-17。

表 3-17 杨柴材的 pH 值及酸碱缓冲容量

次 数	pH 值	酸缓冲容量		碱缓冲容量		总缓冲容量		固化时间
		/ml	/mmol	/ml	/mmol	/ml	/mmol	/s
第一次	5.90	0.93	0.023	7.01	0.350	7.94	0.373	1574
第二次	5.94	0.88	0.022	6.99	0.350	7.86	0.372	1570
平 均	5.92	0.91	0.023	7.00	0.350	7.91	0.373	1572

木材的酸碱特性包括木材的 pH 值和酸碱缓冲容量,经测定,杨柴材的 pH 值平均为 5.92,介于柠条和花棒材之间,呈弱酸性,酸缓冲容量为 0.91ml,碱缓冲容量 7.00ml,总缓冲容量 7.91ml。杨柴的凝胶时间较长,为 1572s,在生产中可降低胶液的 pH 值和提高固化时的温度,适当增加酸性固化剂的加入量,使胶层固化加快,保证木材的胶合质量。

3.5 梭梭材

3.5.1 梭梭材的宏观构造

梭梭材为半环孔材，晚材管孔肉眼下观察呈辐射状排列，早材管孔呈环形排列。木射线在放大镜下明显，密度较密，细而短，肉眼下不易见。轴向薄壁组织在放大镜下不明显。心边材区别不明显。生长轮明显，呈波浪状，宽窄不一，生长轮宽度为0.8mm。材质坚硬，呈浅绿色，直纹理，结构略粗，无特殊气味和滋味。树皮较硬，树皮呈不规则纵裂沟槽状，不易剥落；外皮呈灰白色，条状剥落；内皮薄，浅绿色；树皮厚为0.16~0.245mm，平均为0.21mm，树皮质量百分比为平均为5.87%，体积百分比为为7.6%。髓实心，小，圆形。

3.5.2 梭梭材的微观构造

梭梭材主要由导管分子、木纤维、轴向薄壁细胞和射线薄壁细胞几种细胞组成。

导管，分子一般长为35~105μm，宽为20~70μm。导管壁上纹孔为互列纹孔（图3-5）。轮界限处的管孔中含有大量的树胶。

木纤维，韧性纤维和纤维状管胞，两种细胞兼为细长而壁薄的细胞，胶质木纤维普遍存在，木纤维非叠生。纤维长度为251~345μm，平均为285μm；纤维宽度为11~15μm，平均为12.54μm；纤维壁厚为0.6~1μm，平均为0.81μm。

木射线，属异型Ⅰ型，多数为多列，由方形细胞组成，截面呈矩形或纺锤形，截面积较大。2~4个细胞宽，在径切面上高而短。射线细胞内部含有大量晶体块状物质，为盐分，梭梭材内部盐分的含量达到14%~17%左右，所以有人称之为"盐木"（图3-6）。

轴向薄壁组织，不发达。

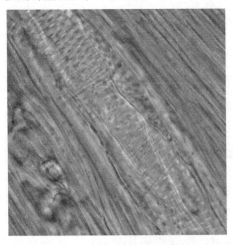

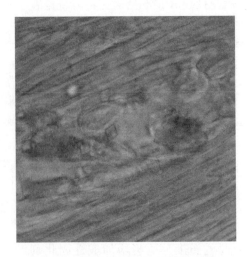

图3-5　梭梭材导管壁上的纹孔　　　　图3-6　梭梭材射线细胞内的晶体盐块

3.5.3　梭梭材的纤维形态

　　梭梭材纤维比较短小，壁比较薄，纤维平均长度为 285μm，只相当于沙棘、沙柳、红柳等灌木材的一半，纤维平均宽度为 12.54μm，比沙棘、沙柳、红柳等灌木材略小，纤维平均壁厚为 0.81μm，只相当于沙棘、沙柳、红柳等灌木材的 1/3。纤维长度是评定造纸和纤维板原料品质优劣的重要指标，纤维愈长，可提高纸张撕裂度、耐破度和耐折度。纤维长度小于 0.5mm 时，很难生产出合格的纤维板。

　　纤维长宽比也是评定造纸和纤维板原料品质优劣的重要指标，在制板过程中，长宽比越大，纤维细长，增加纤维板的强度，一般认为纤维长宽比愈大，纸张的撕裂强度越高，造纸原料要求纤维长宽比大于 35。梭梭材的长宽比为 20~29，平均 23，所以梭梭材由于纤维太短，不适合造纸或生产纤维板，但是可以考虑生产刨花板和碎料板。

　　梭梭材整株纤维长度的分布进行分析，并且绘制分布图（图 3-7）。

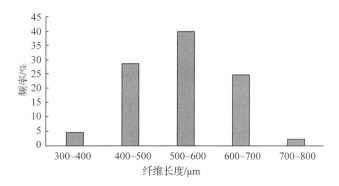

图 3-7　梭梭材整株纤维长度频率分布

　　梭梭材整株纤维长度最小为 112μm，最大为 504μm，其中 112~210μm 占 6.67%，210~280μm 占 37.92%，280~350μm 占 39.06%，350~420μm 占 14.74%，420~504μm 占 1.61%，总体趋于 210~350μm 之间，属于较短纤维。

　　梭梭材纤维形态轴向变异性见表 3-18。

表 3-18　梭梭材不同高度纤维形态

部　位	长　度		宽　度		壁　厚		长宽比	壁腔比	腔径比
	平均值/μm	变异系数 CV/%	平均值/μm	变异系数 CV/%	平均值/μm	变异系数 CV/%			
25cm	345	13.62	12.19	0.90	0.74	0.08	28.3	0.13	0.87
45cm	293	5.56	14.29	1.20	0.93	0.24	20.5	0.15	0.86
55cm	274	5.14	13.64	1.19	0.96	0.18	20.1	0.16	0.85
65cm	292	4.33	13.55	1.06	0.82	0.18	21.6	0.13	0.87
75cm	294	3.28	13.00	1.11	0.79	0.14	22.6	0.13	0.87
85cm	303	3.43	13.26	1.10	0.99	0.09	22.8	0.18	0.84
95cm	267	6.14	11.09	1.04	0.75	0.14	24.1	0.15	0.86
105cm	264	2.17	11.43	1.18	0.70	0.11	23.2	0.14	0.87
115cm	270	9.93	11.87	0.80	0.69	0.12	22.7	0.13	0.88
125cm	251	8.21	11.13	1.14	0.65	0.11	22.5	0.13	0.88
均　值	285	6.18	12.54	1.07	0.81	0.14	22.8	0.14	0.87

梭梭材的纤维形态在不同高度上的变异，从变异系数来看，长度、宽度和壁厚的变异都不大。纤维长度的轴向变异，都是从树干基部开始，随树高的增加，纤维长度呈减小趋势，下降过程中有所波动。从 25cm 处到 45cm 处下降比较明显，由于 25cm 处只有树干，而 25cm 处以上逐渐出现大量的侧枝，可能由于水分等营养物质供应不均致使纤维长度变短。由此可知，整体而言，梭梭材纤维长度的轴向变异随树高逐渐减小。梭梭材在不同高度的纤维宽度变化呈先增大后减小趋势，但在减小过程中略有增大，纤维宽度基本在 11～15μm 之间，分布比较均匀；纤维壁厚从下到上呈先增大后减小趋势，宽度集中在 0.6～1.0μm 之间；纤维长宽比呈先减小后趋于平缓趋势，最大为 28.36，最小为 20.15；纤维壁腔比呈先增大后减小趋势，最大为 0.18，最小为 0.13。

纤维形态径向变异见表 3-19。

表 3-19　梭梭材 25cm 处径向纤维形态

部　位	长　度		宽　度		壁　厚		长宽比	壁腔比	腔径比
	平均值 /μm	变异系数 CV/%	平均值 /μm	变异系数 CV/%	平均值 /μm	变异系数 CV/%			
1	348	11.41	11.28	0.87	0.70	0.09	30.89	0.14	0.87
2	363	13.29	12.29	0.79	0.74	0.09	29.56	0.13	0.87
3	336	18.74	11.81	0.83	0.73	0.07	28.50	0.14	0.87
4	332	14.79	11.60	0.77	0.76	0.07	28.65	0.15	0.86
5	368	11.59	12.02	0.69	0.84	0.07	30.67	0.16	0.85
6	346	16.15	12.11	0.97	0.73	0.10	28.57	0.13	0.88
7	356	12.24	13.18	0.87	0.77	0.07	27.03	0.13	0.88
8	334	10.42	12.67	0.99	0.71	0.07	26.32	0.12	0.88
9	319	13.97	12.73	1.35	0.71	0.07	25.05	0.12	0.88
均　值	345	13.62	12.19	0.90	0.74	0.08	28.36	0.13	0.87

梭梭材的纤维形态在径向上的变异，从变异系数来看，长度、宽度和壁厚的变异也不大，分布比较均匀。木质部的纤维长度小于 0.5mm，而靠近树皮部分的纤维长度最短，木质部的纤维长度在 0.32～0.37mm 范围分布较多，纤维长度在髓心至树皮整体呈先增大后减小，在第 5 年轮达到最大；纤维宽度集中在 11～15μm 之间，可见其纤维宽度的分布也是均匀的，在第 7 年轮处纤维宽度达到最大；纤维壁厚在 0.7μm 周围上下波动，总体来说，在径向变化比较平缓；纤维长宽比在径向上总体呈平缓而略为下降，基本在 25～30μm 之间变化，变化幅度不大，纤维壁腔比在径向上呈先增大后减小趋势，但总体比较平缓。

3.5.4　梭梭材的化学性质

梭梭材的灰分含量为 3.75%，其含量大于乔木材（一般为 1%）。在灰分中，SiO_2 占 60% 以上，它不仅阻碍了脲醛树脂胶的胶合，影响制板强度，而且在制浆过程中会使浆液变黑，污染浆料，影响水循环。

梭梭材的纤维素含量较高，其综纤维素含量为 35.05%。半纤维素为 42.25%，木质素为 15.20%。梭梭材的化学成分见表 3-20。

表 3-20 梭梭材的化学成分

指 标	数 值/%	指 标	数 值/%
灰 分	3.75	苯乙醇抽提物	—
冷水抽提物	—	综纤维素	35.05 *
热水抽提物	—	半纤维素	42.25
1% NaOH 抽提物	—	木 素	15.20

注：* 亚氯酸钠综纤维素含量

3.5.5 梭梭材的物理性质

木材的密度与力学性质有密切的关系，不仅适用于工程用材的检验，而且可以借以预测和比较林木的性质，所以根据木材的密度估计其力学性质，在经济和科学研究上均具有意义。经测定计算得出梭梭的气干密度平均值为 $1.003 g/cm^3$。梭梭材的密度大，属于重的木材，主要是其细胞内含有大量的盐分所致。

梭梭材在干燥过程中，弦向和径向尺寸都有减小，弦向干缩率为 4.29%，径向干缩率为 2.15%，轴向干缩率为 0.25%，体积干缩率为 6.12%。其体积干缩率较小。

3.6 沙棘材

3.6.1 沙棘材的宏观构造

沙棘材为半散孔材，晚材管孔星散状分布，放大镜下可见。木射线细密，轴向薄壁组织在放大镜下不可见。年轮界限明显。心边材区分明显，边材窄，黄白色，心材黄褐色，有光泽，木材纹理多倾斜，节子多。髓心棕黄色，质地松软，圆形。外皮灰白色至灰绿色，局部有横纹，外皮较光滑，老时形成纵裂，质柔软，树皮含量较大，质量百分比为 28.7%，体积百分比为 26.42。

3.6.2 沙棘材的显微构造

导管，在横切面上管孔呈圆形或卵圆形，早材管孔明显大于晚材管孔，中间形成过渡；早材管孔呈星散状排列，多数为单管孔，偶见复管孔，管孔的复合数目为 2 个或 3 个，排列有切线状、径列或斜列(图 3-8)。导管分子间为单穿孔，圆形或卵圆形，底壁水平或倾斜(图 3-9)；管间纹孔为具缘纹孔，圆形、椭圆形，互列或对列，纹孔口内含。导管内壁具螺纹加厚(图 3-10)。

木纤维，沙棘材中的木纤维包括数量很多的韧性纤维和数量较少的纤维状管胞，在横切面上呈多边形或圆形。微纤丝角较小，平均 6.91°。

轴向薄壁组织，数量少，轮界状，沿年轮排列的宽度很小，一般为 1~3 层细胞(图 3-11)。

木射线，属异型Ⅲ型(图3-12)，有单列双列及多列，多数为双列，3~17个细胞高，两端单列部分1~3个细胞高；少数为单列，3~7个细胞高，叠生排列(图3-13)。直立细胞1~2个，横卧细胞2~16个。

管胞，有导管状管胞和环管管胞。

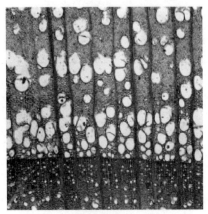

图3-8　沙棘材横切面上管孔分布
(X100×)

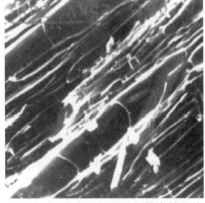

图3-9　沙棘材径切面的扫描电镜图片
(T1500×)

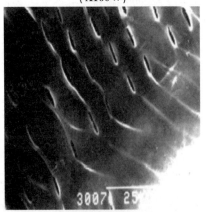

3-10　沙棘材导管间纹孔式及螺纹加厚
(T1500×)

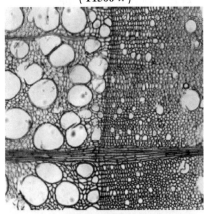

图3-11　沙棘材轮界状轴向薄壁组织
(T200×)

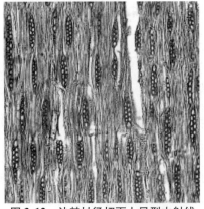

图3-12　沙棘材径切面上异型木射线
(R100×)

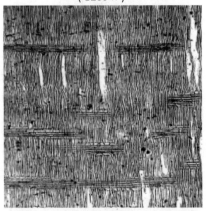

图3-13　沙棘材弦切面上木射线分布
(T200×)

3.6.3　沙棘材的纤维形态

沙棘材经离析后,有韧性纤维、纤维状管胞、导管分子、轴向薄壁细胞和木射线薄壁细胞。据观测,韧性纤维多于纤维状管胞,是沙棘材的机械组织。木纤维组织比量占74.65%,纤维率高有利于制浆造纸和制造纤维板。

表 3-21　沙棘材的纤维形态

年 轮	部 位	长　度/μm		宽　度/μm		长宽比	壁 厚/μm	壁腔比
		平均值	均方差	平均值	均方差			
2a	上 部	541.27	93.04	16.3	2.99	33.2	2.64	0.48
	中 部	611.69	155.77	16.5	2.82	37.07	3.00	0.57
	下 部	589.52	106.17	17.3	3.39	34.08	2.10	0.32
	平 均	580.83	—	16.70	—	34.78	2.58	0.46
3a	上 部	858.68	98.06	17.72	2.50	33.05	2.59	0.41
	中 部	713.58	133.55	18.03	2.51	39.58	2.46	0.38
	下 部	656.38	79.51	18.73	3.01	35.05	2.56	0.38
	平 均	651.90	—	18.16	—	35.89	2.54	0.39
4a	上 部	672.11	103.75	17.32	2.11	38.81	2.49	0.40
	中 部	726.09	92.48	18.65	2.07	38.45	2.47	0.36
	下 部	717.08	133.13	16.61	2.17	43.71	2.38	0.40
	平 均	705.09	—	17.53	—	40.32	2.45	0.39
5a	上 部	701.52	124.27	17.88	2.90	39.23	2.46	0.38
	中 部	795.95	140.72	19.43	3.00	41.25	2.25	0.31
	下 部	738.23	95.17	17.96	2.78	41.1	2.59	0.41
	平 均	745.23	—	18.42	—	40.53	2.43	0.37
6a	上 部	—	—	—	—	—	—	—
	中 部	732.81	118.56	18.90	2.37	38.47	2.16	0.29
	下 部	707.19	108.61	19.66	3.11	35.97	2.62	0.36
	平 均	720.00	—	19.28	—	37.22	2.39	0.33

由表 3-19 可知,同一植株的纤维形态,同一年轮内随其部位的不同而不同,如纤维长度由伐根向上逐渐增长,到梢部又开始减短,中部纤维最长。沙棘材各年轮处的纤维平均长度均大于 500μm,认为可以生产出合格的纤维板。随着年轮的增加,纤维长度逐渐增长,2a 沙棘纤维长度全部位平均为 580.83μm,到 4a 纤维长度快速增长至 705.09μm。但第 4a 各部位的纤维长度相差不大,增长变缓,细胞生长进入成熟期。到 5a 纤维长度增长至 745.23μm,达到最大,随后从第 6a 开始减短,为 720.00μm,之后细胞生长将进入衰退期。

3.6.4　沙棘材的物理性质

沙棘材的基本密度、气干密度和全干密度及统计量见表 3-22。

表 3-22　沙棘材的密度

	样本数 n	平均值 $\bar{X}$ /（g/cm³）	标准差 S /（g/cm³）	标准误差 Sr /（g/cm³）	变异系数 CV /%	准确指数 P /%
气干密度	15	0.574	0.0145	0.056	9.8	5.0
基本密度	25	0.432	0.0098	0.049	11.38	4.58
全干密度	15	0.514	0.0126	0.049	9.68	3.88

注：表中气干密度为已校正成含水率15%时的数值。

从表 3-22 可见，沙棘材的气干密度为 0.574g/cm³，依据我国木材气干密度分级情况，属中等密度。用于生产纤维板的木材，以密度为 0.4～0.6g/cm³ 较好，因此，从密度这一方面来讲，沙棘材是较好的纤维板生产用材。沙棘材的基本密度为 0.432g/cm³。

沙棘材的干缩率见表 3-23。

表 3-23　沙棘材的干缩率

项　目		样本数 n	平均值 $\bar{X}$ /%	标准差 S /%	标准误差 Sr /%	变异系数 CV /%	准确指数 P /%
全干缩率	体　积	39	11.041	0.2641	1.650	14.942	4.785
	径　向	39	3.264	0.07194	0.449	13.764	4.407
	弦　向	39	7.859	0.2417	1.509	19.206	6.151
体积干缩率		496	0.349				

表 3-23 中，从变异系数上看，沙棘材的弦向全干缩率的离散程度最大。根据体积干缩系数的大小，国产木材干缩性可分为 5 级，沙棘材的体积干缩系数为 0.35%，属很小级。

3.6.5　沙棘材的力学性质

沙棘材的力学性质见表 3-24。

表 3-24　沙棘材横纹（全部）抗压强度与常用针阔叶材比较

项　目		样本数 n	平均值 $\bar{X}$ /MPa	标准差 S /MPa	标准误差 Sr /MPa	变异系数 CV /%	准确指数 P /%
横纹（全部）抗压强度	径　向	12	9.2	0.396	1.37	14.9	8.6
	弦　向	12	6.0	0.220	0.76	12.8	7.4

由表 3-24 看出，沙棘材的横纹（全部）抗压强度径向为 9.2MPa，弦向为 6.0MPa，可能是由于沙棘材本身的密度较大，木射线细密，叠生排列，使得它的抗压强度较大。另外，沙棘材的横纹（全部）抗压强度弦向、径向差异较大，这与针叶树材的特性相似，而阔叶树材在弦径向间差别不显著。

3.7 乌柳材

3.7.1 乌柳材的宏观构造

乌柳材属散孔材，早材导管较大，在放大镜下可见。心边材区分明显，年轮界限明显，木射线肉眼不可辨别，在放大镜下清晰，分布均匀。材色白黄，木材纹理通直，结构甚细，均匀。外皮灰褐色，光滑粗糙且有裂隙，树皮约占 14.7%。

3.7.2 乌柳材的显微构造

导管，横切面上均为圆形或卵圆形，管孔呈星散分布且均匀，管孔分布数平均 92 个/mm²。多为单管孔，少数为径列复管孔，偶见管孔团，侵填体含量较少。导管壁厚 3 μm，导管分子平均长度 300～388 μm。单穿孔，穿孔板倾斜。管间纹孔互列，圆形或卵圆形。

木纤维，木纤维多为韧性纤维，壁均较薄，一般直径 15～17 μm，平均长度 526 μm。

木射线，为异型单列木射线，在横切面上条数为 9～27 条/mm，木射线 3～40 个细胞高。

轴向薄壁组织，含量较少，星散型。

3.7.3 乌柳材的纤维形态

乌柳材主要由导管、木纤维、木射线薄壁细胞及少量轴向薄壁细胞组成。其中导管占 25.8%，木纤维占 66.2%，木射线薄壁细胞占 6.2%，其他占 1.3%。

乌柳材的纤维形态见表 3-25。

表 3-25 乌柳材的纤维形态

测定次数	长 度/μm			宽 度/μm			长宽比	壁腔比	腔径比
	范 围	平均值	均方差	范 围	平均值	均方差			
100	237～842	526	1.43	7.2～27.0	16.0	1.14	33	0.74	0.76

由表 3-25 可知，乌柳材的长度在 237～842 μm，平均为 526 μm，纤维宽度在 7.2～27.0 μm 之间，长宽比为 33，壁腔比为 0.74，腔径比为 0.76，可作为制造人造板及造纸的原料。根据国际木材解剖学协会的规定，乌柳材纤维属于短纤维。纤维长宽比小于 35 的原料其制浆造纸价值较低，乌柳材纤维的长宽比较小，为 33，不适合于造纸。

由图 3-14 可知，乌柳的纤维长度分布符合正态分布，其中 450～500 μm 的纤维占 14.3%，500～550 μm 的纤维占 17.0%，550～600 μm 的纤维占 18.0%，600～650 μm 的纤维占 13.2%，450～650 μm 的纤维占 62.5%，乌柳材的纤维长度主要集中在 450～650 μm，按照国际规定，其纤维为短纤维，不适合于造纸或纤维板生产。

3.7.4 乌柳材的化学性质

木材的酸碱特性包括木材的 pH 值和酸碱缓冲容量，脲醛树脂作为酸固化胶种，当 pH

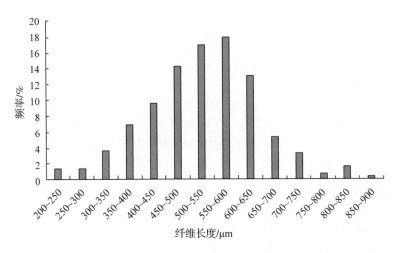

图 3-14　乌柳材纤维长度频率分布图

值为 4.5～6.0 的条件下，人造板胶合强度最为理想，且能缩短固化时间。绝大多数树种木材属酸性物质，只有大青杨、春榆、色木、家榆等少数树种为碱性。经测定，乌柳的 pH 值为 5.27，呈弱酸性，有利于胶黏剂固化。pH 值和碱缓冲容量均高的树种会降低脲醛树脂固化速度，需加大酸固化剂用量或延长热压时间来保证树脂的固化。乌柳的酸缓冲容量为 0.028mmol，碱缓冲容量 0.441mmol，总缓冲容量 0.489mmol，固化时间为 86.2s。乌柳的缓冲容量适中，适合胶黏剂固化。

3.7.5　乌柳材的物理性质

乌柳材的密度见表 3-26。

表 3-26　乌柳材的密度

项　目	样本数 n	平均值 $\bar{X}$ /(g/cm³)	标准差 S /(g/cm³)	标准误差 Sr /(g/cm³)	变异系数 CV /%	准确指数 P /%
基本密度	10	0.551	0.0288	0.0091	5.62	3.5
全干密度	10	0.592	0406	0128	6.80	4.3
气干密度	10	0.625	0.0401	0.0127	6.42	4.1

表 3-26 中看出，乌柳材密度的准确指数小于 5%，说明实验结果可靠。乌柳材的基本密度为 0.551g/cm³，全干密度为 0.592g/cm³，气干密度为 0.625g/cm³。依据我国木材气干密度分级情况，乌柳的密度等级属于中等。

乌柳材的干缩率见表 3-27。

表 3-27　乌柳材的干缩率

项　目	样本数 n	平均值 $\bar{X}$/%	标准差 S/%	标准误差 Sr/%	变异系数 CV/%	准确指数 P/%
全干体积干缩率	25	16.76	0.0181	0.0036	11.04	4.4
全干弦向干缩率	25	9.05	0.0102	0.0020	11.27	4.5
全干径向干缩率	25	4.24	0.0048	0.0010	11.32	4.5

由表 3-27，乌柳的体积干缩率为 16.76%，弦向干缩率为 9.05%，径向干缩率为 4.24%。乌柳的弦径向干缩比为 2.13。乌柳材的干缩率比沙柳材的大，弦向干缩率较大。

3.7.6 乌柳材的力学性质

从表 3-28，乌柳材的顺纹抗压强度为 59.2MPa，而抗弯强度为 241.8MPa。乌柳材的顺纹抗压强度比沙柳材的要小，而抗弯强度比沙柳材的要大。

表 3-28 乌柳材的顺纹抗压强度和抗弯强度

项 目	样本数 n	平均值 $\bar{X}$ /MPa	标准差 S /MPa	标准误差 Sr /MPa	变异系数 CV /%	准确指数 P /%
抗压强度	30	59.2	6.8000	1.3600	11.48	4.6
破坏强度	30	58.7	6.9000	3800	11.75	4.7
屈服强度	30	54.2	7.2000	1.3416	13.28	4.9
抗弯强度	30	241.8	13.4300	2.452	5.55	2.0

3.8 黄柳材

3.8.1 黄柳材的宏观构造

黄柳材属散孔材，早材导管较大，在扩大镜下可见。年轮界限明显，年轮宽度均匀。木射线肉眼不可辨别，在扩大镜下清晰，分布均匀。心边材区分明显，材色白黄，木材纹理通直，结构甚细。外皮灰黄色，光滑无裂隙，树皮约占 13.9%。

3.8.2 黄柳材的显微构造

导管，横切面上均为圆形或卵圆形，管孔呈星散分布且均匀，管孔分布数平均 139 个/mm²。多为单管孔，少数为径列复管孔，偶见管孔团，侵填体含量较少。导管壁厚 2.5μm，管孔一般直径为 31~41μm，导管分子平均长度 281~400μm。单穿孔，穿孔板倾斜。管间纹孔互列，圆形或卵圆形。

木纤维，多为韧性纤维。木纤维壁均较厚，一般壁厚为 4.5μm，直径为 15~21μm，平均长度为 496μm。

木射线，为单列异型木射线。在横切面上条数为 8~13 条/mm，一般为 4~27 个细胞高。

轴向薄壁组织，含量较少，星散型。

3.8.3 黄柳材的纤维形态

黄柳材主要由导管、木纤维、木射线薄壁细胞及少量轴向薄壁细胞组成。其中导管占 19.7%，木纤维占 70.4%，木射线薄壁细胞占 8.1%，其他占 1.8%。

黄柳材的纤维形态见表 3-29。

表 3-29 黄柳材的纤维形态

测定 次数	长　度/μm			宽　度/μm			长宽比	壁腔比	腔径比
	范　围	平均值	均方差	范　围	平均值	均方差			
100	223~729	469	1.10	4.3~25.8	13.4	0.95	35.1	0.67	0.32

由表 3-29 和图 3-15 可知，黄柳材的纤维长度在 223~729μm，平均为 469μm，纤维长度分布均匀。纤维直径在 7.3~25.8μm 之间。长宽比为 35.1，壁腔比为 0.67，腔径比为 0.32。其中 350~400μm 的纤维占 13.6%，400~450μm 的纤维占 19.7%，450~500μm 的纤维占 17.2%，500~550μm 的纤维占 16.4%，350~550μm 的纤维占 80.0%，说明黄柳材的纤维长度主要集中在 350~550μm，按照国际规定，它的纤维为短纤维。短纤维在造纸和制造纤维板时，纤维的交织较少，制造的纸张质量和纤维板质量一般。

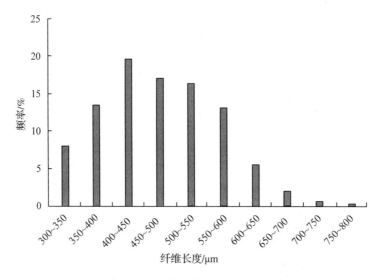

图 3-15 黄柳材纤维长度频率分布图

3.8.4 黄柳材的化学性质

木材的酸碱性质，包括抽提液的酸碱性质是木材的重要化学性质之一。木材的酸碱性因树木的生育条件、树种、树龄、树高、边心材部位及含水率等因素的不同而异。木材的酸碱度以木材水浸出物的 pH 值表示，不同树种的木材酸碱性质不同，即 pH 值差异很大，绝大多数木材呈弱酸性。经测定，黄柳的 pH 值平均为 5.48，呈弱酸性。由于木材中含有微量碱金属和碱土金属，可与木材中的有机酸形成相应盐类，因此木材的水浸提液具有一定的缓冲性能，其大小用缓冲容量来表示。pH 值和缓冲容量对制定木材应用范围和加工工艺具有重要意义，与木材胶合、木材变色、金属腐蚀和胶接性能等有密切关系，尤其在使用酸固化的脲醛树脂为胶黏剂时，是制定胶合工艺和预测胶合质量的重要条件之一。黄柳材的酸缓冲容量为 0.026mmol，碱缓冲容量 0.468mmol，总缓冲容量 0.494mmol，固化时间为 90.2s。

3.8.5 黄柳材的物理性质

黄柳材的密度见表 3-30。

表 3-30 黄柳材的密度

项 目	样本数 n	平均值 $\bar{X}$ /（g/cm³）	标准差 S /（g/cm³）	标准误差 Sr /（g/cm³）	变异系数 CV /%	准确指数 P /%
基本密度	10	0.445	0.0323	0.0102	7.26	4.6
全干密度	10	0.528	0.0319	0.0101	6.04	3.8
气干密度	10	0.550	0.0408	0.0129	7.42	4.7

从表 3-30 中可以看出，黄柳材的基本密度为 0.445g/cm³，气干密度为 0.550g/cm³，全干密度为 0.582g/cm³，依据我国木材气干密度分级情况，黄柳的密度等级属于小级。

黄柳材的干缩率见表 3-31。

表 3-31 黄柳材的干缩率

项 目	样本数 n	平均值 $\bar{X}$ /%	标准差 S /%	标准误差 Sr /%	变异系数 CV /%	准确指数 P /%
全干体积干缩率	25	11.08	0.0128	0.0026	11.55	4.6
全干弦向干缩率	25	6.95	0.0068	0.0014	9.75	3.9
全干径向干缩率	25	3.04	0.0017	0.0003	5.59	2.2

由表 3-29，黄柳材的体积干缩率为 11.08%，弦向干缩率为 6.95%，径向干缩率为 3.04%。黄柳材的弦径向干缩比为 2.28。黄柳材的干缩率较小，比沙柳和乌柳的体积干缩率要小。

3.8.6 黄柳材的力学性质

黄柳材的顺纹抗压强度见表 3-32。

表 3-32 黄柳材的顺纹抗压强度

项 目	样本数 n	平均值 $\bar{X}$ /MPa	标准差 S /MPa	标准误差 Sr /MPa	变异系数 CV /%	准确指数 P /%
压缩强度	30	50.8	6.5000	1.1868	12.79	4.8
破坏强度	30	50.7	6.5000	1.1868	12.82	4.8
屈服强度	30	45.2	6.9000	1.2600	13.74	5.0

从表 3-32，黄柳材的顺纹抗压强度为 50.8MPa。黄柳材的顺纹抗压强度与乌柳材相接近，但低于沙柳材的值。

3.9 多枝柽柳材

3.9.1 多枝柽柳材的宏观构造

多枝柽柳属环孔材，晚材管孔星散分布，扩大镜下可见。木射线细密，径切面上有射线斑纹。轴向薄壁组织在扩大镜下可见，为环管状。年轮界限明显。心边材区分明显，边材窄，黄白色，心材黄褐色。具有柳树味，有光泽，木材纹理通直，结构细。外皮较光滑，呈褐红色，老时形成纵裂，质柔软，内皮黄白色，质软。树皮含量的重量百分比为25.5%，体积百分比为18%。髓心棕黄色，质地松软、圆形。

3.9.2 多枝柽柳材的微观构造

导管，在横切面上早材管孔大于晚材管孔，晚材管孔呈星散状排列，偶见管孔链，多数为单管孔、复管孔。管孔中含丰富的侵填体。早材导管壁厚为 $2.8\mu m$ ，最大弦径为 $87.5\mu m$ ，多数在 $53\sim78\mu m$ ，晚材导管壁厚 $2.45\mu m$ ，弦径为 $39\sim63\mu m$ 。导管单穿孔，椭圆形或圆形，底壁水平或略倾斜。管间纹孔互列，椭圆形。

木纤维，有韧性纤维和纤维状管胞，韧性纤维具单纹孔，纤维状管胞为具缘纹孔。木纤维长度 $490\sim770\mu m$ ，平均 $644\mu m$ ，弦向直径一般为 $10.5\sim14\mu m$ 。

木射线，同型单列及多列，在横切面上 $8\sim9$ 条/mm，多列射线宽 $2\sim5$ 个细胞，射线高 $18\sim86$ 个细胞，多数 $35\sim70$ 个细胞。

轴向薄壁组织，稀疏环管状，具叠生构造。

3.9.3 多枝柽柳材的纤维形态

多枝柽柳材的主要细胞包括木纤维、导管和薄壁组织，其中导管占10.03%，薄壁组织占13.57%，木纤维占76.4%。

表 3-33 为 3a 生多枝柽柳不同部位纤维形态的测定结果。

表3-33 多枝柽柳材不同部位的纤维形态

部　位	长　度/μm		宽　度/μm		长宽比	壁　厚/μm	壁腔比	腔径比
	平均值	均方差	平均值	均方差				
上　部	590	140	13.5	20.5	44	2.90	0.76	0.57
中　部	640	150	16.30	2.15	47	3.10	0.85	0.54
下　部	140	140	13.30	2.05	45	3.00	0.85	0.54

由表3-33可知，多枝柽柳材木质部部分长宽比44~47，平均45，符合造纸原料要求。多枝柽柳材不同部位纤维的壁腔比均小于1，故为造纸上等原料。

纤维的腔径比，也就是纤维的柔性系数。多枝柽柳材木质部腔径比平均为0.55，这对造纸原料要求纤维柔性系数>0.75以上，以及和国产109种针叶树材的纤维柔性系数的平均值(0.78)相比，显然偏小，但仍比柔性系数中等、适于造纸的柳桉(0.45)大，并接近湿地松和马尾松(0.60)，因此，作为造纸和纤维板生产原料多枝柽柳材是可取的。

由表3-34可知，同一植株的纤维形态，随其部位的不同而不同，如纤维长度由伐根向上逐渐增长，到梢部又开始减短，中部纤维最长。木质部纤维平均长613μm，树皮纤维平均长度为377μm，加权平均后多枝柽柳材全部位纤维平均长度为570μm。木质部分的纤维长度分布范围在540~770μm分布较多，可作为造纸、纤维板的原料。木纤维宽度变异不如长度变异明显，整植株的纤维宽度差别很小。

表 3-34　多枝柽柳纤维长度分布

纤维部位		最长纤维 /μm	最短纤维 /μm	长度范围 /μm	平均长度 /μm	离散系数
木质部分	上　部	1008	238	488～714	595	0.240
	中　部	1092	266	476～784	644	0.234
	下　部	896	182	476～742	602	0.233
	平　均				613	
树皮部分	上　部	952	140	210～378	341	0.380
	中　部	1148	182	238～658	405	0540
	下　部	1036	182	252～465	384	0.530
	平　均				377	

3.10　枸杞材

3.10.1　枸杞材的宏观构造

枸杞材为半散孔材，管孔在肉眼下可见，早材管孔比晚材管孔大很多。轴向薄壁组织在肉眼或者扩大镜下不可见。木射线在扩大镜下也是不可见。心边材明显，颜色无差别，生长轮明显，宽度均匀。树皮颜色为铂灰色，不开裂，皱缩形，无皮孔，树皮含量均为25.6%。髓心浅黄色，圆形，直径为1.3mm。

3.10.2　枸杞材的显微构造

导管，横切面上为卵圆形。管孔组合是早材为单管孔，晚材为管孔团，侵填体常见（图3-16）。穿孔类型为单穿孔（图3-17）。管间纹孔的类型为互列，长形纹孔口。

木纤维，主要为韧性纤维（图3-18）。纤维长度的平均值为640.58μm，纤维宽度为13.25μm，壁厚为2.53μm。

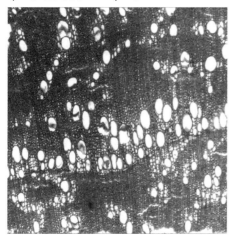

图 3-16　枸杞材的横切面管孔组合（X80×）

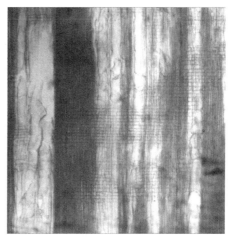

图 3-17　枸杞材的径切面（R80×）

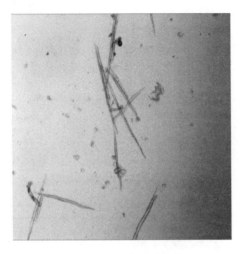

图3-18　枸杞材的木纤维(80×)

图3-19　枸杞材弦切面的单列木射线(T80×)

木射线,为单列同型木射线(图3-19)。木射线在横切面上的密度为3条/mm,射线高度一般在122.45~468.55μm,平均高度为226.75μm,射线的宽度一般在25.52~42.08μm,平均宽度为34.55μm。内含物未见。

轴向薄壁组织,为轮始状,2~4层细胞,有少数的环管状。未见内含物及晶体。

3.10.3　枸杞材的纤维形态

枸杞材的主要细胞包括木纤维、导管和薄壁组织,其中导管占8.29%,木纤维占73.92%,轴向薄壁组织占2.46%,木射线组织占14.7%。

表3-35　枸杞材的纤维形态

类　型	长　度/μm	直　径/μm	壁　厚/μm	长宽比	壁腔比	腔径比
纤　维	640.58±105.29	13.25±4.07	1.92±0.83	93.70	0.41	0.71
导　管	312.56±51.48	49.62±10.5	3.24±1.07	6.29	0.15	0.86

由表3-35看出,枸杞材的纤维长度一般在100~1000μm,平均值为640.58μm。纤维的宽度在4.75~24.33μm,平均为13.25μm,纤维壁厚较厚,一般在0.56~5.3μm,平均壁厚在2.53μm。壁腔比为0.41,腔径比为0.71。造纸原料要求纤维柔性系数>0.75以上,枸杞材基本与其相接近,故可以考虑用于造纸。

对200根纤维长度统计,统计结果见图3-20,结果表明枸杞材的纤维长度为正态分布,600~700μm的最多,占17%左右,属于长纤维的树种。

3.11　山杏材

3.11.1　山杏材的宏观构造

山杏为环孔材,管孔肉眼可见,环孔分布明显。轴向薄壁组织扩大镜下不可见,轮界

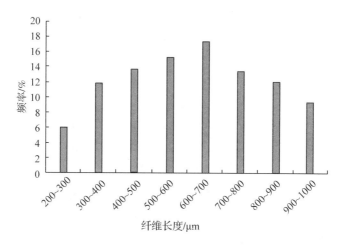

图 3-20　枸杞材的纤维长度分布率

状。木射线扩大镜下可见，没有胞间道。在肉眼下观察心边材不明显，颜色无差别，生长轮明显，宽度均匀，圆形态。材质较硬。树皮颜色为珊瑚色，外形不开裂，斑驳痕，皮孔为菱形皮孔，树皮特征瘤状类型，树皮含量平均为 27%。髓心颜色为浅黄色，圆形，约 0.56mm。

3.11.2　山杏材的微观构造

导管，早材大导管 2~4 层，早材为环带状，晚材为星散状。早材管孔为卵圆形，晚材为多类为多边形，少数卵圆形。管孔组合为单管孔，晚材中出现径列复管孔（图 3-21）。导管内有侵填体。穿孔类型为倾斜，单穿孔。管间纹孔的类型是互列，纹孔环为多边形，纹孔圆形。

木纤维，为韧性纤维，木纤维在横切面上的形状为多边形，无方向性，晚材中出现叠生。有胶质木纤维。内壁光滑，不具有螺纹加厚（图 3-22）。

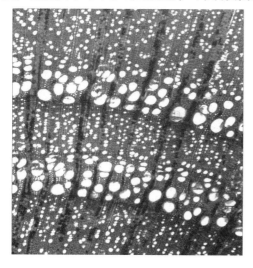

图 3-21　山杏材的管孔组合（X80×）

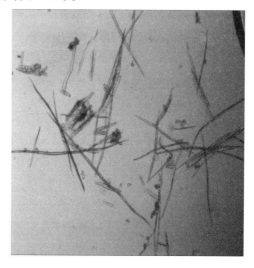

图 3-22　山杏材的木纤维（80×）

木射线，为异形 I 型木射线(图 3-23)，射线细胞的形态是方形。横切面密度平均 5 条/mm，木射线较多。长度较短，射线的高度为 213.8μm，约 5~9 个细胞，平均宽度为 22.34μm，约 2~4 细胞。而且射线细胞含有树胶，含量丰富多列木射线中含有乳汁管(图 3-24)。

轴向薄壁组织，为轮界状，2~4 层细胞，亦有星散状，但是不多。薄壁细胞方形，单纹孔多，长形纹孔口。未见晶体。

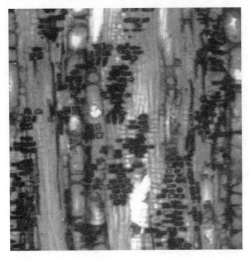

图 3-23　山杏材的管孔组合木射线(R80 ×)

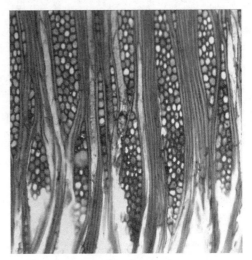

图 3-24　山杏材的木射线乳汁管(T80 ×)

3.11.3　山杏材的纤维形态

山杏材的主要细胞包括导管、木纤维、少量轴向薄壁组织和木射线组织，其中导管占 8.6%，木纤维占 73.6%，轴向薄壁组织占 1.9%，木射线组织占 15.9%。

山杏材的纤维形态测算结果见表 3-36。山杏的纤维长度一般为 234.8~1078.6μm，平均长度为 586.4μm。宽度一般在 5.48~16.8μm，平均宽度为 8.94μm。纤维壁厚较薄，壁厚一般 0.57~2.99μm，平均壁厚 1.45μm。

表 3-36　山杏材的纤维形态

类　型	长　度/μm	直　径/μm	壁　厚/μm	长宽比	壁腔比	腔径比
纤　维	586.4 ± 103.26	8.94 ± 2.62	1.45 ± 0.85	65.62	0.48	0.67
导　管	416.31 ± 61.49	67.12 ± 11.5	5.44 ± 0.16	6.20	0.19	0.84

从图 3-25，对 200 根纤维的测试结果表明，山杏材的纤维长度在 400~700μm 之间占 70% 左右，属短纤维的灌木材，山杏材纤维的长度，直径以及壁厚均匀小于同属的灌木树材，与生长在内蒙古的灌木材纤维相近。

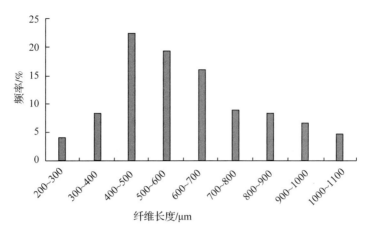

图 3-25　山杏材整株纤维长度频率分布

第4章
沙生灌木复合材料

　　沙生灌木复合材料是以沙生灌木为原料，与木质或非木质材料复合而成的多相固体材料，属于高聚物复合材料中的天然高聚物复合材料。本章主要介绍沙生灌木刨花板、沙生灌木中纤板、沙生灌木石膏板、沙生灌木重组木、沙生灌木混凝土模板、沙生灌木削片单体的生产工艺及关键技术。

4.1　复合材料综述

　　人类发展的历史证明，材料是社会进步的物质基础和先导，是人类进步的里程碑。纵观人类利用材料的历史，可以清楚地看到，每一种重要材料的发现和利用，都会把人类支配和改造自然的能力提高到一个新的水平，给社会生产力和人类生活带来巨大的变化。当前以信息、生命和材料三大学科为基础的世界新技术革命风涌兴起，它将人类的物质文明推向一个新阶段。在新型材料研究、开发和应用，在特种性能的充分发挥以及传统材料的改性等诸多方面，材料科学都肩负着重要的历史使命。

　　材料的复合化是材料发展的必然趋势之一。近40年来，科学技术迅速发展，特别是尖端科学技术的突飞猛进，对材料性能的要求日益提高，在许多方面，传统的单一材料已不能满足实际需要。这些都促进了人们对材料的研究逐步摆脱过去单纯靠经验的摸索方法，而向着按预定性能设计新材料的研究方向发展。复合材料（Composite material）综合了各种材料（如纤维、树脂、橡胶、金属、陶瓷等）的优点，按需设计、复合成为综合性能优异的新型材料。复合材料因具有可设计性的特点受到各发达国家的重视，因而发展很快，已开发出了许多性能优良的先进复合材料，这些材料成为航空、航天工业的首要关键材料，各种基础性研究也得到发展，使复合材料与金属、陶瓷、高聚物等材料并列为重要材料。如果用材料作为历史分期的依据，那么21世纪将是复合材料的时代。

4.1.1　复合材料的定义

　　根据国际标准化组织（International Organization for Standardization，ISO）为复合材料所

下的定义，复合材料是由两种或两种以上物理和化学性质不同的物质组合而成的一种多相固体材料。复合材料的组分材料虽然保持其相对独立性，但复合材料的性能却不是组分材料性能的简单加和，而是有着重要的改进。在复合材料中，通常有一相为连续相，称为基体；另一相为分散相，称为增强材料。分散相是以独立的形态分布在整个连续相中的，两相之间存在着相界面。分散相可以是增强纤维，也可以是颗粒状或弥散的填料。

从上述的定义中可以得出，复合材料可以是一个连续物理相与一个连续分散相的复合，也可以是两个或多个连续相与一个或多个分散相在连续相中的复合，复合后的产物为固体材料才称得上复合材料，若复合产物为液体或气体时就不能称为复合材料。复合材料既可以保持原材料的某些特点，又能展现组合后的新特征，它可以根据需要进行设计，从而合理地达到使用要求的性能。

4.1.2　复合材料的分类

复合材料的分类方法也很多，常见的有以下几种。

（1）按基体材料类型分类

①聚合物基复合材料：以有机聚合物（主要为热固性树脂、热塑性树脂及橡胶）为基体制成的复合材料。

②金属基复合材料：以金属为基体制成的复合材料，如铝基复合材料、钛基复合材料等。

③无机非金属基复合材料：以陶瓷材料（也包括玻璃和水泥）为基体制成的复合材料。

（2）按增强材料种类分类

①玻璃纤维复合材料。

②碳纤维复合材料。

③有机纤维（芳香族聚酰胺纤维、芳香族聚酯纤维、高强度聚烯烃纤维等）复合材料。

④金属纤维（如钨丝、不锈钢丝等）复合材料。

⑤陶瓷纤维（如氧化铝纤维、碳化硅纤维、硼纤维等）复合材料。

此外，如果用两种或两种以上的纤维增强同一基体制成的复合材料称为"混杂复合材料"。混杂复合材料可以看成是两种或多种单一纤维复合材料的相互复合，即复合材料的"复合材料"。

（3）按增强材料形态分类

①连续纤维复合材料：作为分散相的纤维，每根纤维的两个端点都位于复合材料的边界处。

②短纤维复合材料：短纤维无规则地分散在基体材料中制成的复合材料。

③粒状填料复合材料：微小颗粒状增强材料分散在基体中制成的复合材料。

④编织复合材料：以平面二维或立体三维纤维编织物为增强材料与基体复合而成的复合材料。

（4）按用途分类

复合材料按用途可分为结构复合材料和功能复合材料。目前结构复合材料占绝大多数，而功能复合材料有广阔的发展前途，也将会出现结构复合材料与功能复合材料并重的局面，而且功能复合材料更具有与其他功能材料竞争的优势。

①结构复合材料：主要用做承力和次承力结构，要求它质量轻、强度和刚度高，且能耐受一定温度，在某种情况下还要求有膨胀系数小、绝热性能好或耐介质腐蚀等其他性能。

②功能复合材料：指具有除力学性能以外其他物理性能的复合材料，即具有各种电学性能、磁学性能、光学性能、声学性能、摩擦性能、阻尼性能以及化学分离性能等的复合材料。

（5）按材料性能的高低分类

按复合材料性能的高低可以分为常用复合材料与先进复合材料两大类。

①常用复合材料：如玻璃钢就是用玻璃纤维等性能较低的增强体与普通的树脂构成的，由于其价格低廉得以大量的发展和应用。

②先进复合材料：指用高性能增强体如碳纤维、芳纶等与高性能耐热树脂构成的复合材料，后来又把金属基、陶瓷基和碳基以及功能复合材料包括在内。

4.1.3　复合材料的命名

复合材料在世界各国还没有统一的名称和命名方法，比较共同的趋势是根据增强体和基体的名称来命名，一般有以下三种情况：

（1）强调基体时，以基体材料的名称为主。如树脂基复合材料、金属基复合材料、陶瓷基复合材料等。

（2）强调增强体时，以增强体材料的名称为主。如玻璃纤维增强复合材料、碳纤维增强复合材料、陶瓷颗粒增强复合材料。

（3）基体材料名称与增强体材料名称并用。这种命名方法常用来表示某一种具体的复合材料，习惯上将增强体材料的名称放在前面，基体材料的名称放在后边，如"玻璃纤维增强环氧树脂复合材料"，或简称为"玻璃纤维/环氧树脂复合材料或玻璃纤维/环氧"。而我国则常将这类复合材料通称为"玻璃钢"。

4.1.4　复合材料的特点

复合材料的性能主要表现在以下几个方面：

（1）比强度和比模量高

比强度、比模量是指材料的强度或弹性模量与其密度之比。如果材料的比强度或比模量越高，构件的质量（或体积）就会越小。通常，复合材料的复合结果是密度大大减小，因而高的比强度和比模量是复合材料的突出性能特点。

（2）抗疲劳性能和抗断裂性能良好

通常，复合材料中的纤维缺陷少，因而本身抗疲劳性能良好；而基体的塑性和韧度好，能够消除或减少应力集中，不易产生微裂纹；塑性变形的存在又使得微裂纹产生钝化，从而减缓了其扩展。这样就使得复合材料具有很好的抗疲劳性能。例如，碳纤维增强树脂的疲劳强度为拉伸强度的70%~80%，一般金属材料却仅为30%~50%。由于基体中有大量细小纤维，较大载荷下部分纤维断裂时载荷由韧度好的基体重新分配到未断裂纤维上，构件不会瞬间失去承载能力而断裂。

（3）高温性能优越

铝合金在400℃时，其强度仅为室温时的10%以下，而复合材料可以在较高温度下具有与室温时几乎相同的性能。如聚合物基复合材料的使用温度为100~350℃，金属基复合材料的使用温度为350~1100℃；SiC纤维、Al_2O_3纤维陶瓷复合材料在1200~1400℃范围内可保持很高的强度。碳纤维复合材料在非氧化气氛下，可在2400~2800℃长期使用。

（4）减摩、耐磨、减振性能良好

复合材料摩擦系数比高分子材料的低得多，少量的短切纤维大大提高了其耐磨性。复合材料比弹性模量高，自振频率也高，其构件不易共振，纤维与基体界面有吸收振动能量的作用，产生的振动也会很快衰减，可以起到很好的减振效果。

（5）其他特殊性能

金属基复合材料具有高韧度和抗热冲击性能；玻璃纤维增强塑料具有优良的电绝缘性，不受电磁作用，不反射无线电波，且其耐辐射性、蠕变性能高，具有特殊的光、电、磁等性能。

4.1.5 复合材料的新生长点

为了使复合材料能持续发展，必须确定若干新生长点，并加以研究推动使之逐步成为材料发展中的生力军。此外也要针对复合材料发展中存在的问题和矛盾进行深入研究，使之不断完善。这样才可能使复合材料在与其他传统材料的竞争中占据地位。

（1）功能、多功能、机敏、智能复合材料

过去复合材料中应用较多的为结构复合材料，其实它的设计自由度大的特点更适合于发展功能复合材料，特别是在功能、多功能、机敏、智能复合材料上，即从低级形式到高级形式的过程中体现出来。设计自由度大是由于复合材料可以任意调节其复合度，选择其连接形式和改变其对称性等因素以期达到功能材料所追求的高价值。此外复合材料所特有的复合效应更提供广阔的设计途径。

（2）纳米复合材料

当材料尺才进入纳米范围时，材料的主要成分集中在表面，例如直径为2nm的颗粒其表面原子数将占有整体的80%。巨大的表面所产生的表面能使具有纳米尺寸的物体之间存在极强的团聚而又能保持纳米尺寸的单个体（颗粒或其他形状物体）发挥其纳米效应。这种效应的产生是来源于其表面原子呈无序分布状态而具有特殊的性质，表现在量子尺寸效应、宏观量隧道效应、表面与界面效应等。由于这些效应的存在使纳米复合材料（Nanocomposite）不仅具有优良的力学性质而且也会产生光学、非线性光学、光化学和电学的功能作用。

（3）仿生复合材料

天然的生物材料基本上是复合材料结构形式。仔细分析这些复合材料可以发现它们的形成结构、排列分布非常合理。例如竹子为管式纤维，外密内疏，并呈正反螺旋形排列，使之成为人类长期使用的优良天然材料。又如贝壳则是以无机质成分与有机质成分呈层状交替叠层而成，从而使之既具有很高强度又有很好的韧性。这些都是生物在长期进化演变中形成的优化结构形式。大量的生物体以各种形式的组合以适应自然环境的优胜劣汰，为人类提供了学习借鉴的源泉。为此，可以通过系统分析和比较，吸取有用的规律并形成概念，把从生物材料学习到的知识结合材料科学的理论基础和手段来进行新型材料的设计与制造。这个过程逐步形成一个新的研究领域——仿生复合材料（Biomimetic composite）。正因为生物界能提供的信息非常丰富，甚至以现有水平还无法认识其机理，所以具有很强的发展生命力。目前虽已经开展了部分研究并建立了模型进行理论计算，但距离真正掌握自然界生物材料的奥秘还有很大差距，可以肯定这是复合材料发展的必由之路，而且前景广阔。

4.1.6 复合材料的发展问题

要使复合材料得到迅速而稳步的发展，必须一方面深入研究其基础问题，同时不断提高设计水平和创造新的制备方法。因为只能这样才能巩固基础，并注入新的活力，使之具有竞争的实力。

（1）复合材料基础理论问题

复合材料的基础理论问题较多，但最突出的当属界面问题和可靠性问题，复合材料性能受其界面结构的影响极大，因而前者是复合材料所特有而重要的问题。可靠性问题也是制约复合材料发展的关键问题，因此需要给予足够的重视。

①界面的研究。首先对各种基体的复合材料结构进行细致的考察，完善并提高表征方法。优化界面设计、界面改性方法以及界面残余应力等研究水平。同时开展目前尚未涉足的功能复合材料的界面研究，以了解界面传递功能等新课题。

②可靠性的研究。复合材料的可靠性与其组分、设计、加工工艺和环境等密切相关，同时也需要进一步完善评价、检测和监控的方法。

（2）复合材料新的设计和制备方法

除了对复合材料现有的设计和制备方法不断深化提高之外，同时还必须开展新的研究内容。

①新型设计方法。由于计算和信息技术的高度发展，给复合材料的设计提供了优越的条件。从而引出了逆向设计和虚拟设计等新思路，这都可推动复合材料的设计新发展。

②新型制备方法。目前复合材料的制备工艺正在不断改善与提高，如树脂迁移模塑法、反应注射成型（含增强体的方式）以及电子束固化等新工艺，提高了工艺效率，并改善了制品质量。同时一些新的复合技术如原位复合、自蔓延技术、梯度复合以及其他新技术已经崭露头角，显示各自的优越特点。这也是复合材料发展的驱动力。

特别令人注意的是，设计制造一体化已经形成概念，并正向成为现实的方向进展。

4.2 木质复合材料

随着低碳经济成为国际社会的发展主题，面对人类社会日益增长的发展需求，单一的木材制品或木质材料使得市场供不应求的窘况愈演愈烈，森林资源储量直线下降，此时木质复合材料应运而生并迅速占领了市场。

4.2.1　木质复合材料的定义

木质复合材料是木质材料与其他一种或多种非木质材料复合而成的多相固体材料，属于高聚物复合材料中的天然高聚物复合材料。主要以木质原料或植物原料为主，与其他材料经复合后制备成的具有特殊微观结构及性能的新型复合材料。在木质复合材料的多相体系中，除了木质材料成分和主要的非木质材料成分以外，可能还存在着一些次要的非木质材料成分（如胶黏剂、偶联剂以及在木材层积塑料中添加的少量润滑剂石墨等）。

木质复合材料不是组分材料的简单组合，各组分之间虽然保有相对的独立性，但性能却在原材料的基础上有显著改善，各组分的界面相容性及木质复合材料的生产技术是木质复合材料性能的主要影响因素。随着科技水平不断提升和社会迅猛发展，过去几十年专家学者的广泛关注与研究，木质复合材料在结构和功能上有了很大的突破，新产品层出不穷，并且赋予了材料更多的新功能，继而拓宽了木质复合材料的使用范围，渗透进航空、汽车工业等领域。

4.2.2　木质复合材料的种类和性能特点

（1）木材—金属复合材料

①定义：是将木材以某种形态与金属单元（熔融金属、金属粉末、金属网）复合在一起形成的一种新型复合材料。

②关键技术：木材—金属复合材料的复合工艺主要包括物理法和化学法复合工艺。

物理复合工艺：是先对金属材料的表面进行活化处理，然后制成木材纤维与金属纤维（或金属网、金属箔、金属粉）复合的材料。其关键技术是解决木材与金属的界面相容性及金属的腐蚀问题。

化学法复合工艺：是利用定向的氧化—还原反应，在木材表面沉积金属或合金镀层的过程，该法也称之为化学镀或不通电镀。其关键技术是解决木材表面改性及镀液成分和工艺参数对木材化学镀层沉积速率的影响。

③性能特点：一般说来，木材—金属复合材料的力学性能较木质材料有显著的提高，热传导和导电性也大大提高，同时具有很高的电磁屏蔽功能和抗静电功能。可广泛用于国家信息安全机构、驻外机构和高级人才住所等保密机构的建设，银行、保险公司、通信公司等需要信息保密的商业机构机房装修及大型精密仪器的保护等场所，以防止信息泄露、电磁污染和磁干扰，保障国家安全、企业利益和人体健康。

此外，木材经含铅等重金属物质处理后，具有吸收 X 射线功能，可用于有射线辐射的空间，作为地板、棚板、壁板等，有利于保护人体健康。

（2）木材—聚合物复合材料

①定义：通常称其为木塑复合材料（WPC）。20 世纪 60 年代初期，其加工过程是选择具有不饱和双键的单体注入实体木材，然后采用辐射法、触媒加热法或其他方法，使有机单体与木材组分产生接枝共聚或均聚物形成复合材料。从 20 世纪 90 年代开始，其研发重点是以木材等生物质纤维作为填充或增强材料，以热塑性聚合物（包括废旧塑料）为基体，经熔融挤出复合而制成木塑复合材料。

②分类：根据浸注成分和生产工艺的差别，木塑材料可分为塑合木、浸渍木和胶压木。

塑合木是用热塑性乙烯系单体浸注到木材的细胞腔和细胞壁中，通过引发剂、加热或辐射引发聚合反应制得的木材塑料称为称为塑合木。用热固性树脂如酚醛树脂、脲醛树脂、三聚氰胺树脂等浸注到木材内部，通过加热引发缩聚反应制得的木材塑料称为浸渍木，而通过热压引发缩聚反应制得的木材塑料称为胶压木。

③关键技术：木塑复合材料加工过程中须解决 WPC 专用生物质纤维的制备与改性技术、用于高性能 WPC 的塑料共混接枝改性技术、WPC 的纤维增强增韧技术。

④性能特点：由于在木材内部浸注了有机的聚合物，木塑复合材料兼有木材和塑料的双重优点，在力学性能、耐磨性、尺寸稳定性及耐候性等方面都比木材有了很大的提高，与环境友好，综合性能优越。可广泛用作门、窗、地板、家具等建筑和装饰材料。

（3）木材—无机纳米复合材料

①定义：将无机纳米材料采用不同的方法分散于木材基体中复合可形成木基无机纳米复合材料。

②制备方法

纳米微粒直接分散法：是将纳米粒子与木材直接混合。分散的形式主要包括乳液共混、溶液共混、熔融共混及机械共混等。为了防止纳米粒子的团聚，在混合之前要对纳米粒子进行表面改性，采用的改性方法有表面覆盖改性、局部活性改性、外膜层改性、机械化学改性等。

纳米微粒原位合成法：该方法常用于制备木材/纳米氧化物复合材料主要有两点优势：一是木材有特有的官能团，该官能团可以对纳米材料中的金属离子进行络合吸附、高分子基体对反应物的空间位阻效应，二是木材内部具有纳米空间，从而原位反应生成纳米微粒而构成纳米复合材料。

溶胶—凝胶法：是利用纳米材料和木材基体同步形成纳米复合材料，使用最为广泛。是指将前驱体（金属无机物、二氧化物、氧化铝等）溶于溶剂（水或有机溶剂）中形成均匀的溶液，利用溶质与溶剂产生水解或醇解反应，反应生成物聚集成几个纳米左右的粒子，从而形成溶胶。

插层原位聚合法：是指将层状无机物作为主体，有机单体作为客体插入无机物夹层间，进行原位聚合或者将聚合物直接插进夹层间，达到破坏硅酸盐的片层结构的效果，最终可以实现高分子与黏土类层状硅酸盐在纳米尺度上的复合，从而制备有机/无机纳米复合材料。

③关键技术：无机纳米粒子的团聚特征和分散技术以及纳米粒子的有机质调控技术。

根据不同用途对纳米粒子进行不同特性有机质的调控，与木材复合形成的木材无机纳米复合材料具有不同的功能性。如：在木材与纳米碳酸钙复合时用不同的有机质控制可得到具有疏水、疏油、超疏水（油）的系列功能性材料；通过溶胶凝胶法制成的 SiO_2、TiO_2 的木材无机纳米复合材料具有良好的力学强度、阻燃性和尺寸稳定性；由于无机矿物质以纳米粒子的形式渗入名贵木材基体中进行生物矿化和生理生化作用，形成天然的木材无机纳米复合材料具有坚硬的材质和较高的耐久性。

④性能特点：木材作为天然有机高分子材料与无机纳米材料复合形成的木质基无机纳米复合材料，不仅具有纳米材料的颗粒体积效应、表面效应等性质，而且将无机物的刚性、尺寸稳定性、热稳定性与木材的韧性、加工性、介电性及独特的环境学特性融为一体。

（4）木质基—橡胶复合材料

我国每年所需的 70% 的天然橡胶和 40% 以上的合成橡胶均需进口，而我国废旧轮胎等类物质的循环利用率仅为 20% 左右，废而不用的废旧轮胎、胶管、胶带、胶鞋等造成了严重的"黑色污染"。

①定义：以小径木、间伐材和加工剩余物与废旧橡胶为原料，选择适宜的胶黏剂和热压工艺参数而制造出木材—橡胶复合材料。

②关键技术：通过大量实验确定木材与橡胶的配比及其热压成板时的最佳热压工艺参数。

③性能特点：木质基—橡胶复合材料具有良好的防水、防腐、防静电、隔音、隔热和阻尼减震等多种性能，用途广泛。

（5）新型多孔炭—木质陶瓷材料

①定义：以低质材料、废旧木材等木质材料为原料，先经过预切削加工成一定形状，然后用酚醛树脂浸渍，隔氧高温烧结，最后再进行磨削加工制得的产品。

②关键技术：在制造过程中要避免木材的变形和开裂；高温烧结时避免试件的氧化烧失，需采用氮气保护；产品性能与树脂浸渍量、烧结温度和升温速率关系密切，因此需采用均匀设计法优化得出适宜的工艺参数。

③性能特点：新型多孔炭—木质陶瓷材料具有多孔结构，强重比高，耐磨、耐腐、耐热和吸附性能好等诸多特点，可作为房屋保温和取暖、吸附、抗摩擦和电磁屏蔽材料等。

木材可以各种不同的形态与各种不同的复合原料和复合方法制出种类繁多的木质基复合材料，材料的特点和功能各异，应根据用途需要来准确选择相应的复合材料。该领域的研究趋势是原材料由以木材为主逐步扩展到竹材、农作物秸秆等生物质，产品性能向着功能性、智能性和综合性方向发展。

4.2.3　木质复合材料的发展前景

森林资源自古以来为人类提供大量的木材，使木材成为人类历史上应用最早的材料之一。由于木材具有质轻而强重比大、可生物降解（失效废弃的木材不会造成环境污染等问题）、舒适的视觉和触觉效果、隔音、隔热等优点，在现代社会中，它仍然是材料世界中的主要成员。在钢材、木材、塑料、水泥这四大工程材料中，木材是唯一的可再生的材料。只要实现了森林资源的可持续发展，木材资源就会取之不尽，用之不竭。然而，遗传结构在赋予木材众多优点的同时也不可避免的带给一些固有的缺陷。木质复合材料正是通过利用木材与其他材料的复合效应，一方面尽量保持着木材的特性，另一方又进一步改善木材的应用性能，以提高木材的利用率，扩大木材的使用范围和延长木材的使用寿命，来满足社会生产和人类生活的需要。

木质复合材料技术不仅是木材工业的研究热点，而且极大地推动着木材工业的发展，是木材工业的发展方向。从过去的经验来看，木质复合材料技术不是盲目、孤立发展的，而是为了满足社会生产和人类生活的需要，是与其他材料技术协调发展的，是整个材料科学发展的结果。材料科学的发展促进了木质材料科学的发展，现代复合材料科学的进步推动了木质复合材料科学的进步，复合材料是材料革命的方向，同样，木质复合材料也将是木质材料的发展方向。

4.3 沙生灌木刨花板

沙生灌木刨花板是以沙生灌木刨花为原料，经沙生灌木削片、刨片制成刨花后，进行干燥，并施加一定量的胶黏剂热压而制成的人造板。根据沙生灌木的特性，常用来作为沙生灌木刨花板的原料主要是沙柳和柠条。

4.3.1 沙柳刨花板

4.3.1.1 原 料

沙柳刨花板原料为沙柳材，其特性详见 3.1。

4.3.1.2 沙柳刨花板生产工艺

沙柳刨花板是以沙柳为主要原料，经削片、刨片制成刨花后，进行干燥，并施加一定量的胶黏剂热压而制成的人造板材。其生产工艺和设备基本上是套用木材刨花板的生产工艺和设备，但由于沙柳材特性的差异，其中部分生产工艺和设备做了一些调整和改造。现将其生产工艺特点分述如下。

（1）原料贮存

沙柳贮存比木材困难。一般沙柳的收购季节是秋季，收购时是湿沙柳，含水率较高，贮存期又较长，约 9 个月，贮存中遇水就会发生霉变和腐烂。而且沙柳枝条体积蓬松，贮存占地面积庞大，为了解决这些问题，应改变集中贮存为分散贮存，在收集地进行就地削片，削片后再运至工厂或就地贮存，这样就能减少集中贮存的压力和弊病。

（2）备 料

①刨花输送。湿沙柳韧性大，不易切断，特别是梢部，切断更不易。选用适于加工枝桠材的辊式削片机，尽量提高沙柳切断率，改气力输送为其他输送方式；如采用气力输送，应增加气力输送管道的管径，减少管道弯头和拐角，加大弯头和拐角处的曲率半径，将旋风分离器的筒体、进材口和出材口直径加大，从而减少堵塞的可能。

②除皮。在刨花制备过程中进行筛选，除去部分树皮，使树皮含量保持在 10% 以下，可使板材的物理性能得到提高。沙柳径级小，树皮含量大，树皮去除后，原料利用率减少，而且在去皮过程中不可避免要带走一些纤维，因此只要板材质量能达到规定指标，应尽量减少除皮或不除皮。

（3）干 燥

刨花含水率大小对刨花板的热压过程及产品质量都有较大影响。沙柳湿刨花的含水率较高，一般在 40% 以上，需干燥到 3%~6%。沙柳刨花的干燥工艺基本与木材刨花相同，可选用昆明人造板机器厂生产的 BG231 型转子式干燥机。该机干燥质量好，便于维修。由于刨花体积小，又呈疏松状态，而且在干燥过程中，又不必考虑产生变形或开裂。因此可采用较高温度、较低相对湿度的干燥规程进行快速干燥，而且干燥介质湿度愈高，干燥速度愈快。所以在干燥过程中要特别控制好温度、刨花停留时间和进料量，严防刨花过干，这样容易引起火灾，也影响胶合质量。

（4）施　胶

在沙柳刨花板生产中最常用的胶黏剂是脲醛胶，它是刨花板生产成本中的主要组成部分，而且施胶量是影响产品质量的重要因素，因此必须正确选择施胶量。施胶量增加，板材的性能都得到明显改善，特别是板的吸水厚度膨胀率和静曲强度改善最显著。但是当施胶量增加到一定程度后，它对板的性能影响就不大了。如施胶量超过 10% 后，板的吸水厚度膨胀率降低已不显著，因此施胶量不能过大。沙柳类似于阔叶材，施胶量较大。为了节约胶料，一般表层、芯层应分开施胶，表层为 12%，芯层为 8%。拌胶时一定要将有限的胶黏剂均匀地分布在刨花表面上。设备可选用昆明人造板机器厂生产 BS1207B 型环式拌胶机。

为了减少沙柳刨花板的吸湿和吸水能力，降低吸水厚度膨胀率，在施胶的同时一定要加入防水剂。常用的防水剂有石蜡乳液和熔融的石蜡液。使用融熔石蜡液，操作简便，又不增加刨花含水率，可使热压周期缩短、生产效率提高。石蜡液用量，一般为干刨花重量的 0.4% 较好。这样既起到防水效果，又不影响产品质量。

沙柳材为酸性材，pH 为 4.2，故调胶时固化剂用量应控制在 1.5% 以下。

（5）铺装热压

沙柳刨花板的铺装热压工艺及设备与木质刨花板相同。设备可选用昆明人造板机器厂生产的 BP3713/50B 型移动式气流铺装机和 BZY4513/41 型链式板坯运输机以及 BY614 × 16/24A 型单层热压机配套使用。由于选用的是单层热压机，为了缩短热压时间，必须采用较高的温度和压力，工艺条件为：温度 170～180℃，压力 1.8～2.5MPa，时间 0.4min/mm。

采取上述工艺所压制的 16mm 厚沙柳刨花板的性能见表 4-1。

表 4-1　沙柳刨花板的性能

项　目	标准值	测定值
密　度/（g/cm³）	0.5～0.85	0.8
含水率/%	5.0～11.0	4.2
静曲强度/MPa	≥15	16.1
内结合强度/MPa	≥0.35	0.92
吸水厚度膨胀率/%	≤8.0	9.4
游离甲醛含量/（mg/100g）	≤30	22.3

4.3.1.3　沙柳刨花板性能分析

沙柳材是沙柳平茬后的 3a 生枝条，已木质化，是刨花板生产的优质原料，其特性对刨花板加工性能及成品质量都有重要影响。

（1）树　皮

沙柳材生产周期短，径级小，树皮含量大，约为 25.4%。树皮含量对刨花板质量有很大影响。通常将树皮含量控制在 10% 以下，对刨花板性能影响不大，因为这时树皮起了填充作用。但是，由于树皮本身强度很低，所以树皮含量太多，就会严重影响刨花板的强度。此外，沙柳树皮的颜色呈灰白色，比较深，用于表层时，会影响板面的美观。

（2）容　重

沙柳类似于硬阔叶材，容重较大，在刨花板密度相同的情况下，比容重小的原料压缩率小，刨花之间不能充分地接触，从而导致刨花之间的接触面小，使板的胶合强度降低。

（3）含水率

沙柳的含水率对刨花板生产工艺及其性能有很大影响。含水率低，沙柳刚性太大，发脆，加工刨花板时会产生过多的碎屑。如果把过多的碎屑除去，就会降低刨花板产量。含水率高了，沙柳本身的强度就低、生产出来的刨花板也不理想，而且树皮韧性大，切断不易。同时刨花干燥时间也要延长，动力消耗也就相应增加。

（4）灰　分

沙柳的灰分含量为 3.2%，远远大于木材（木材的灰分含量约 1%）。灰分中的 SiO_2 含量多在 65% 以上。这些 SiO_2 影响胶黏剂的结合力，使板的强度降低。

（5）1% NaOH 溶液抽提物

1% NaOH 溶液抽提物主要是指植物纤维中的低、中级碳水化合物，木材为 15%~22%，沙柳为 23.18%，略高于木材的最高值。低、中级碳水化合物在热压过程中容易分解，产生淀粉胶，易粘板，并使板材的抗水性变差，同时使沙柳在贮存过程中易腐烂霉变。

（6）纤维形态

木纤维长度在 0.39~0.77mm，平均为 0.54mm，且壁厚较大，表明沙柳材纤维形态良好，是制造中密度纤维板的优质原料。

（7）提高沙柳刨花板性能的技术措施

为了进一步优化沙柳刨花板生产工艺，使产品质量在满足有关标准的前提下、降低生产成本，从而提高企业的经济效益。主要从如下几方面入手。

①提高刨花板的含水率：对刨花板性能测试结果表明，刨花板的含水率低于国家标准值要求，主要是热压时间较长，沙地空气相对湿度太低所致。因此，在制造刨花板过程中，应适当缩短刨花的干燥时间和热压时间，使热压后的刨花含水率高于当地的木材平衡含水率，在存放过程中使其自然下降到国家标准范围。

②降低吸水厚度膨胀率：沙柳的冷热水抽出物数量分别为 8.21% 和 10.33%，其值高于木材，从而增加了刨花板的吸水厚度膨胀率。为了降低吸水厚度膨胀率，一定要在施胶时加入一定数量的石蜡防水剂。可通过脲醛树脂胶来提高刨花板的耐水性，从而降低板的吸水厚度膨胀率。

③提高静曲强度：静曲强度是刨花板实际应用中最为重要的力学性质，应在生产中尽量提高。影响静曲强度的主要因素是刨花形态和板材容重，在生产中应尽量提高刨花板质量，也可适当增加板材容重，还可通过增加施胶量，采用优质胶种 DN-6 低毒脲醛树脂胶、

异氰酸醋胶、三聚氰胺胶、酚醛胶等来提高刨花板的静曲强度。

④增加握钉力：握钉力和握螺钉力分别指刨花板对钉子或螺钉的握持能力。对于家具制造用的刨花板特别重要，应作为主要指标来检验。影响握钉力与握螺钉力的主要因素是容重，随刨花板容重的增加，握钉力和握螺钉力呈直线或略呈曲线的关系增加。

由上述分析可知，施胶量和刨花板容重是影响刨花板各项物理力学性能的两个主要指标，施胶量和刨花板容重增加，板材的性能都得到明显改善。要降低吸水厚度膨胀率，提高静曲强度，增加握钉力和握螺钉力可以适当增加芯层施胶量和刨花板的容重。芯层施胶量可增加到 10%，也可采用表层、芯层刨花混合施胶法，将施胶量控制在 10% 以上。刨花板容重可增加到 $0.65 \sim 0.75 g/cm^3$。

4.3.2　柠条刨花板

4.3.2.1　原料

柠条刨花板原料为柠条材，其特性详见 3.2。

4.3.2.2　柠条刨花板生产工艺

柠条刨花板是由柠条经削片、刨片制成刨花，再经刨花干燥、分选、施胶、铺装成型、热压而制成的人造板材。其生产工艺和设备与木材刨花板的生产工艺和设备基本相同，但由于柠条特性对生产工艺的影响，其中部分工艺和设备需作一些调整和改造。其生产工艺特点如下。

（1）原料贮存

柠条的平茬期一般在秋季，收购时是湿柠条，含水率很高，贮存期长，约 9 个月，贮存量又大。贮存保管不当会发生霉变、腐烂。而且柠条堆积蓬松，贮存占地面积大。因此，应变集中贮存为分散贮存，将收购后的柠条分散贮存在几个原料集中产地，并在贮存保管过程中对柠条分批进行自然干燥，当其含水率下降到 40%~60% 时，就地进行削片，削片后就地进行贮存，然后再分批运回工厂进行生产，这样就能减少工厂集中贮存的困难和弊病。

（2）刨花制备

刨花制备是柠条刨花板制造的关键工序之一，削片时要尽量将柠条的含水率控制在 40%~60% 范围内，以保证刨花的形态和尺寸。柠条树皮含量高，且内皮中韧皮纤维含量高，为保证拌胶、铺装均匀，应尽量去皮使用。但柠条径级小，树皮含量大，去皮后原料利用率降低。因此，只要能保证板材质量达到家标准，就应少去皮或不去皮。这就应在工艺上采取相应措施，使细长、卷曲、柔韧的韧皮纤维变短变平直，以拌胶均匀，不产生折叠结团。否则，由于拌胶不均、结团将严重影响板材强度。

柠条的树皮和梢部韧性大，不易切断，应选用适于枝桠材的辊式削片机来提高柠条的切断率。为防止木片在气力输送过程中堵塞管道，应适当增加管道管径，减少管道弯头，增加弯头曲率半径，加大旋风分离器筒体、进料口和出料口的直径。

（3）刨花干燥

柠条刨花的干燥工艺与木材刨花的干燥工艺基本相同，可采用转子式干燥机，该机在干燥过程中刨花不易破碎，又便于维修。刨花体积小，又呈疏松状态，可采用高温快速干燥，温度一般在180℃左右，柠条刨花中粉末状碎刨花比较多，在干燥过程中容易过干，易引起火灾，也影响板材的胶合质量。因此，可适当提高干燥后刨花的含水率，将其控制在6%左右，同时在干燥过程中要注意控制好温度、刨花停留时间和进料量。

(4)施　胶

施胶是柠条刨花板制造的又一关键工序。在刨花板生产中最常用的是脲醛树脂胶。柠条的pH值较大，碱缓冲容量较大，凝胶时间较长。在生产中为缩短热压时间，应适当增加酸性固化剂的加入量，可选择1%加入量，并应提高热压温度，使胶层固化加快，缩短热压周期，保证胶合质量。

施胶量是影响产品性能的重要因素。试验证明，随着施胶量的增加，板材的各项性能指标均有不同程度的改善，特别是板的吸水厚度膨胀率和静曲强度改善最为明显。柠条的树皮含量大，灰分含量高，影响脲醛树脂胶的胶合，应选用稍高的施胶量，一般为表层12%，芯层9%。拌胶时一定要将胶黏剂均匀地分布在刨花表面上，不产生结团。

为了减少柠条刨花板的吸湿、吸水能力，降低其吸水厚度膨胀率，在施胶的同时要加入一定量的防水剂。试验证明，随着防水剂加入量的增加，刨花板的吸水厚度膨胀率降低，但板材的静曲强度和平面抗拉强度也降低，所以防水剂用量要做到既能起防水效果，又不影响产品质量，较适宜的加入量为1%。常用的防水剂有石蜡乳液、液体石蜡和固体石蜡。使用固体石蜡，操作简便，防水效果好，又不增加刨花含水率，可缩短热压周期，提高生产效率。

(5)铺装热压

柠条刨花中碎刨花较多，影响刨花板的静曲强度，因此宜生产多层厚板，不宜生产薄板。多层板在断面结构上刨花大小由内向外逐渐变小，没有明显的分层界限。再加上施胶量的不同和热压的作用，板材容重也是渐变的，表层容重大，芯层容重小，故静曲强度大。铺装设备最好选用机械铺装机，机械铺装可以使部分碎刨花起填充作用，提高刨花板强度。气流铺装机对韧皮纤维含量高的刨花不能很好适应，严重时会造成停产。但如果韧皮纤维被再碎成了短平直的碎刨花，就可使用气流铺装机。

热压时，热压参数对产品性能有很大影响。使用单层热压机时，为了缩短热压时间，必须采用较高温度和压力。板厚为12mm时，工艺条件为：热压温度185℃，热压时间3min，热压压力2.5MPa

采用上述热压条件压制的柠条刨花板的物理力学性能见下表4-2。

表4-2　柠条刨花板的性能

项　目	12mm厚板材性能值
密　度/(g/cm^3)	0.75
含水率/%	4.2
静曲强度/MPa	21.42
平面抗拉强度/MPa	0.48
吸水厚度膨胀率/%	5.6

（6）板材密度

密度对柠条刨花板的性能有很大影响。从试验结果表中可以看出，柠条刨花板的密度大于 0.7g/cm³，板材的各项性能指标均较好。但是，在试验中发现，当密度超过 0.8g/cm³ 后，静曲强度的增长速度变慢。这是因为密度达到一定值时，由于板坯被紧密压缩，热量难于向芯层快速传递，使表层温度升高，发生热解炭化，而使强度下降，所以密度不能太大，一般应不大于 0.8g/cm³。

4.3.2.3　柠条刨花板性能分析

柠条材特性对刨花板加工工艺及其性能都有重要影响。

（1）树　皮

柠条生长周期短，径级小，树皮含量大约占柠条体积的 18%。树皮由外皮和内皮组成，外皮光滑，呈黄褐色，含量较少；内皮呈淡黄色至黄色，含量较多，约占树皮的 60% 左右。外皮中纤维含量极少，干燥后呈粉末状，分选后多用为表层刨花。由于其颜色较深，影响板面美观。内皮中韧皮纤维含量高，这种韧皮纤维细长而柔韧，呈卷曲状态。施胶时，卷曲的内表面不易着胶，同时容易勾缠折叠结团，使拌胶、铺装不均匀，降低板的强度。

（2）灰　分

柠条材不仅树皮中灰分含量高，木质部中灰分含量也高，约为 2.87%，远远高于木材。灰分中无机物 SiO_2 含量较高，影响胶的润湿，对脲醛树脂胶的胶合起阻碍作用，使板的强度降低。

（3）抽提物

柠条的冷、热水抽提物和 1% NaOH 溶液浸提物较高，说明柠条中的低、中级碳水化合物含量较高，故而使柠条刨花板的抗水性变差，吸水厚度膨胀率增加，而且在热压过程中这些可溶性低、中级碳水化合物容易分解，产生淀粉胶，易粘板。同时也使柠条在贮存过程中容易腐烂霉变。柠条的苯乙醇浸提物含量为 6.2%，高于常用针阔叶树材。苯乙醇抽提物的主要成分是脂肪、蜡和树脂，有利于提高板材的耐水性，但含量过高会影响胶着力。

（4）pH 值

柠条的 pH 值是 6.01，呈弱酸性；总缓冲容量为 0.394mmol，其中，酸缓冲容量为 0.018mmol，碱缓冲容量为 0.379mmol。脲醛树脂胶是在酸性介质中固化的胶黏剂，其固化时间随木材 pH 的升高，碱缓冲容量的升高而增长。柠条材的 pH 值较大，碱缓冲容量较大，因此，凝胶时间较长。

（4）容　重

柠条类似于硬阔叶材，容重较大，用同样胶种和施胶量压制相同体积的刨花板时，比容重小的原料压缩率小，刨花之间的接触面积小，制成刨花板的强度低。

（6）含水率

制备刨花时，柠条材的含水率对刨花板生产工艺有很大影响，含水率太低，柠条的刚性太大，发脆，加工成的刨花碎屑多，刨花产量低。含水率太高，柠条本身的强度低，加工成的刨花也不理想。而且树皮、梢部韧性大，不易切断，不但给刨花分选、运输、拌胶带来困难，也使产品的质量下降，同时刨花干燥时间增长，能量消耗增加。

4.3.3 沙柳、柠条混合料刨花板

沙柳、柠条混合料刨花板是用刨花或碎料做芯层，纤维做表层，施胶、铺装成型后，经热压而制成的一种新型结构人造板。它综合了中密度纤维板和刨花板的优点，与刨花板相比，由于它的双表层为纤维，其表面细密光滑，适于各种装饰处理，且静曲强度较高，尺寸稳定性较好；与中密度纤维板相比，具有节约能源，成本低的优点。纤维复合刨花板既可代替刨花板，又可代替中密度纤维板，广泛应用于家具、建筑、室内装饰、车辆、船舶等领域。

沙柳材是刨花板生产的一种优质原料，其某些特性对刨花板的质量有一定影响，但在沙柳刨花板的生产过程中，只要适当增加施胶量和提高刨花板容重就可保证刨花板的质量。而柠条材也是制造刨花板的优质原料，但柠条树皮含量高，内皮中韧皮纤维含量高，这种韧皮纤维细长而柔韧，且呈卷曲状。施胶时，卷曲的内表面不宜着胶，同时容易勾缠折叠结团，使施胶、铺装不均匀，板材强度降低。因此应去皮使用，但一方面去皮困难，另一方面柠条径级小，树皮含量大，去皮后原料利用率减少，而且在去皮过程中又不可避免要损失一些纤维，因此，最好是通过刨花分选将细长、柔韧、卷曲的内皮分选出来，再碎成细小刨花，使其变短变平直，以使拌胶均匀，不产生折叠结团。因此，用柠条制造刨花板要比沙柳制造刨花板工艺复杂。如果用柠条材制造纤维板，则这些内皮中的韧皮纤维都可以分离成优质纤维，所以，用柠条制造纤维板比沙柳制造纤维板纤维得率高，产品质量好。

4.3.3.1 原 料

制备柠条、沙柳混合料刨花板的原料为柠条材和沙柳材，其特性见 3.1 和 3.2。

4.3.3.2 柠条、沙柳混合料刨花板生产工艺

沙柳、柠条混合料刨花板就是充分利用沙柳和柠条的各自优点，以沙柳刨花为芯层材料，以柠条纤维为表层材料，施胶、铺装成型后，经热压而制成的一种新型结构人造板。其生产工艺基本上与刨花板和干法中密度纤维板的生产工艺相似。

（1）原 料

①沙柳刨花：沙柳材经削片、刨片制成刨花，干燥后含水率为3%~5%，封装备用。

a. 刨花分选：用16目筛子将刨花分选成表层刨花（通过筛网的刨花）和芯层刨花（未通过筛网的刨花）。

b. 刨花规格

芯层刨花规格一般为：长 15~40mm，宽 3~6mm，厚 0.13~0.14mm。

表层刨花规格一般为：长 10~15mm，宽 1~2mm，厚 0.115~0.12mm。

②柠条纤维：经削片、分选、水洗、蒸煮、热磨、施胶、干燥（含水率为8%）制成施胶热磨纤维，未经精磨，封装备用。

（2）施 胶

沙柳刨花施加的胶黏剂（脲醛树脂胶），其固体含量为55%，黏度为62S（涂-4杯）。施胶量表层刨花为10%，芯层刨花为9%。固化剂使用 NH_4Cl，用量为1%。防水剂使用

固体石蜡，用量为1%。

柠条纤维施加的胶黏剂为中密度纤维板专用脲醛树脂胶，固体含量为50%。施胶量在11%~13%范围内。

(3)铺装热压

板坯共分5层，从上至下依次为纤维、表层刨花、芯层刨花、表层刨花、纤维。将纤维、刨花按计算结果准确称量拌胶后铺装成均匀的板坯。

热压时采用两段加压，为防止卸压时板坯内蒸汽压力骤然变化而产生鼓泡，降压采用三段降压，并适当延长降压时间。其热压曲线如图4-1所示。

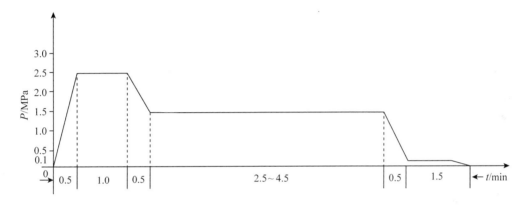

图 4-1 热压曲线

以柠条纤维为表层材料，以沙柳刨花为芯层材料制造纤维复合刨花板的最佳工艺条件为：热压温度180℃，热压时间6min，纤维与刨花的重量比4:6。

采取上述工艺所压制的混合料刨花板的性能指标见表4-3。

表 4-3 沙柳、柠条混合料刨花板性能指标

项 目	标准值	实测值
密 度/(g/cm³)	0.5~0.85	0.7
含水率/%	5.0~11.0	4.2
静曲强度/MPa	≥15	17.52
内结合强度/MPa	≥0.35	0.41
吸水厚度膨胀率/%	≤8.0	6.39

4.3.3.3 混合料刨花板材性能分析

(1)热压温度

热压温度是板材性能的主要影响因素之一。温度升高，木材塑性增加，在压力作用下纤维、刨花紧密接触。热量使胶黏剂的流动性增加，纤维、刨花表面充分湿润，刨花表面充分着胶，胶黏剂也得到充分固化，从而板材强度提高。但温度过高会使胶黏剂发生过度固化而降低胶合强度，使吸水厚度膨胀率增加，板材强度下降。

(2)热压时间

热压时间对板材性能也有影响。在一定时间范围内，随着时间的延长，胶黏剂可以充分固化，板材的强度有所提高。但当时间太长时，胶黏剂过度固化，胶结强度降低，试件浸水后，胶接破坏，纤维或刨花互相分离，吸水厚度膨胀率增加。

（3）纤维与刨花配比

纤维和刨花配比对板材强度的影响非常显著，纤维复合刨花板与工字梁相似，其静曲强度主要决定于表层纤维，而板材的内结合强度主要决定于芯层刨花。

纤维比刨花体积小、柔软、易于变形，热压时，在温度和压力作用下，能够形成密实的高密度层。随着表层纤维的增多，高密度层的厚度增加，板材的静曲强度增加。但随着高密度层厚度的增加，芯层刨花的密度却有所下降，使平面抗拉强度缓慢下降。

纤维柔软，易于压缩，热压时能够形成密实的高密度层。表层纤维越多，高密度层越厚，水分越难进入板材。同时，热压时在高温作用下胶黏剂与纤维之间要发生一系列化学变化，形成新的化学结合，也减少了水分进入板材的机会。另外，由于纤维体积小、柔软，铺装时不可能每根纤维都能分散成独立状态，必然有相当程度的絮聚现象，在这些絮聚的纤维团中，纤维互相交织，与板面形成一定角度，甚至垂直于板面，从而使吸水厚度膨胀率减小。

因此，只有当表层纤维和芯层刨花的配比合理时（纤维与刨花的重量比为4∶6），才能得到最大的静曲强度和内结合强度，最小的吸水厚度膨胀率。

4.4　沙生灌木中密度纤维板

常见沙生灌木中密度纤维板为沙柳中密度纤维板，其生产工艺及关键技术如下。

4.4.1　原　料

沙柳中密度纤维板的为沙柳材其原料特性见3.1。

4.4.2　沙柳中密度纤维板生产工艺

（1）剥　皮

沙柳材的树皮含量高达25.4%，树皮和嫩梢几乎得不到纤维，而且影响中密度纤维板的质量，增加施胶量，去皮后可生产出高质量的中纤板。以沙柳材为原料生产中纤板，基本上夏、秋季节为干沙柳，冬、春季节为湿沙柳。干沙柳在剥皮前需浸泡，湿沙柳则可直接进行剥皮。将沙柳材切成长为0.5m的木段，并剔除嫩梢。将木段送入LB型摩擦滚筒式剥皮机进行剥皮，可除去80%以上的沙柳皮。

（2）削　片

剥皮后的沙柳材木段经过一段时间堆放，使其含水率控制在40%~60%，采用带式运输机送入削片机（不需人工喂料），可加工出理想的木片。

（3）储　存

沙柳材经过去皮和去梢工序，加工出的木片流动性大，不易搭桥；木片的堆积密度大，需要的料仓容积相要小一些，可选用占地面积较小的立式料仓，也可选用卧式料仓。木片可采用气流输送，不存在管道或风机堵塞问题，也可采用其他运输机械运输。

（4）热磨与施胶

热磨和施胶与木质中密度纤维板生产传统工艺相近，施胶量相应减少，中纤板生产成本下降。

沙柳材的中、低级碳水化合物及灰分含量较高，特别是灰分远远高于木材中的含量。中、低级碳水化合物在热压时容易分解，造成粘板现象；过高的灰分含量会使浆料颜色变深。为了防止热压时粘板，木片蒸煮软化时须加入一定量的 1% NaOH，以除去部分抽提物，同时为了控制浆料颜色，蒸煮软化时间应适当缩短。

沙柳材 pH 值为 4.2 呈酸性，对胶黏剂的固化具有促进作用，所以固化剂用量要适当减少；沙柳的苯乙醇抽提物含量高，耐水性较好，防水剂用量也可减少。

（5）铺装与热压

沙柳中密度纤维板的铺装与木材中密度纤维板一样，其热压参数与木材中纤板相比，压力适当增加，温度一样，时间可适当减少。热压参数为压力 2.0MPa，温度 170℃，时间 4min（16mm 厚度）。

（6）齐边与砂光

热压结束后，毛边板经翻板冷却后进入齐边工序，先纵后横。由于沙柳的密度较大，与木材中密度纤维板相比，生产同等厚度的中纤板其板坯厚度小，表层的预固化层厚，所以砂削量要大。

4.4.3　沙柳中密度纤维板性能分析

热压参数为压力 2.0MPa，温度 170℃，时间 4min 时压制 16mm 厚板材，其性能见表4-4。

表 4-4　沙柳中密度纤维板性能

项　　目	标准值	测定值
密　度/(g/cm³)	0.7	0.7
含水率/%	4.0~13.0	7.0
静曲强度/MPa	≥19.6	45.4
内结合强度/MPa	≥0.49	0.68
吸水厚度膨胀率/%	≤12.0	5.5
游离甲醛含量/(mg/100g)	≤70	39.5

注：数据为 1998 年内蒙古自治区产品质量监督检验所检验结果。

4.5　沙生灌木石膏板

沙生灌木石膏板常见的为沙柳石膏刨花板（Gypsum Particle Board），是以石膏为无机胶凝材料，以沙柳刨花为增强填充材料，添加适量的水和化学添加剂，利用半干法工艺制造而成的木质复合材料。沙柳石膏刨花板具有质轻、高强、阻燃、防潮、隔音、保温和抗蛀等良好的物理力学性能以及可钉、可锯割、可钻、可刨、可装饰等良好的加工性能。沙柳石膏刨花板没有普通刨花板的甲醛释放问题和石棉建材对人体健康的有害影响，不含污染挥发性刺激物、不吸收静电组合物，是一种绿色环保型建材。

4.5.1 原　料

石膏粉、水、硼砂、白水泥、脲醛树脂胶和沙柳刨花。沙柳刨花分3种规格，大刨花：长度为10.192~20.076mm，宽度为1.032~3.136mm，厚度为0.008~1.012mm；中刨花：长度为8.084~16.000mm，宽度为1.056~2.180mm，厚度为0.032~0.120mm；细刨花：长度为4.132~10.088mm，宽度为1.000~2.008mm，厚度为0.020~0.116mm。

4.5.2　沙柳石膏刨花板生产工艺

采用计算法称取一定质量的刨花，然后将溶有缓凝剂的水加入刨花中，混合均匀；将石膏粉和白水泥的混合物加到湿刨花中，将搅拌均匀的混合料铺装在夹具中制成板坯，将夹具放入压力机内加压，压力为3MPa，当压力达到设定值后，将夹具连同板坯一起锁紧，压机降压张开，将夹具从压机中取出，使板坯在夹具内保持恒定压力至水化终点，将夹具重新放入压机中，加压至设定压力值时，松开夹具的紧固螺钉，压机降压张开，打开夹具取出板材。加压开始时间严格控制在石膏粉的初凝之前，卸压后将湿板放入温度为(40±2)℃的烘箱内干燥24h制得沙柳石膏刨花板。

4.5.3　沙柳石膏刨花板性能分析

（1）白水泥

白水泥加入量对石膏抗折强度的影响见表4-5。白水泥是一种较好的石膏本体增强剂，随着白水泥加入量的增多，石膏体的抗折强度会有所提高，在掺量为10%时增强效果最佳，而后，随着白水泥加入量的增多，石膏体的抗折强度有所降低。

表4-5　白水泥加入量对石膏抗折强度的影响

项　目	数　值			
白水泥加入量/%	0	5	10	15
石膏抗折强度/MPa	1.81	1.88	2.07	1.97

（2）硼　砂

白水泥加入量为10%时，在缓凝剂（硼砂）和增强剂（白水泥）共同作用下，硼砂加入量对沙柳石膏刨花板性能的影响见表4-6。硼砂作为一种缓凝剂会影响石膏刨花板的强度，但为了保证正常的生产，它又是一种不可缺少的物质，因此应尽量将其用量控制在较小范围内，当硼砂掺量为0.50%时即可满足生产工艺要求。

（3）脲醛树脂胶

白水泥加入量为10%，硼砂加入量为0.50%时，脲醛树脂加入量对沙柳石膏刨花板性能的影响见表4-7。

表 4-6 硼砂加入量对沙柳石膏刨花板性能的影响

硼砂加入量/%	性 能		
	静曲强度/MPa	内结合强度/MPa	2h 吸水厚度膨胀率/%
0.50	5.87	0.122	1.34
0.75	6.31	0.267	1.34
1.00	4.23	0.266	2.11

表 4-7 脲醛树脂胶加入量对沙柳石膏刨花板性能的影响

脲醛树脂胶加入量/%	性 能			
	静曲强度/MPa	内结合强度/MPa	24h 吸水厚度膨胀率/%	密度/(g/cm³)
4	5.31	0.15	1.40	1.16
5	6.13	0.18	2.20	1.33
6	10.46	0.20	1.09	1.35

脲醛树脂胶加入量对沙柳石膏刨花板的静曲强度、内结合强度影响高度显著，对吸水厚度膨胀率影响不显著。随着脲醛树脂胶加入量的增加，板材的静曲强度和内结合强度均呈上升趋势。脲醛树脂胶作为一种有机胶黏剂，会提高石膏本体的强度；另一方面，脲醛树脂胶是有机胶黏剂，木材为有机生物学材料，石膏作为一种无机胶黏剂，根据"相似相容"原理，脲醛树脂胶掺量的增加，很大程度上模糊了沙柳刨花和石膏的界面，从而使板材的静曲强度和内结合强度均升高。

（4）工艺参数

当硼砂加入量为 0.5%，脲醛树脂胶加入量为 6% 时，木膏比、水膏比和成型压力对沙柳石膏刨花板性能的影响见表 4-8。

表 4-8 单层结构沙柳石膏刨花板性能

影响因子			性 能		
木膏比	水膏比	成型压力/MPa	静曲强度/MPa	内结合强度/MPa	24h 吸水厚度膨胀率/%
0.20	0.25	2.0	4.11	0.27	2.04
0.20	0.30	2.5	3.91	0.32	2.93
0.20	0.35	3.0	4.63	0.33	2.06
0.25	0.25	2.5	4.46	0.24	2.04
0.25	0.30	3.0	5.47	0.15	2.03
0.25	0.35	2.0	4.85	0.43	2.04
0.30	0.25	3.0	5.42	0.29	2.05
0.30	0.30	2.0	5.76	0.30	2.05
0.30	0.35	2.5	5.88	0.32	2.04

方差分析结果表明，木膏比对板的静曲强度影响显著，对内结合强度影响高度显著，对吸水厚度膨胀率影响不显著；水膏比和成型压力对各性能指标影响均不显著。

随木膏比增加，板材的静曲强度呈上升趋势，内结合强度呈现下降趋势。沙柳石膏刨花板属于植物纤维增强型复合材料，随木膏比的增加，增强体沙柳刨花随之增多，板材静曲强度提高；木膏比增加，刨花的总表面积增大，石膏含量减少，刨花表面不能形成连续的胶合界，导致内结合强度降低。另外，由于木膏比增加，刨花的回弹量增加，板材密度减小，内结合强度下降。

（5）板坯断面结构

当硼砂加入量为0.50%，脲醛树脂胶加入量为6%，水膏比为0.3时制备三层结构沙柳石膏刨花板，表、芯层刨花规格（刨花规格见4.5.1），表、芯层的木膏比，表、芯层厚度比和成型压力对三层结构沙柳石膏刨花板性能的影响见表4-9。

表4-9　三层结构沙柳石膏刨花板性能

影响因子				性　能		
表、芯层刨花规格	表、芯层各自的木膏比	表、芯层厚度比	成型压力/MPa	静曲强度/MPa	内结合强度/MPa	24h吸水厚度膨胀率/%
细:大:细	0.30:0.20	2:6:2	2.0	1.46	0.47	1.72
细:大:细	0.25:0.20	1.5:7:1.5	2.5	3.15	0.28	1.79
细:大:细	0.30:0.25	1:8:1	3.0	5.40	0.13	2.41
细:中:细	0.30:0.20	1.5:7:1.5	3.0	3.50	0.09	0.53
细:中:细	0.25:0.20	1:8:1	2.0	6.44	0.10	3.11
细:中:细	0.30:0.25	2:6:2	2.5	7.43	0.11	2.60
中:大:中	0.30:0.20	1:8:1	2.5	9.25	0.31	3.30
中:大:中	0.25:0.20	2:6:2	3.0	3.44	0.33	0.43
中:大:中	0.30:0.25	1.5:7:1.5	2.0	3.73	0.20	0.39

表、芯层刨花规格对板的静曲强度和内结合强度影响显著；表、芯层的木膏比对板材所有性能影响均不显著；表、芯层厚度比对板材静曲强度和吸水厚度膨胀率影响高度显著；成型压力对板材静曲强度和吸水厚度膨胀率影响显著。

表、芯层刨花规格为细刨花:中刨花:细刨花时，板材的静曲强度最高，其次是用中刨花做表层，而用大刨花做芯层细刨花做表层的情况，板材静曲强度最差；当表、芯层刨花规格为细刨花:大刨花:细刨花时，板材的内结合强度最高，其次是用中刨花做表层，而用大刨花做芯层的情况，两者差别不大。

表、芯层厚度比为1:8:1时，板材的静曲强度和吸水厚度膨胀率最高。随成型压力增加，板材的静曲强度和吸水厚度膨胀率均呈先升高后降低的趋势。

（6）较佳制备工艺

与三层结构沙柳石膏刨花板相比，沙柳单层石膏刨花板性能更为优异。制备三层结构沙柳石膏刨花板时，对原料铺装的均匀程度要求较高，为了获得较高的强度，可以考虑用中等刨花作表层原料，而用大刨花作芯层原料。

沙柳石膏刨花板较佳制备工艺为：板坯的断面结构形式为单层，密度1.1 g/cm³，木膏比0.3，水膏比0.3，硼砂掺量0.5%，白水泥掺量10%，脲醛树脂胶掺量6%，成型压力2.0MPa。此工艺制备沙柳石膏刨花板的性能为：含水率2.5%，静曲强度9.26MPa，内结合强度0.466MPa，弹性模量1183MPa，握钉力983N，24h吸水厚度膨胀率4.12%。

4.6 沙生灌木重组木

沙生灌木重组木常见的为沙柳材重组木(Salix Scrimber)，是指不破坏沙柳材木纤维的天然排列顺序，保留沙柳材的基本特性，通过碾压形成木束，再经施胶、干燥、铺装成型、热压和后期处理等工序将木束重新组合成具木桁梁那样强度的产品。

沙柳材重组木产品性能优良，与天然木材相比几乎不弯曲、不开裂、不扭曲，产品均质、刚性极佳、尺寸稳定性高、密度可按需控制，尤其是它的规格尺寸和断面形状可根据用途确定。突出的应用领域是结构用方材，可用作屋顶桁架的大截面桁梁及柱、檩条或室内装饰等。重组木的突出经济性是不存在天然木材加工的浪费和价值损失，木材的利用率高达 80%，生产工艺简单，不需要复杂的加工设备。随着天然林保护工程的实施，大径级木材的短缺，开发沙生灌木等低质材替代木材具有深远的意义和广阔的应用前景。

4.6.1 原 料

（1）沙柳材：树龄 3a，10 月份采伐，去梢截断，基本密度 0.456g/cm³，含水率 54.6%。

（2）脲醛树脂胶：固体含量 67.41%，涂－4 杯黏度 43.5s，pH 值 6.92，固化速度 45.2s。

（3）固化剂：氯化铵(NH_4Cl)，施加量为绝干树脂重量的 1.5%。

（4）防水剂：固体石蜡，施加量为木束绝干重量的 1%。

4.6.2 沙柳材重组木生产工艺

（1）沙柳木束的碾压

木束碾压是沙柳材重组木生产的关键环节。木束质量关系到重组木产品的物理力学性能、出材率及劳动生产率，对后续工艺也有很大影响。

木束碾压机工作原理如图 4-2 所示。

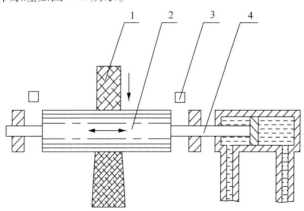

1. 木段；2. 压辊；3. 行程开关；4. 活塞杆

图 4-2 碾压机工作原理示意图

当木段通过压辊时，除受到上下压辊压力作用，还受到一个横向碾搓力的作用，压辊在气缸活塞杆的带动下往复横向运动，使压溃劈裂的木段进一步展开，压辊横向运动的行程由行程开关进行控制。上下压辊至少有一个做旋转运动。同样，至少有一个作横向进给运动。

压辊的沟纹形状对木束分离是十分重要的。图 4-3 所示的碾压压辊，其沟纹宽度 b 为 $4\sim10mm$，沟纹与沟纹间隔 S 为 4mm。其效率要比锤打的高得多，效果也较好，经测定，纤维破坏程度较小，网状纤维束分布也较均匀。

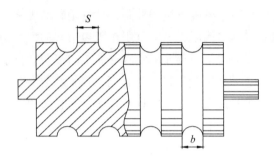

$b.$ 沟纹宽度　$S.$ 沟纹间隔

图 4-3　压辊的沟纹形状

取不同含水率的沙柳材，长 1.5m，直径 $1.5\sim2cm$。调整两辊之间初始距离为沙柳材直径的 1/5。每碾完一次，调整两辊间距为前次碾压出的木束厚度的 1/5，依次调整。考虑到木束置于空气中含水率会变化，因而一批试材的碾压试验要连续、不间断地完成。

当原料含水率低于 30% 时，无论碾压几次都将无法得到网状木束，只有碎木茬；当原料含水率高于 30%，碾压次数 3 次以上，则可得到网状木束，且依原料含水率的不同，木束带皮程度不同。当原料为生材，碾压次数至少 3 次时，得到的沙柳木束的网状结构最好，剩余的皮也可轻易撕掉。

与一般木材的枝桠材、小径材相比，沙柳材具有独特性，它较易分解，尤其新伐材，纤维横向一般不易折断，易形成网状结构。同时，可将皮除去，省去了繁重、困难的剥皮工序。碾压时，若不是新伐材，可将其放在冷水中浸泡，时间为 48h，然后再将沙柳进行碾压。经软化处理后，应使其含水率保持在 60% 左右。

（2）沙柳材重组木制备工艺流程

沙柳材重组木制备工艺流程见图 4-4。

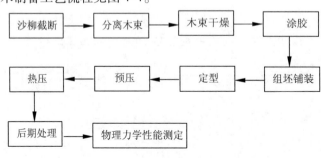

图 4-4　沙柳材重组木制备工艺流程

①沙柳截断：木束碾压前，将原料截成 1.5m 长的沙柳段，去掉较大的节子部分。

②分离木束：将生材含水率约为 55% 左右的沙柳段均匀地送入碾压机中，压溃辊首先将木段逐渐压扁，沙柳段沿着木纹方向不断裂开，已压溃的木段再次送进碾压机，沙柳段进一步展开，经过反复加工（需最少加工 3 次），产生了帘状的网状木束。皮基本自动剥落，木束获得率高，木束质量好。

③木束干燥：木束厚度在 2mm 左右，可采用天然干燥或在烘箱 100℃ 下干燥 10 ~ 25min 即可。如生产上，为了缩短木束干燥时间，木束可放置在大气中，自然干燥到含水率略低于 30%，然后放入干燥设备中快速干燥。干燥终含水率为 3% ~ 6%。

④施胶：采用涂胶方式，用涂胶刷将脲醛树脂胶液均匀涂布在网状木束上，施胶量比刨花板生产要低，一般为 5% ~ 12%。

⑤组坯铺装：板材密度可人为控制。板坯可以是单层结构也可以是多层结构，合理断面应遵循对称原则，即保证在厚度方向上板坯表层对于芯层结构对称。当板坯结构为三层时，即两个表层和一个芯层，芯层还可以倾斜各种角度，同一层木束铺装时应保持平行。

⑥定型：为防止铺装后的板坯散塌，可用玻璃纸带绑扎。

⑦预压：压力 2MPa，时间为 2min。

⑧热压：将绑扎预压好的板坯直接送入热压机进行热压。压力 6 ~ 10MPa，压板温度 130 ~ 140℃。由于沙柳材木束体积较刨花大，因此，传热较慢，内部温度亦不均衡，易产生鼓泡、分层。为此，重组木采用两段升压，三段降压的热压曲线，见图 4-15。

⑨后期处理：主要有裁边、精加工、涂饰和表面处理等，按最终用途而定。

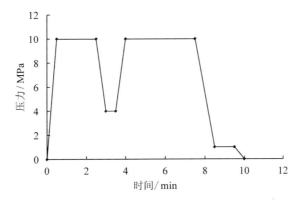

图 4-5　沙柳材重组木制备热压工艺曲线

4.6.3　沙柳材重组木性能分析

（1）热压工艺

木束含水率为 6%，沙柳材重组木的设计密度为 0.8g/cm³，组坯方式为 3 层（层间木束互相垂直）时，热压工艺对重组材性能的影响见表 4-10。

表 4-10　沙柳材重组木性能

影响因子				性　　能				
热压温度 /℃	热压时间 /(min/mm)	热压压力 /MPa	施胶量 /%	静曲强度 /MPa	内结合强 度/MPa	2h 吸水厚度 膨胀率/%	密度 /(g/cm³)	含水率 /%
130	0.8	6	5	53.02	0.29	17.51	0.818	5.28
130	1.0	8	7	77.41	0.94	9.01	0.926	4.75
130	1.2	10	9	87.80	0.76	7.59	0.939	5.41
140	0.8	8	9	82.50	0.80	6.00	0.963	5.65
140	1.0	10	5	78.14	0.83	9.44	0.964	5.05
140	1.2	6	7	74.51	0.36	6.39	0.961	5.03
150	0.8	10	7	81.63	1.36	7.30	0.926	5.69
150	1.0	6	9	75.85	1.23	7.78	0.970	5.69
150	1.2	8	5	60.74	0.63	12.01	0.963	6.79

　　施胶量和热压压力是影响重组木静曲强度的主要因素，其次是热压温度，热压时间影响不显著。

　　随热压温度升高，沙柳材重组木的静曲强度呈先上升后下降趋势，温度为 140℃时达到最大值。一方面，热压温度升高，木束塑性增加，胶黏剂流动性增强，木束表面容易润湿，提高了木束间的结合强度；另一方面，温度升高至 150℃时，重组材表层形成结构疏松的预固化层，使表层强度降低。另外，胶黏剂的过度固化，也会造成静曲强度下降。

　　随热压压力增大，重组木的密度会随之增大，静曲强度显著上升。

　　随施胶量增加，重组木的静曲强度呈上升趋势，施胶量为 5%~7% 时，上升趋势较明显。施胶量增加，有利于木束间形成连续的胶层，但施胶量过高，胶层增厚，胶合强度上升趋势减弱。

　　热压温度、热压时间是影响重组木内结合强度的主要因素，其次是热压压力和施胶量。

　　随热压温度升高和热压时间的延长，胶黏剂固化充分，重组材的内结合强度增大，但热压时间过长，表层胶黏剂会因固化过度而变脆，从而降低内结合强度；热压压力升高，木束接触紧密，胶液易于扩散和湿润木束表面，使内结合强度提高；施胶量增加，木束表面着胶量增加，内结合强度升高。因木束表面积较小，施胶量过大时，过多的胶液会被挤出，内结合强度不再增加，反而会造成胶液的浪费。

　　施胶量是影响重组木吸水厚度膨胀率的主要因素，热压温度对重组木吸水厚度膨胀率的影响也较明显，热压压力次之，热压时间影响不显著。

　　随热压温度升高，吸水厚度膨胀率呈先下降后上升趋势。这时因为温度较低时，木束塑性差，重组材孔隙大，水分易浸入。温度过高时，表层致密层影响压力的传递而使芯层密度变小，增大的孔隙导致吸水厚度膨胀率升高；热压压力升高，重组木密度增加，变小的孔隙减少了水分进入的途径，使吸水性能下降；随施胶量增加，木束表面的着胶量和防水剂石蜡的分布量增大，防水性能增强，吸水厚度膨胀率下降。

　　(2)木束碾压次数

　　沙柳材经不同次数的碾压制得木束。木束含水率为 6%，组坯方式为 3 层(层间木束互相垂直），设计密度为 0.8g/cm³，热压温度为 140℃，压力为 10MPa，时间为 1.0min/mm，施胶量 9% 时，沙柳材重组木性能见表 4-11。

表 4-11 木束不同碾压次数时沙柳材重组木的性能

木束碾压次数	性能指标		
	静曲强度/MPa	内结合强度/MPa	2h 吸水厚度膨胀率/%
1 次	45.59	0.35	19.54
2 次	65.35	0.55	15.62
3 次	86.35	0.90	10.89
4 次	89.12	0.87	11.19

随木束碾压次数增加，重组木的静曲强度和内结合强度明显升高，吸水厚度膨胀率呈下降趋势。木束碾压 3、4 次时，重组木性能相对较好。碾压次数大于 4 次时，木束过碎导致表面积增大和自身强度下降，同时胶黏剂也会覆盖不充分，从而使内结合强度下降，吸水厚度膨胀率升高。考虑到产品性能、劳动生产率和成本问题，沙柳木束经 3 次碾压即可使用。

（3）木束组坯方式

木束碾压 3 次，木束含水率为 6%，设计密度为 0.8g/cm³，热压温度为 140℃，压力为 10MPa，时间为 1.0min/mm，施胶量 9%，层间木束采用 3 种组坯方式（上下两层平行，中间层与上下两层一个方向为 0°组坯方式，中间层倾斜 45°为 45°组坯方式，中间层与上下两层垂直为 90°组坯方式）时，沙柳材重组木性能见表 4-12。

表 4-12 木束不同组坯方式时沙柳材重组木的性能

组坯方式	性能指标					
	静曲强度/MPa	内结合强度/MPa	横纹干缩率/%	顺纹干缩率/%	2h 吸水厚度膨胀率/%	密度/(g/cm³)
0°	132.51	1.54	3.65	1.61	7.65	0.916
45°	93.12	0.92	2.11	1.21	8.01	0.885
90°	91.26	0.87	0.35	0.41	8.36	0.896

木束平行组坯时重组木的静曲强度、内结合强度和吸水厚度膨胀率较好，但干缩率却远不如 3 层垂直组坯的板材，平行组坯时，顺纹干缩率是横纹干缩率的 2.27 倍，3 层垂直组坯时重组木的干缩率较小，且纵横向差异不显著。沙柳材重组木类似于天然木材，垂直铺装弥补了横纹、顺纹差异大的天然缺陷。沙柳材重组木产品可根据用途选取不同的组坯方式。

（4）较佳制备工艺及性能

沙柳材重组木较佳制备工艺为：木束碾压 3 次，木束含水率为 6%，热压温度为 140℃，压力为 10MPa，时间为 1.0min/mm，施胶量 9%，层间木束组坯方式为三层垂直，设计密度为 0.85g/cm³。此工艺条件下制备的沙柳材重组木的性能为静曲强度 91.26MPa，内结合强度 0.87MPa，密度 0.90g/cm³，含水率 6.22%。

4.7 沙生灌木混凝土模板

沙生灌木混凝土模板常见的是沙柳材混凝土模板，是将沙柳材搓碾成横向不断裂、纵向交错相连的网状木束，再浸渍酚醛树脂胶、干燥后铺装成木束方向互相垂直的三层结构板坯，经热压而制成基材，在砂光基材两面覆贴纤维方向与基材表层木束方向相垂直的单板和酚醛树脂浸渍纸，或覆贴酚醛树脂浸渍硬质纤维板而制成的模板板材。沙柳材混凝土模板性能优良，其静曲强度及弹性模量纵横向差异小，且能满足混凝土模板的性能要求。

4.7.1 原　料

（1）沙柳材：平均株高约2.5m，平均直径约1.8cm，生材含水率为72.93%。

（2）酚醛树脂胶：树脂含量43.4%，黏度66mPa·s，pH值13.5，比重1.191 g/cm³。

（3）木单板、硬质纤维板及酚醛树脂浸渍纸：单板的树种为椴木，厚度为1mm，含水率为5.92%；硬质纤维板厚度3mm，密度为0.93g/cm³，含水率为4.15%；酚醛树脂浸渍纸原纸定量100g/m²，上胶量50%，挥发物含量7%。

4.7.2 沙柳材混凝土模板生产工艺

（1）沙柳材混凝土模板基材制备工艺

沙柳材混凝土模板基材（简称沙柳模板基材）制备工艺流程见图4-6。

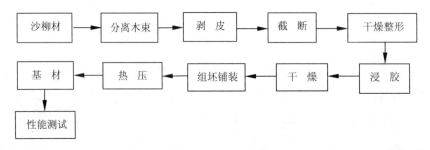

图4-6　沙柳模板基材制备工艺流程图

①分离木束及干燥定型：将沙柳材用摩擦压力机锤碾成木束，再以手工补充锤碾并进行分拣，剔除节疤、变色等缺陷，而后去皮。

将碾搓好的去皮木束截成与所制板材幅面相当的长度，铺放在热压机上，在温度65℃，压力2.5MPa，时间20min的工艺条件下对木束干燥定形。

②施胶：采用浸胶方式，将胶液稀释至浓度为14.47%，采用称重法控制施胶量。

③施胶木束干燥：干燥温度60℃，干燥时间约为4~5h，采用称重法将木束终含水率控制在11%~13%。

④组坯铺装：按照表、芯层质量配比，将表、芯层木束分别称重后，将木束铺装成三层结构板坯，表层木束与芯层木束铺装方向垂直。为防止热压时酚醛树脂胶粘垫板，木束铺装前在两垫板表面涂刷废机油起脱膜剂作用。

⑤热压：通过设置热压曲线参数控制板材厚度，为防止板材鼓泡、分层，试验中采用一段加压，三段降压为特征的热压曲线，如图4-7所示。

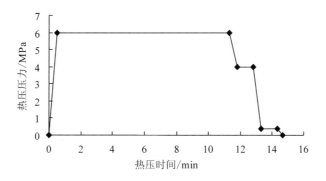

图4-7 沙柳模板基材热压曲线

（2）单板—PF 树脂浸渍纸饰面沙柳重组复合模板制备工艺

单板—PF 树脂浸渍纸饰面沙柳重组复合模板制备工艺流程见图4-8。

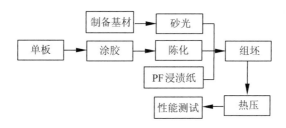

图4-8 单板—PF 树脂浸渍纸饰面沙柳重组模板制备工艺流程图

①基材制备：按照上述（1）沙柳基材制备工艺流程制备基材。

②基材砂光：将基材放入砂光机进行定厚砂光，砂光后基材厚度为10mm。

③单板涂胶及陈化：单板涂刷 PF 树脂胶，双面涂胶量为 $300g/m^2$，室温陈放40min。

④组坯及热压：在基材上下铺放涂胶单板，单板纤维方向与基材表层木束垂直。在单板上方铺放 PF 浸渍纸，而后将其放到涂有二甲基硅油的镜面光垫板上，热压机压板与垫板之间放置衬垫，热压工艺参数为压力 2.5MPa，温度140℃，时间 8min，热压曲线见图4-9。

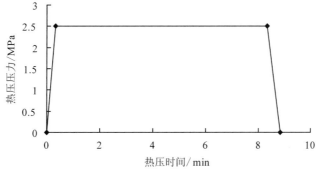

图4-9 单板—PF 浸渍饰纸面热压曲线

（3）浸渍 PF 树脂硬质纤维板饰面沙柳重组复合模板制备工艺

浸渍 PF 树脂硬质纤维板饰面沙柳重组复合模板制备工艺流程见图 4-10。

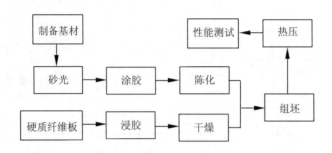

图 4-10　浸渍 PF 树脂硬质纤维板饰面沙柳重组复合模板制备工艺流程图

①基材制备及砂光：按照上述（1）沙柳基材制备工艺流程制备基材。

②基材涂胶与陈化：在基材表面涂刷 PF 树脂胶，双面涂胶量为 $320g/cm^2$，室温陈放 40min。

③硬质纤维板浸胶及干燥：将硬质纤维板浸入固体含量为 10.85% 的 PF 树脂中，浸渍 30min，采用称重法测定浸胶量为 3.5%~4.0%；然后放入干燥箱中，在 60℃ 下干燥 1~2h，控制其含水率为 6%~8%。

④组坯及热压：将浸胶硬质纤维板分别铺放在基材上下，一同放到涂有二甲基硅油的镜面光垫板上，在热压机上热压，工艺参数为压力 2MPa，温度 140℃，时间 6min，热压曲线见图 4-11。

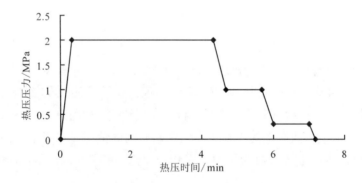

图 4-11　浸渍 PF 树脂硬质纤维板饰面沙柳重组复合模板热压曲线

4.7.3　沙柳材混凝土模板性能分析

（1）表、芯层质量配比

基材设计密度为 $0.9g/cm^3$，施胶量为 10%，热压温度为 160℃，热压时间为 0.8min/mm，压力为 6MPa，表、芯层木束质量配比变化时，沙柳模板基材的性能见表 4-13。

基材的内结合强度受表、芯层质量配比影响较大，平行铺装的基材内结合强度明显高于三层结构；基材的纵向强度和刚度随表层木束所占比例增加总体呈现增大趋势，随芯层木束所占比例增加，横向强度和刚度明显增强。这是由于木束的顺纤维方向强度较大，而垂直于纤维方向的横向强度很小，因此板材纵向强度和刚度基本由纵向铺装的表层材料所决定，横向强度和刚度基本由横向铺装的芯层材料所决定；表、芯层质量配比对基材的正面握钉力和吸水厚度膨胀率的影响不大。

表 4-13　表、芯层质量配比变化时模板基材的性能

板坯结构质量配比（表:芯:表）	性能指标								
	密度 /（g/cm³）	含水率 /%	内结合强度 /MPa	静曲强度 /MPa		弹性模量 /（×10³MPa）		正面握钉力 /N	24h 吸水厚度膨胀率/%
				纵向	横向	纵向	横向		
垂直三层(2.25:5.5:2.25)	0.933	7.82	0.61	62.70	34.90	11.447	2.327	1970	15.82
垂直三层结构(2.5:5:2.5)	0.919	7.67	0.72	64.14	27.81	12.343	1.844	2088	15.59
垂直三层结构(3:4:3)	0.928	6.57	0.64	66.57	25.87	12.892	1.584	1893	16.24
单层结构(木束平行铺装)	0.940	6.12	1.04	91.70	1.81	13.521	—	1997	14.89

注：基材的纵向与基材表层木束铺装方向相同，横向与基材芯层木束铺装方向相同。

（2）施胶方式

基材设计密度为 0.9g/cm³，施胶量为 10%，热压温度为 160℃，热压时间为 0.8min/mm，压力为 6MPa，基材组坯方式为木束三层垂直铺装，表、芯层质量配比为 2.25:5.5:2.25，施胶方式变化时，沙柳模板基材的性能见表 4-14。

表 4-14　施胶方式变化时模板基材的性能

施胶方式	性能指标								
	密度 /（g/cm³）	含水率 /%	内结合强度 /MPa	静曲强度 /MPa		弹性模量/ （×10³MPa）		正面握钉力 /N	24h 吸水厚度膨胀 /%
				纵向	横向	纵向	横向		
浸胶	0.933	7.82	0.61	62.70	34.90	11.447	2.327	1970	15.82
涂胶	0.945	8.98	0.43	66.42	36.39	11.670	2.769	1809	19.79

在相同工艺条件下，浸胶方式较涂胶方式压制出的基材内结合强度明显提高，吸水厚度膨胀率明显降低。这是由于采用浸胶方式进行施胶，胶液在木束表面分布均匀，木束间胶层连续，从而使内结合强度明显提高。同时木束内部也浸润了一部分胶液，热压时，木束内部、木束间结合较紧密，使水分难以浸入，吸水厚度膨胀率明显降低，正面握钉力有所提高。

与涂胶相比，浸胶方式所制备基材的纵、横向静曲强度和弹性模量相对较低。这是因为采用浸胶方式，木束内部胶液增加，表层胶液减少，板材的强度和刚度有所下降。

（3）热压工艺

基材设计密度为 0.9g/cm³，热压压力为 6MPa，基材组坯方式为木束三层垂直铺装，表、芯层质量配比为 2.25:5.5:2.25，施胶方式为浸胶时，热压工艺对沙柳模板基材的性能的影响见表 4-15。

表 4-15 沙柳模板基材的性能

影响因子						性能指标					
施胶量/%	热压温度/℃	热压时间/(min/mm)	密度/(g/cm³)	含水率/%	内结合强度/MPa	静曲强度/MPa		弹性模量/(×10³MPa)		正面握钉力/N	24h吸水厚度膨胀率/%
						纵向	横向	纵向	横向		
8	150	0.8	0.912	7.91	0.56	57.12	23.20	9.493	1.687	1911	35.21
8	160	0.9	0.936	7.56	0.64	60.56	23.17	10.786	2.077	1877	18.83
8	170	1.0	0.923	7.49	0.54	46.41	35.82	8.448	2.457	1889	16.53
10	150	1.0	0.921	8.16	0.55	59.41	32.54	10.263	2.318	1717	15.19
10	160	0.8	0.933	7.82	0.61	62.70	34.90	11.447	2.327	1970	15.82
10	170	0.9	0.951	7.41	0.67	57.93	36.49	10.461	2.484	2153	13.78
12	150	0.9	0.940	7.97	0.75	69.23	34.05	12.187	2.445	2117	11.61
12	160	1.0	0.954	7.34	0.63	73.46	37.55	12.814	2.465	2080	6.16
12	170	0.8	0.943	8.29	0.74	63.92	40.16	11.413	2.688	2195	16.60

施胶量对基材的内结合强度、纵横向静曲强度、弹性模量、正面握钉力及吸水厚度膨胀率的影响均显著。随着施胶量的增加，木束表面含胶量和胶液覆盖率增加，木束内部纤维之间空隙减小，结构致密，形成的胶接力增大，从而使基材的强度、刚度和正面握钉力提高，吸水厚度膨胀率降低。

热压温度对基材的纵横向静曲强度、弹性模量及吸水厚度膨胀率影响显著。

随着热压温度升高，板材纵向静曲强度和弹性模量呈现先上升后下降的趋势，内结合强度、正面握钉力、横向静曲强度和弹性模量一直呈现上升趋势。热压温度在一定范围内升高，有利于胶黏剂的流展，木束表面胶液分布均匀，提高了木束间胶合强度，从而提高了板材的强度、刚度和正面握钉力；但热压温度过高，会引起表层胶黏剂过度固化，使纵向静曲强度和弹性模量下降；较高的热压温度会促进芯层胶液的流展和胶层固化完全，木束结合得更加牢固，使横向静曲强度和弹性模量呈上升趋势。

随着热压温度升高，基材的吸水厚度膨胀率呈先降低后呈升高趋势。热压温度升高，有利于胶黏剂均匀流展，阻塞水分传输通道，使基材吸水厚度膨胀率降低。但温度过高，一方面致使基材表面很快形成致密层，影响压力传递至芯层，导致芯层密度变小，水分容易进入；另一方面使木束塑性增大，木束间结合紧密，板材压缩增大，吸水厚度膨胀率又呈现上升趋势。

热压时间对基材的内结合强度和吸水厚度膨胀率的影响高度显著。

热压时间适当延长，有利于芯层酚醛树脂的充分固化，使板材各项力学性能呈现上升趋势，吸水厚度膨胀率显著下降。但热压时间过长，板材表层也同样会产生胶黏剂过度固化现象，从而对纵向静曲强度和弹性模量及正面握钉力产生负面影响。

（4）较佳制备工艺

沙柳材混凝土模板基材较佳制备工艺为：基材设计密度为 0.9g/cm³，热压压力为 6MPa，基材组坯方式为木束三层垂直铺装，表、芯层质量配比为 2.25:5.5:2.25，施胶方式为浸胶，施胶量 12%，热压温度 160℃，热压时间 0.9min/mm。

按照 4.7.2 中（2）和（3）对基材进行贴面，制备沙柳材混凝土模板。较佳工艺条件下制备的沙柳材基材和混凝土模板性能见表 4-16。两种沙柳材混凝土模板与基材相比，24h

吸水厚度膨胀率显著下降，横、纵向强度和刚度差异减小。两种沙柳材混凝土模板的各项性能均高于或接近于混凝土模板相关标准的要求，可用作混凝土模板使用。

表 4-16　沙柳混凝土模板及基材的性能

板材种类	内结合强度/%	静曲强度/MPa		弹性模量/GPa		24h 吸水厚度膨胀率/%	胶合性能
		纵向	横向	纵向	横向		
三层结构沙柳模板基材	7.79	66.03	35.03	12.476	2.264	10.54	
单板—PF 饰面沙柳重组模板	5.80	50.79	42.48	7.770	5.455	4.41	
浸渍 PF 树脂硬质纤维板饰面沙柳重组模板	6.46	47.64	42.02	5.651	4.157	6.49	
GB/T 17656—1999	6～14	≥26	≥20	≥5.5	≥3.5		
LY/T 1574—2000 B 类 50 型	5～14	≥50	≥25	≥5.0	≥2.5	≤8	
LY/T 1574—2000 B 类 60 型	5～14	≥70	≥40	≥6.0	≥3.5	≤8	无完全脱离
LY/T 1574—2000 B 类 70 型	5～14	≥90	≥50	≥7.0	≥4.0	≤8	

注：饰面板的纵、横取向与基材相同，均以基材表层木束方向为纵向，芯层木束方向为横向。

4.8　沙生灌木削片单体复合人造板

以沙生灌木材为原料制造刨花板和中密度纤维板和纤维板的生产工艺基本上是套用成熟的木质刨花板的生产工艺。沙生灌木材必须首先加工成木片，然后再粉碎成刨花。这种既削片又刨片的基本单元加工工艺，不仅使工艺复杂、设备增加、成本提高、原料利用率低、产品质量下降，而且建厂投资增大。为此，简化基本单元加工工艺，开发新型结构材料势在必行。

4.8.1　原　料

沙生灌木削片单体复合人造板的所采用的原料不同于沙生灌木刨花板，削片单体复合人造板是一种以只经削片，而不进行刨片的沙生灌木材木片为基本单元制造的木片碎料板，而沙生灌木刨花板是以沙生灌木刨花为原料，经削片、刨片制成刨花后，进行干燥，并施加一定量的胶黏剂热压而制成的人造板。

4.8.2　沙生灌木削片单体复合人造板生产因素

影响沙柳材的木片单体制成的碎料板性能的因素如下。

（1）施胶量

施胶量是指胶的固体物质与绝干木片单体重量的百分比。一般情况下，板材的物理力学性能随着施胶量增加而提高。然而，胶黏剂是昂贵的原料，增加施胶量即意味着提高生产成本。因此，胶黏剂的合理用量应保证应有的内结合强度时的最大允许用量。

（2）热压温度

热压温度的作用主要是加速胶黏剂的固化和增加被压单体的塑性，便于使板坯压实成型。实验表明，温度升高，静曲强度和内结合强度增大。原因是温度升高，木材的塑性增加，在压力作用下，木片单体紧密接触。热量使胶黏剂的流动性增加，木片单体表面充分浸润，表面充分着胶，胶黏剂也充分固化。但温度过高会使胶黏剂发生过度固化而使静曲强度下降。

（3）热压时间

热压时间是影响产品性能的主要因素，通常热压温度越高，需要加压的时间越短。随着时间的增长，板材的静曲强度和内结合强度下降。原因是在热压温度较高的情况下，时间太长，表层胶黏剂过度固化而使胶层变脆，从而使静曲强度和内结合强度下降。

总之，施胶量、热压温度和热压时间均为板材静曲强度和内结合强度的显著影响因素，而且板材的物理力学性能随着施胶量增加而提高；随着温度升高，静曲强度和内结合强度增大，但温度过高会使胶黏剂发生过度固化而使静曲强度下降；同时随着热压时间的延长，板材的静曲强度和内结合强度下降。

4.8.3 沙生灌木削片单体复合人造板性能

沙柳材的木片单体制成的碎料板的静曲强度和内结合强度均能达到国标一级品的要求，而且其静曲强度明显高于沙柳刨花板的静曲强度，但内结合强度略低于沙柳刨花板的内结合强度。说明沙生灌木材木片单体碎料板均具有较好的物理力学性能，但表面比较粗糙，使用时可以进行二次加工。因此，以只经削片，而不进行刨片的沙生灌木材木片为基本单元制造木片碎料板的工艺是可行的。这种工艺不仅简化了基本单元制造工艺，减少了设备，节约了能源，减少了用胶量，降低了成本，减少了建厂投资，而且改善了产品结构，提高了产品性能，是进一步开发沙生灌木人造板的新途径。

4.9 沙生灌木纤维/塑料复合板

沙生灌木纤维/塑料复合板是以木材或各种木质纤维素纤维材料为基本体，通过与塑料以不同复合途径形成的一种新型材料。

由于沙生灌木纤维/塑料复合板充分发挥材料中各组分的优点，克服单一材料的缺点，改进材料的物理力学性能和加工性能，降低成本，提高附加值，扩大其应用范围。该材料经特殊加工、增强处理等可以获得普通木质人造板所不具有的性能。例如，重量轻，热稳定性好、尺寸稳定性好、可以制成各种断面形状的模压制品等。因此，这种材料在许多领域已部分成为钢材、塑料等主要工程材料的代用品。正如有人说沙生灌木纤维可以在任何地方找到，从汽车到高尔夫球杆，以及建筑、包装、公共设施等行业。

4.9.1 原 料

在沙生灌木纤维/塑料复合材料体系中，塑料是基体相，沙生灌木纤维是增强相，塑料和沙生灌木纤维之间的界面是界面相。因此，该复合材料的整体性能主要取决于：塑料基体的强度、沙生灌木纤维增强体的强度和这两者的界面强度。因此要提高沙生灌木纤维/塑料复合板的整体综合性能，就必须合理地选择塑料基体、沙生灌木纤维（增强相）以及改善两者的界面相容性。

4.9.1.1　沙生灌木纤维

关于沙生灌木的分类和化学组成在前面章节中已经介绍过了，这里只介绍它对复合材料的影响。由于沙生灌木纤维表面存在有大量的羟基基团，使复合材料具有极性和吸水性，两者对复合材料的力学性能、耐热性以及吸水性都有很大的影响。

首先，沙生灌木纤维表面的亲水性会吸附环境水分和其他杂质如灰尘等，从而在复合时形成沙生灌木纤维表面与塑料的弱边界层，降低复合材料的界面结合力。

其次，大量的羟基在沙生灌木纤维表面形成分子间氢键，使沙生灌木纤维不易在非极性聚合物基体中分散。在复合材料的制备过程中，沙生灌木纤维趋于相互聚集，形成纤维团、束，引起应力集中以及产生缺陷的几率增大，造成材料力学性能的下降。

最后，物理吸附(范德华力)是沙生灌木纤维表面与塑料基体间的主要机理之一，在潮湿的环境中，复合材料中的沙生灌木纤维表面的羟基基团将吸附水分，使材料的尺寸稳定性较差。

4.9.1.2　树脂基体

用于沙生灌木纤维复合材料中的树脂基体，除了要满足制品的使用要求的物理化学性能，使结构能在一定的环境下正常工作外，还要考虑基体材料的成型工艺性、与沙生灌木纤维的物理化学相容性以及环境友好性等。树脂基体的选择对沙生灌木纤维复合材料制品的成本也有很大影响。基于以上因素，目前在沙生灌木纤维复合材料中应用较为广泛的热固性树脂基体主要有脲醛树脂、酚醛树脂、不饱和聚酯树脂等。热塑性树脂沙生灌木纤维复合材料制品废弃后一般可以回收利用，因此受到人们的广泛关注，使用量有逐年上升的趋势，目前研究较多的有聚丙烯、聚氯乙烯等。可生物降解树脂基体与沙生灌木纤维剔后可制成具有可完全生物降解性能的复合材料，是解决目前困扰人类的环境污染问题的有效途径之一。

（1）分类

沙生灌木纤维/塑料复合材料中树脂基体一般可分为两大类：热固性树脂和热塑性树脂。其中，热固性塑料包括环氧树脂、酚醛树脂以及不饱和聚酯等，热塑性塑料包括聚乙烯、聚丙烯、聚氯乙烯和聚苯乙烯等。目前，用来做沙生灌木纤维/塑料复合材料的树脂主要有聚乙烯、聚丙烯、聚氯乙烯、聚乙烯等。

（2）树脂基体的特性

①聚乙烯

聚乙烯是产量最大、应用最广的塑料品种，是高分子量的直链烷烃。按其制备方法不同有高压聚乙烯和低压聚乙烯之分，按密度分可以分为低密度、中密度、高密度。低密度聚乙烯的熔融温度为 108~126℃，中密度聚乙烯温度为 126~134℃，高密度聚乙烯的熔融温度为 126~137℃ 范围。

目前在木塑复合材料中应用较多较成功的是高密度乙烯，其材料性能能够在某种程度上接近于聚丙烯，如用废旧聚乙烯塑料桶等制成的木塑复合材料制品能够满足用户对产品性能的需要，有一定的模量强度，但又不是太脆，所以得到了越来越广泛的使用。

②聚丙烯

聚丙烯是线型链烃聚合物，是一种比较典型的聚烯烃塑料，和聚乙烯有颇多相似处，聚丙烯密度较小($0.9\sim0.91\text{g/cm}^3$)，使用温度范围宽，机械性能优越、耐高温、耐腐蚀、无臭无味，具有优异的化学稳定性，其性能价格比较高，且树脂密度较低，易于与沙生灌木纤维复合形成较好性能的轻型的复合材料。

聚丙烯是在木塑复合材料的应用与究中应用较早的塑料种类。早在20世纪80年代就有用挤出热压法生产的塑复合材料板材应用于轿车内饰件，目前木纤维聚丙烯复合材料也被用作建材料。

聚氯乙烯、聚苯乙烯在生物质纤维基复合材料中的应用比较多。

（3）树脂基体在复合材料中的作用

塑料基体作为连续相，把单一纤维黏结成一个整体，使纤维共同承载，才能发挥增强材料的特性。在复合材料受力时，力通过基体传递给纤维，也就是说基体起着均衡载荷、传递载荷的作用。在复合材料的生产与应用中，基体起着保护纤维、防止纤维磨损的作用。

4.9.1.3 沙生灌木纤维与树脂基体的相容性

沙生灌木纤维/塑料复合材料尽管有好多优点，但它一个最大缺点限制了它在外部的应用，那就是沙生灌木纤维具有较强的吸水性，原因在于沙生灌木纤维表面存在有极性基团，而聚合体存在的是非极性基团，两者结合时界面作用较弱，很难形成良好的融合体系，所以对水分吸收的抵制作用很小。为改善沙生灌木纤维与聚合体的界面结合，提高其力学性能，必须解决两者界面相容性。目前，解决界面相容性的有效途径就是对沙生灌木纤维进行改性处理——偶联剂改性处理。

偶联剂的作用是降低异相材料的界面张力，提高润湿性能，增强界面结合力，从而改善和提合材料的性能。

偶联剂又称表面化学处理剂或架桥剂，它是具有两亲结构的物质（即分子中一端是极性基团，另一端是非极性基团）。其分子一部分基团可与沙生灌木纤维表面的某种官能团反应，形成强有力的化学键，另一基团可与有机高分子发生某些化学反应或物理缠绕，从而将两种性质差异的材料牢固结合起来。偶联剂能使沙生灌木纤维和有机高分子之间产生了具有特殊的"分子桥"，改变了沙生灌木纤维的表面状态和性质。目前应用于木塑复合材料的偶联剂主要以下几种：硅烷偶联剂、钛酸酯偶联剂和铝酸酯偶联剂等。

4.9.2 沙生灌木纤维/塑料复合板复合工艺

以木质纤维材料为主要原料的木塑复合材料有多种复合工艺，不同复合工艺所形成的材料在品种、性能和用途上都有很大的差异。

一般地，沙生灌木纤维/塑料复合材料根据其组元形态、复合比例以及其加工过程主要分为3种复合工艺：①以塑料加工为特征的复合工艺（高温捏合—挤出、注塑）；②以人造板加工为特征的复合工艺（低温混合—平压或模压成板）；③以无纺织加工为特征的复合工艺（长短纤维混杂—针刺成坯—模压成型）。

4.9.2.1 以塑料加工为特征的复合工艺

该复合工艺是以塑料加工工艺为基础，通过混炼造粒、注塑成型、挤出成型而形成的生物质纤维基复合材料。

（1）原料形态、配比

此工艺适用于原料形态为沙生灌木纤维（或粉末）与粒状或片状的塑料，其中常选用木粉或其他植物粉，颗粒大小为10～80目，而且为保证加工过程良好的传递性，沙生灌木纤维材料的比例一般不超过50%，因为生物质纤维材料的含量过高，会导致物料的流动性变差，最终影响复合材料的力学性能。因此，对于挤出或注塑模压工艺来说，物料熔融态的流变性是非常重要的。

（2）工艺流程见图4-12。

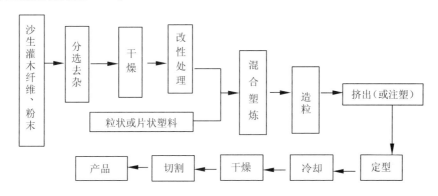

图4-12 沙生灌木纤维/塑料复合板塑料成型工艺流程

4.9.2.2 人造板加工为特征的复合工艺

该复合工艺是将沙生灌木纤维材料与塑料材料经简单的常温复合方式（组坯）后再热压形成复合材料。

（1）原料形态、配比

该工艺适用于原料形态为纤维、刨花、木单板与各种粒状、片状的塑料，而且沙生灌木纤维材料的含量一般在50%以上，甚至可达70%。此工艺的特点是可以加工各种不同的沙生灌木纤维材料形态的沙生灌木纤维/塑料复合材料板材或型材。如木塑复合胶合板、沙生灌木纤维/塑料复合刨花板、沙生灌木纤维/塑料复合板材及模压制品等。在这种复合材料的复合过程中，塑料既可以作为传统人造板改性剂也可以完全代替传统人造板的黏合剂。

（2）工艺流程见图4-13。

4.9.2.3 以无纺织加工为特征的复合工艺

无纺织加工复合工艺是20世纪80年代中期发展起来的一种沙生灌木纤维/塑料复合技术，适用于原料形态为沙生灌木纤维与合成纤维。这种工艺主要特征是将木纤维与合成纤维按一定比例混合（开松），然后将这种混杂纤维通过气流铺装成均匀的坯料，再经过针刺织成具有一定强度的卷材。这种卷材再经过热压模压成各种异性材。

（1）原料形态、配比

该工艺的原料形态为纤维状，沙生灌木纤维如沙柳纤维、柠条纤维等，塑料是合成纤

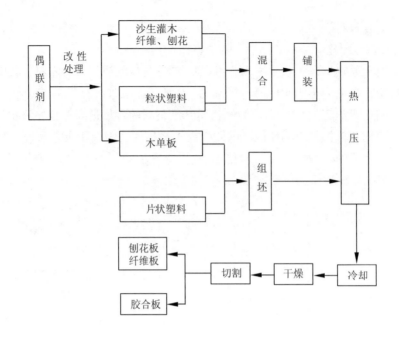

图4-13　沙生灌木纤维/塑料复合板人造板成型工艺流程

维，而且沙生灌木纤维材料的含量一般在60%以上，甚至可达80%。这种工艺主要特征是改善了材料的模压性能，通过合成纤维的搭接，增加沙生灌木纤维与合成纤维之间的交织作用，提高板坯初强度，改善卷材的模压性能。

（2）工艺流程见图4-14。

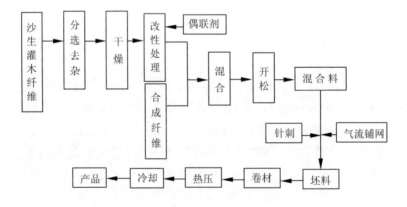

图4-14　沙生灌木纤维/塑料复合板无纺织成型工艺流程

4.9.3　沙生灌木纤维/塑料复合板性能及用途

木塑复合刨花板由于其无甲醛释放、耐水性好、强度高等特点，具有广泛的用途。根据对材料性能要求的不同，可以通过调整材料中木材与塑料配比及采取不同的板材后处理方法，使其适合于不同的应用领域。

根据不同复合途径形成的木塑复合材料的性能特点，其主要应用领域如下：

（1）高尺寸稳定性、高防水性的各种室外用板材和结构板材，如室外用隔离板、公园的桌椅等设施。

（2）新型建筑材料，如地板、墙板、屋顶板等。

（3）环境安全型人造板。

（4）各种建筑装修装饰用装饰板材及异形装饰材料。

（5）各种新型包装材料。

（6）轿车内饰材料。

（7）其他实木替代品等，如建筑用混凝土水泥模板，货运托盘等。

第5章
沙生灌木人造板用胶黏剂

脲醛树脂以尿素和甲醛做原料，进行缩聚反应制得的。由于其原料资源丰富，生产工艺简单，胶合性能好，具有较高的胶合强度，较好的耐温、耐水、耐腐性能。树脂色泽浅，成本低廉，因而得到广泛的应用。脲醛树脂有较多的牌号，根据胶接制品的不同，脲醛树脂可分成胶合板用胶、刨花板用胶、纤维板用胶、细木工板用胶等。脲醛树脂易老化，但可通过苯酚、间苯二酚、三聚氰胺等共聚进行改性。此外，也可用醋酸乙烯树脂与其混合制成改性脲醛树脂。使用固化剂是为提高脲醛树脂的固化速度和固化程度。固化剂应用最普遍的是氯化铵，也有使用磷酸铵、醋酸铵、硫酸铵等。高温条件下的固化抑制剂可以用氨、六次甲基四胺、尿素、三聚氰胺等，加热固化时使用潜伏性固化剂有对甲苯磺酰胺、亚胺磺酸铵等。

5.1 沙生灌木的胶合特性

常用来做人造板的沙生灌木主要就是沙柳材和柠条材，因此本章只介绍它们的胶合特性。

5.1.1 沙柳、柠条的化学成分

沙柳的化学成分主要是纤维素，半纤维素和木素，还有少量灰分。沙柳材的灰分含量为 3.2%，远远大于其他乔木，而灰分中 65% 以上 SiO_2，SiO_2 阻碍了胶黏剂的胶合，影响制板强度。水抽出物中的大部分物质与纤维板的生产工艺有关，如单宁可与各种金用盐类形成特殊颜色的沉淀，有损板面色泽，影响纤维板的质量。

柠条的灰分含量为 2.87%，其含量小于沙柳而大于乔木（一般约为 1%）。灰分主要成分 SiO_2 阻碍脲醛树脂的胶合，影响制板强度，而且在制浆过程中会使浆液黑，污染浆料，影响水循环。因此，在用柠条做原料时，应针对柠条树皮外表层含有结壳物质和灰分含量较大的特点，尽量采取去皮后使用。柠条的冷水和热水抽提物含量均高于木材。水抽提物中的大部分物质与纤维板生产工艺有关，特别对板面质量有影响。柠条的纤维素含量较

高，其综纤维素含量为 72.71%，可见柠条是制浆和制造人造板的优质原料。

表 5-1 沙柳、柠条的化学成分含量　　　　　　　　　　　　单位:%

化学成分	沙 柳	柠 条
灰 分	3.20	2.87
冷水抽提物	8.21	9.24
热水抽提物	10.33	10.01
1% NaOH 抽提物	23.18	32.11
苯乙醇抽提物	2.91	6.20
综纤维素	78.96	72.71
半纤维素	23.37	22.81
木 素	18.20	19.72

5.1.2　沙柳、柠条的胶合特性

木材的性质对胶黏剂的固化有很大影响，特别是木材的化学成分对所用合成树脂的性能有影响。有时若对木材的酸碱特性不了解，合成树脂的 pH 值太高，可能就不会固化。

沙柳的化学成分测定结果表明，其灰分含量较高，灰分中的 SiO_2 对胶接界面可能有影响；其 pH 值小于 7.0 有利于胶黏剂的固化；树皮含量较高，制成的刨花中产生软、杂及颗粒型刨花含量高，制板时需增加施胶量；密度低，木质素含量高，都是胶合的有利条件。综上，沙柳材具有很好的胶合特性。

柠条树皮含量高，且灰分含量较高。外皮含有结壳物质，内皮中韧皮纤维含量高，且呈卷曲状，对制板工艺影响很大，并使产品性能降低，应去皮使用。如去皮困难，可采用提高板材密度和增加施胶量来保证板材性能。柠条的 pH 值较大，灰分含量较高，影响脲醛树脂的胶合，为了缩短热压时间和保证胶合质量，制板时应适当增加施胶量和固化剂加入量。柠条的冷、热水浸提物和 1% NaOH 溶液浸提物较高，影响柠条刨花板的吸水厚度膨胀率，制板时应适当增加防水剂用量。板材密度对柠条刨花板的性能影响很大，说明其可压缩性大。利用柠条做原料生产刨花板是可行的，但在生产过程中必须采取一定措施。如资源条件允许，可掺入一定量的木材、沙柳等原料，板材性能可得到提高。

5.2　脲醛树脂

作为木材胶黏剂主要品种的脲醛树脂胶黏剂具有许多优良的性能。诸如，无色透明或为乳白色浑浊的黏稠状液体；一般具有 50% 以上的干物质含量，初期缩聚树脂具有水溶性；它属于热固性树脂，但是当加入固化剂以后，在树脂的 pH 值下降到 5.0 左右时，即使是在室温下胶液也能够逐渐凝胶而最后固化，所以可用于冷压或热压胶合；脲醛树脂胶黏剂具有较高的胶合强度，与动植物胶相比具有较好的耐水性，能够耐稀酸和稀碱，胶层不受微生物及虫类的破坏，对日光具有稳定性，同时原料易得，成本低廉，因而被广泛用于人造板生产。

5.2.1 脲醛树脂的合成工艺

脲醛树脂的合成可以根据使用目的和对树脂性能指标要求的不同，采用不同的配方和合成工艺路线。具体的合成工艺依据 F/U 摩尔比、缩聚次数、缩聚程度、反应温度、反应各阶段 pH 值、浓缩与否等的不同，生成树脂的化学结构与物理化学性能以及使用性能各有不同。在此仅就以下几个方面作介绍。

5.2.1.1 原料计算

合成脲醛树脂所用原料量是根据尿素与甲醛的摩尔比来进行计算的。如果原料的摩尔比已确定，则可根据尿素与甲醛的纯度按下式计算出与一定量尿素进行反应时所需甲醛溶液的用量。计算公式也适用于三聚氰胺树脂和酚醛树脂。

$$G = \frac{M \cdot N \cdot P \cdot p}{Q \cdot M'} \tag{式5-1}$$

式中：G——甲醛用量，kg；

M——甲醛分子量；

N——甲醛与尿素的摩尔数；

p——尿素纯度，%；

P——尿素量，kg；

Q——甲醛的浓度，%；

M'——尿素分子量。

5.2.1.2 树脂反应程度的控制

脲醛树脂的理化性能、使用性能以及胶合性能等，是由树脂化学构造和分子量大小及其分布所决定。因此在树脂合成过程中，必须正确地控制缩聚产物分子量的大小（即缩聚程度）。

脲醛树脂的合成反应十分复杂，其缩聚产物是多种化学构造且分子量分布较宽的一类混合物。在实际生产中准确地测定其分子量，用以测定反应终点是很困难的，因为需要很精密的特殊仪器，操作也很复杂，又费时。如前所述，羟甲基在缩聚反应进程中脱水缩聚形成次甲基键及次甲基醚键，随着缩聚反应时间的延长，树脂的分子量逐渐增大，树脂的黏度也随之增高。又由于羟甲基数量的减少，其水溶性逐渐降低。树脂的分子量和树脂的黏度、水溶性之间存在一定的内在关系。为此，树脂的分子量可以通过测定树脂的黏度或水溶性间接的测定，并以此来控制树脂的缩聚反应程度，确定反应终点。

5.2.1.3 工艺类型的选择

（1）缩聚次数的选择

①一次缩聚：在树脂合成时，尿素一次加入与甲醛进行一次性缩聚反应。最好先用蒸汽或少量水将尿素溶解后，缓缓加入进行反应。这样可以避免由于放热反应而使反应温度急剧升高，对生产操作及树脂质量带来不利的影响。

②二次缩聚：在树脂合成时，尿素分两次加入与甲醛进行二次缩聚反应。这样可以减缓尿素加入后的放热反应，使反应平稳易于控制。二次缩聚的目的是提高第一次尿素与甲醛的摩尔比，这样有利于形成二羟甲基脲和降低游离甲醛含量。

目前，为了将树脂中的游离甲醛降低到最少的程度，采用三次或四次缩聚工艺来合成脲醛树脂。

（2）缩聚温度的选择

①低温缩聚：尿素与甲醛的缩聚反应温度自始至终在 45℃ 以下形成树脂，树脂外观为乳状液。树脂化速度与甲醛的浓度有关，甲醛浓度低，树脂化速度慢；甲醛浓度高，树脂化速度快，但贮存性能不佳，树脂有分层现象，不便于使用。

②高温缩聚：尿素与甲醛的缩聚反应温度在 90℃ 以上时，形成的树脂外观为黏稠液体。树脂贮存期长，一般为 2~6 个月。贮存中无分层现象，使用方便。

（3）反应各阶段 pH 值的选择

①碱—酸—碱工艺：尿素与甲醛首先在弱碱性介质（pH = 7~9）中反应，完成羟甲基化形成初期中间产物，而后使反应液转为弱酸性介质（pH = 4.3~5.0），达到反应终点时，再把反应介质 pH 值调至中性或弱碱性（pH = 7~8）贮存。

②弱酸—碱工艺：尿素与甲醛自始至终在弱酸性介质中（pH = 4.5~6.0）反应，树脂达到反应终点后，把 pH 值调至中性或弱碱性贮存。

③强酸—碱工艺：尿素与甲醛自始至终在强酸性介质（pH = 1~3）中反应，要特别注意尿素的加入速度不能过快，否则反应极难控制。另外随着反应液 pH 的降低必须相应提高甲醛与尿素的摩尔比，在反应液 pH 接近 1 时，甲醛与尿素的摩尔比要大于 3，同时反应温度也要相应降低。当树脂达到反应终点后，把 pH 值调至中性或弱碱性贮存。

（4）浓缩与不浓缩的选择

①浓缩：树脂达到反应终点后进行减压脱水。这种树脂的特点是黏度大、树脂固体含量高、游离甲醛含量低、胶合性能好等。

②不浓缩：树脂达到反应终点后，不经减压脱水处理。不浓缩树脂的特点是树脂固体含量低、游离甲醛含量高、胶液黏度小、生产成本低等。

5.2.2　脲醛树脂的调制

脲醛树脂在加热或常温下，虽然也能够固化，但固化后树脂的胶合性能不十分理想，因此，脲醛树脂合成后，在具体使用前通常都要对其进行调制。在树脂中加入固化剂、助剂和改性剂等，并且调制均匀后使用，这一过程称为脲醛树脂的调制，亦称之为调胶。它是树脂使用过程中的一个不可缺少的重要工序之一，越来越受到人们的重视。

人造板用脲醛树脂经调制后应满足以下要求：

①具有较好的胶合强度、较高的耐水性和耐老化性能。

②具有较好的操作性能。胶液的使用时间长（也称胶液的适用期长），一般调制后的胶液的适用期应在 4h 以上，不能过快凝胶。

③胶液在胶合过程中，要求固化速度快，以减少热量消耗，缩短热压时间，提高生产效率。

④操作性能好，成本低廉。

5.2.3　助　剂

5.2.3.1　固化剂

脲醛树脂的固化是树脂从可溶或可溶液体变成不溶或不溶固体的过程，它必须在酸性条件下完成。加入固化剂就是加速脲醛树脂固化和固化完全，提高胶合质量和生产效率。一般是在脲醛树脂中加入酸性物质（如草酸、盐酸等）或与树脂混合后能放出酸的盐类（如氯化铵、硫酸铵等强酸铵盐）。

刨花板用热固性酚醛树脂在生产上一般不需加固化剂。

5.2.3.2　缓冲剂

（1）作用：在炎热的夏季，加入缓冲剂（氨水、尿素）可以延长树脂液的适用期，防止热压前板坯的预固化，但又不会影响热压时树脂固化。

（2）用量：固体树脂重量的 0.5%，通常只用于表层刨花。

（3）施加方法：与胶液混合。

但是，国内大部分工厂尚未使用缓冲剂。

5.2.3.3　防水剂

目前，刨花板工业使用的石蜡类防水剂的作用只是减慢水分渗入刨花板的速度，从而减慢由此而引起的尺寸变化，但是它并不能防止水分的渗入。因此这种防水作用只是暂时的。如果在室温下浸水时间长达数天则施加石蜡与不施加石蜡防水剂的刨花板并无明显区别。

5.2.3.4　阻燃剂

高层建筑、医院、养老院、托儿所和客车、船舶用刨花板应有良好的阻燃性能，生产这类板时应加阻燃剂。

（1）基本要求

①阻燃效果好：理想的阻燃剂有较好的防止明火、发烟和阻止火焰蔓延的能力遇火灾高温时不产生有毒气体。

②无毒或低毒：在生产和使用过程中，不释放出有害气体对接触它的人无毒或低毒。

③不会明显降低刨花板的各项物理力学性能。

④阻燃能力持久，不易随雨水流失，而且在与水接触后表面不起霜。

⑤不影响刨花板的外观质量和表面装饰（如贴面、油漆）。

⑥对金属无腐蚀性。

⑦来源广、价格便宜。

（2）常用类型

阻燃剂主要有无机类阻燃剂、有机类阻燃剂、有机类和无机类复合阻燃剂三种类型。

5.2.3.5　防腐剂和防虫剂

与木材一样，长期置于湿热条件下的刨花板（即使是酚醛树脂刨花板），也会受到真菌和昆虫的危害。因此，在这种环境下使用的刨花板，要进行防腐和防虫处理。对防腐剂和防虫剂的基本要求如下：

（1）对真菌和害虫毒性高，但对人体毒性很低，在处理时，不会引起人体中毒。

(2)在板内不易流失，也不易挥发。

(3)对金属无腐蚀性。

(4)使用方便。

5.2.3.6　防霉剂

非木材刨花板由与其原料中含较多的糖类等物质，极易生霉。特别是在我国南方高温多雨季节，更易发生这种现象，因此需要进行抗霉处理。常用方法是在拌胶时添加防霉剂。对防霉剂的基本要求如下：

(1)能有效抑制霉菌生长。

(2)对人体毒性很低，不影响人体健康。

(3)对胶合强度的影响小。

(4)价格低、使用方便。

5.2.3.7　防老化剂

在脲醛树脂中加入 1%～5% 的聚乙烯醇或 15%～20% 的聚乙酸乙烯酯乳液，可提高树脂的耐老化性。

5.2.3.8　增黏剂

当脲醛树脂初黏性很差时，铺成的板坯即使经过预压，其强度也极低。在运输过程中（特别是无垫板多层压机生产线）极易散坯，因此必须添加增黏剂，一般加聚乙烯醇，常在制胶过程中添加。

5.2.4　沙生灌木人造板用脲醛树脂的性能要求

(1)黏度：一般宜在 160～500mPa·s 间，最好为 200～400mPa·s。黏度偏小，树脂易渗入刨花内部，使分布于刨花表面的树脂量相对减小，因而为保证刨花板有一定强度就必须增加施胶量；黏度偏高，施胶时流动速度太慢，也影响施胶的均匀性。

(2)固体含量：指树脂液中非挥发性物质的重量百分数。它与树脂配方及生产工艺有关。刨花板生产用脲醛树脂固体含量一般宜在 60%～68% 之间。固体含量低，挥发成分多，固化慢，要增加热压时间；固体含量高，树脂生产成本增加。

(3)胶黏性：又叫初黏性，指拌过胶的刨花之间的黏附力大小。目前虽无明确的数量指标，但对刨花板生产，特别是对多层压机生产线来说，这一指标有重要意义。一般要求刨花之间的黏附力能保证板坯在运输和送入压机过程中不松散或蹋边、缺角。单层压机生产线对初黏性要求较低。

(4)pH 值：由于氨基树脂在酸性介质中固化较快，在中性介质中比较稳定，因此要求脲醛树脂的 pH 值为 7～8.5，以保证有一定的贮存稳定性但又不影响固化。

(5)固化时间：一般为 40～65s，最好低于 60s。固化时间长，要增加热压时间，降低产量；固化时间太短，胶黏剂的适用期缩短，也易发生预固化现象。

(6)与添加剂的适应性：要求与添加剂(固化剂、防水剂、阻燃剂等)或其水溶液混合后，彼此之间不会发生反应而削弱原来的性能。

(7)胶合强度：在正常的生产工艺条件(如在正常的施胶量、板材密度、热压温度和时间)下，能制造出物理力学性能达到要求的产品。

(8)适用期：即配制后脲醛树脂使用的时间，一般应不少于 4h。如适用期太短，则配制后的胶液会因变稠（甚至固化）而无法泵送。

(9)贮存稳定性（贮存期）：指在一定条件下，树脂仍能保持其原有性能的存放时间。它与树脂缩聚程度有关，缩聚度大的比缩聚度小的贮存稳定性差。刨花板用脲醛树脂贮存稳定性应不少于 2 周。最好应为 1~2 月。

(10)游离甲醛含量：指树脂制造中没有参加反应的甲醛重量百分数。游离甲醛含量应低于 0.5%。

5.3 脲醛树脂的改性

脲醛树脂胶黏剂被广泛用于人造板生产，但是它在应用过程中，尚存在着对沸水抵抗力弱的问题，胶膜易于老化，在制胶特别是树脂使用过程中存在严重的甲醛污染问题。这对于提高产品质量，扩大产品的应用范围，以及净化人类生存环境等方面都存在着不利的影响。因此对于脲醛树脂胶黏剂存在的缺陷进行改性，是科研工作者和生产企业十分关注的问题。对脲醛树脂胶黏剂存在问题的改进，主要从以下两个方面进行，一是在树脂合成过程中通过共聚、混溶的方法，从分子内部改进其结构，或从分子外部改进其物理化学性质；二是在树脂中加入各种改性剂，使树脂的某些性能得以改善。

(1)提高耐水性

脲醛树脂胶黏剂的耐水性，比蛋白质胶黏剂强，但比酚醛树脂胶黏剂及三聚氰胺树脂胶黏剂弱，特别是对于沸水的抵抗力更弱。这是由于在固化了的脲醛树脂胶黏剂中尚存在着具有亲水性的羟甲基。因此用脲醛树脂胶黏剂制得的人造板或其他胶接制品，仅限于室内用。如作为室外用途，则会在反复干湿的条件下，由于胶膜的吸湿性，使胶层性能逐渐恶化，胶合强度迅速下降，制品的使用寿命显著缩短，这种现象在高温、高湿的条件下尤为严重。

提高脲醛树脂胶黏剂的耐水性能，可以在脲醛树脂缩聚过程中加入适当的苯酚、间苯二酚或三聚氰胺等使之共聚，产生耐水性的共聚体；或将制得的脲醛树脂与酚醛树脂或三聚氰胺树脂共混；也有在进行胶接前加入三聚氰胺粉末或其他化合物在进行热压，以提高脲醛树脂胶黏剂的耐水性能。其中三聚氰胺改性脲醛树脂胶黏剂(UMF)已用于防潮、耐水和无臭人造板生产。

利用各种合成乳胶对脲醛树脂胶进行改性，如丁苯胶乳、端羧基丁苯胶乳、丁腈胶乳、丁吡胶乳、氯丁胶乳和各种丙乙烯酸酯胶乳等，其中以丁苯及端羧基丁苯胶乳效果最佳，成本也低廉。改性后胶黏剂的耐水、耐沸水及耐久性全面提高。利用反应能力极强的异氰酸酯树脂对脲醛树脂进行改性，以提高其耐水与耐老化性能。将异氰酸酯引入氨基树脂—乳胶体系，制成的胶黏剂特别适用于高含水率(30%~70%)湿木材的胶接。

利用聚氧乙烯基醚对脲醛树脂改性即可适当提高其耐水性，又可降低成本。在脲醛树脂中添加少量的环氧树脂会使其耐水性和胶合性能得到明显提高。另外，将 $Al_2(SO_4)_3$、$AlPO_4$、白云石、矿渣棉及 $NaBr$ 等无机盐或填料引入脲醛树脂，胶黏剂的耐水性明显提高。

（2）改善老化性

老化现象是合成树脂的通病，脲醛树脂同样存在，其固化后的胶层随着时间的增长，逐渐地产生龟裂以及发生胶层脱落现象。胶层愈厚，龟裂剥离现象愈严重。

引起脲醛树脂胶黏剂老化的原因有如下几点：

①树脂固化后仍然继续进行缩聚脱水反应。

②在固化后的产物中仍存在着游离的羟甲基，使胶层对于大气中的水分不断地吸收或放出，在反复干湿的情况下，即收缩—膨胀应力作用下，引起胶层的老化。

③在外界因子如大气中的水、热、光等的影响下，树脂分子断裂，导致胶层老化。此外，固化剂的浓度、加压压力、木材表面的粗糙程度等都是引起树脂老化的因素。

改善胶层老化性的方法有如下几点：

①从工艺方面要求被胶接木材表面平整光滑，尽量减少凸凹不平，以免胶液分布不均而形成过后的胶层，在表里收缩不均匀的情况下产生开裂。

②对脲醛树脂进行改性，为了使树脂的交联程度减少，脆性下降，挠性增加，可以加入热塑性树脂来改性，如在树脂缩聚时加入聚乙烯醇形成聚乙烯醇缩甲醛来改性脲醛树脂，或与热塑性树脂（如聚醋酸乙烯树脂）混合使用，这样可兼具脲醛树脂及聚醋酸乙烯树脂的特点，即增加了聚醋酸乙烯树脂的耐水性，同时增加了脲醛树脂的韧性和黏性，并改善了脲醛树脂胶黏剂的耐老化性能。如用 20%~30% 的聚醋酸乙烯酯乳液与脲醛树脂共混后用于人造板表面装饰的微薄木湿贴，即可防止透胶，又可以实现快速胶贴。另外在树脂中加入适量的醇类物质，使树脂醚化，可以提高树脂的柔韧性。

③在树脂中加入各种填料，如豆粉、小麦粉、木粉、石膏粉等，这是改善脲醛树脂的老化性，防止胶层由于应力作用而引起的龟裂的简便而又行之有效的方法。

④适当使用固化剂，固化剂的酸性愈强，虽然可以明显地缩短树脂的固化时间，但也相应地促使胶压后树脂的迅速老化，因此选用适当的固化剂，可以减少这种现象，延长制品的使用寿命。一般以氯化锌或氯化铁等作固化剂，效果较好。

（3）降低游离甲醛含量

脲醛树脂中的游离甲醛，取决于甲醛与尿素的摩尔比，甲醛与尿素的摩尔比越高，树脂中游离甲醛含量就愈大。游离甲醛含量高，直接导致树脂使用环境（生产现场）的甲醛污染和胶接制成品使用环境（居室等）的甲醛污染。严重的还会造成甲醛公害。影响生产工人和消费者的身心健康。胶接制品的甲醛释放量不仅受胶中游离甲醛含量控制，还与树脂的合成工艺有关，也与树脂胶固化时所释放的游离甲醛有关。

只要在脲醛树脂中有羟甲基和二次甲基醚键存在，固化时就会有游离甲醛产生。热压时放出的游离甲醛其数量一般决定于热压温度和热压时间。热压温度愈高，成品中的游离甲醛愈少；热压时间愈短，成品中的游离甲醛愈多。若板坯含水率愈高，产品中的游离甲醛也愈多。因此为了减少成品中的游离甲醛，可以适当降低板坯含水率和提高热压温度，同时使热压时间保持在经济允许的范围内。

固化后脲醛树脂中各类官能团的水解难易程度依次是：羟甲基 > 次甲基醚键 > 糖醛基（Uron 环）≥次甲基。

当脲醛树脂中有酸存在时，在高温情况下容易水解。因此为降低树脂中游离甲醛含量，可以设法降低尿素与甲醛的摩尔比，不过只降低尿素与甲醛的摩尔比，而不再合成工艺上采用相应的措施，当降得过低时会导致树脂的物理力学性能下降。为此在工业生产上也采用向树脂中添加甲醛捕捉剂（尿素、三聚氰胺、间苯二酚、对甲苯磺酰胺、各种过硫化物等）及对成品板进行后处理（氨气、尿素溶液等）等方法来降低胶接制成品的游离甲醛含量。

5.3.1 三聚氰胺改性脲醛树脂的机理

在胶黏剂中混入合成的高分子化合物或天然的高分子化合物，或在合成胶黏剂时在原料中加入一些物质使之进行共缩合反应，从而改善胶黏剂的某些特征。

三聚氰胺改性脲醛树脂胶的制备方法有三种：一是在合成脲醛树脂时加入三聚氰胺单体，使三聚氰胺与甲醛尿素共缩合。因三聚氰胺树脂中三聚氰胺三杂环结构保持独立完整，树脂产生交联，形成坚硬的不溶、不熔的树脂。因此三聚氰胺树脂较脲醛树脂具有更强的胶合强度、耐水性和耐候性。二是在脲醛树脂中加入三聚氰胺树脂。三是将三聚氰胺加入脲醛树脂的固化剂中，利用三聚氰胺与三羟甲尿在酸性条件下明显地进行共缩合。在这种情况下，共缩合体是由 1mol 二羟甲基脲和 1mol 三聚氰胺生成的，在—CH₂OHGN 与—NH₂ 之间发生反应。

5.3.2 三种改性脲醛树脂的性能比较

利用三种改性方法生产的改性脲醛树脂性能指标如表 5-2。

表 5-2 改性脲醛树脂胶黏性能指标

指标名称	脲醛树脂	三聚氰胺树脂	改性 I	改性 II	改性 III
pH 值	7.8~8.0	9.0	7.8~8.0	8.0~8.2	7.8~8.0
黏度(4h)/g	35~50	17~20	40~50	20~40	40~60
固含量/%	62~50	49~56	62~65	58~62	63~67
游离醛/%	<0.8	<0.2	<0.3	<0.4	<0.4
储存期(20~25℃)/d	60	60	30	40	30

从表 5-2 可见，三种改性脲醛树脂的贮存期均小于脲醛树脂和三聚氨胺树脂，其耐水性和胶合强度随三聚氰胺和 MF 的加入量增加而增加。

5.4 沙生灌木人造板用低毒脲醛树脂生产工艺

根据沙柳的材性和胶合特性，并基于其材质较软、树皮含量大，生产刨花板时所用树脂胶具有很好的初黏性，以防散坯。确定使用摩尔比为 1:1.68 的脲醛树脂进行试验，分析摩尔比对胶合性能的影响，并根据试验结果确定新配方与工艺。初步选择摩尔比为 1:1.28 的配方，由于低摩尔比树脂的初黏性差，须对其进行改性处理，以满足沙柳刨花板对所用胶黏剂初黏性的要求。

5.4.1　摩尔比与树脂性能的关系

采取碱—酸—碱合成工艺对不同摩尔比配方进行合成，并以黏度作为最终控制指标，具体合成工艺如下。

用 NaOH 溶液调甲醛 pH 值至 7.5~8.0，加入第一次尿素后反应液 pH 值不低于 7.0，否则就要调整。升温至 85℃，保持一段时间后用 NH_4Cl 的饱和溶液调 pH 值至 4.1~4.3。当溶液混浊度为 34~36℃时，调 pH 值至 5.1~5.3，再加入第二次尿素，且温度保持在 80℃左右。测混浊度合格后，立即用 NaOH 溶液调 pH 值为 7.2~7.5，再加入第三次尿素，10min 后脱水，黏度合格后，调 pH 值为 7.8~8.0，降温至 40℃放料。

不同摩尔比配方所合成的树脂其性能见表 5-3。

表 5-3　不同摩尔比树脂性能

摩尔比	游离甲醛/%	合成时间/h	固化时间/s	固体含量/%
1:1.20	0.28	6.8	96	63.5
1:1.28	0.30	6.5	108	63.0
1:1.35	0.8	6.4	132	63.0
1:1.40	1.0	6.0	144	62.4
1:1.50	1.2	5.8	150	61.8
1:1.68	1.58	5.3	160	61.0

表 5-3 中可见，随着摩尔比的减小，合成树脂的游离甲醛含量和固化时间减小，合成时间和固含量增加。

5.4.2　9401 型低毒性脲醛树脂胶

9401 型低毒性脲醛树脂胶是由一种摩尔比较低，初黏性较好，工艺简单，固体含量高的脲醛树脂合成工艺合成的。其摩尔比为 1:1.28。尿素分三次加入，并加入少量改性剂和甲醛捕捉剂，以改善树脂的初黏性和游离甲醛含量。该树脂的性能指标如下：

固体含量：62%~65%

黏度(20℃)：35~70s

游离甲醛含量：≤0.3%

比重(20℃)：1.26~1.28

pH 值：7.8~8.0

固化速度：100s

活性期(15~25℃)：3.5~7h

贮存期(25℃)：2 个月

5.4.3　浓缩处理对树脂游离甲醛含量的影响

降低游离甲醛的方法很多，加在树脂合成过程中加入甲醛捕捉剂如聚氰胺、尿素、栲胶、树皮粉等；或降低尿素与甲醛的摩尔比，尿素分多次加入。但若在合成过程中，对合成液进行浓缩处理，这也是降低合成树脂中游离甲醛含量的有效方法。随着浓缩处理时间的加长，树脂的黏度和固体含量增加，游离甲醛含量减小。对于刨花板用胶，在条件允许的情况下，适当延长脱水时间，或将树脂贮存 1~2d 后再使用，均可以降低树脂的游离甲醛含量。游离甲醛含量是否与浓缩进的真空度有关，这个问题还有待进一步研究。

第6章
沙生灌木人造板的典型生产设备

本章介绍了沙生灌木人造板生产的几种典型设备，包括削片机、刨片机、热磨机和干燥机。重点介绍了这几种典型设备的结构和工作原理，通过对本章的阅读可以了解沙生灌木人造板生产过程当中原材料的制备和处理过程。

6.1 削片机

削片机可将小径级原木、枝桠材、板皮、废单板、竹材、棉秆及其他木质纤维秆茎切削成一定规格的片料(图6-1)，作为制造刨花板、纤维板、非木质人造板和制浆造纸的基本原料。

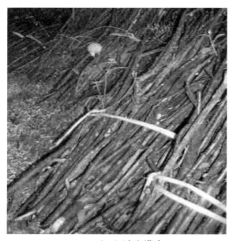

（a）沙生灌木　　　　　　　　　　　（b）削片

图6-1　沙生灌木及削片

6.1.1 削片机的分类

削片机按机械结构可分为，切削刀装在圆盘上的盘式削片机和切削刀装在圆柱形鼓上的鼓式削片机(图6-2)。

按进料方式可分为，斜口进料和水平口进料；强制进料和非强制进料(图6-3、图6-4)。

按安装方式可分，固定式和移动式。

（a）盘式削片机　　　　　　　　　　　（b）鼓式削片机

图6-2　削片机

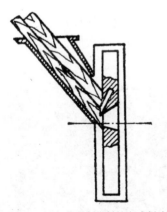 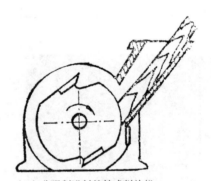

（a）非强制进料的盘式削片机　　　（b）非强制进料的鼓式削片机

图6-3　非强制进料的削片机

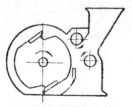 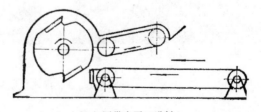

（a）进料压辊斜口进料　　　　　　　（b）履带水平口进料

图6-4　强制进料鼓式削片机

6.1.2　盘式削片机

盘式削片机可分为，普通盘式削片机（飞刀 4 ~ 6 片）、多刀盘式削片机（飞刀 8 ~ 12 片）和螺旋面盘式削片机。

这三种削片机喂料方式又有斜口喂料和平口喂料（或称水平喂料）两种，出料也有上出料和下出料两种方式。长原木的削片，一般采用平口喂料，短原木和板皮的削片可采用斜口喂料，亦可采用平口喂料。

盘式削片机由机架、刀盘、进料口、罩壳、电子系统等部分组成。盘式削片机工作原理：木料由进料口送入，当木料接触到削切刀片时，随着削切刀盘的高速旋转进行削切，所削切的木片在削切室内由削切刀盘上的风叶所产生的高速气流送出。

6.1.2.1　普通盘式削片机

（1）主要结构

盘式削片机的切削机构是一个铸钢刀盘套装在主轴上，用键和防松螺母固定。主轴由两个球面轴承支承，止推轴承用来抵消在切削时所产生的轴向分力。主轴由电动机经联轴节直接驱动，也可采用三角皮带传动（图 6-5）。

刀盘还起飞轮作用，故要求刀盘有较大的重量。刀盘直径是根据被加工原材料特征和生产率要求而定，通常为 900 ~ 4200mm。

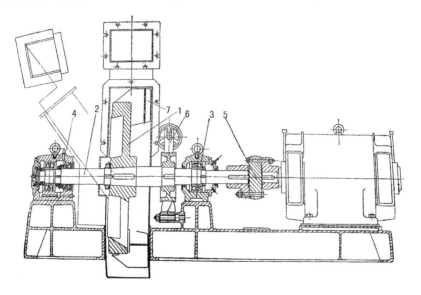

1. 刀盘；2. 主轴；3. 轴承；4. 止推轴承；5. 联轴器；6. 制动器；7. 叶片

图 6-5　普通盘式削片机的结构

（2）飞刀和底刀

飞刀通常由碳素工具钢或合金钢制造，为矩形板状，长度由刀盘直径决定，厚度一般为 20 ~ 25mm，宽度一般为 160 ~ 25mm，楔角 30° ~ 42°。

底刀有两块，一块位于进料槽的下端，楔角一般为 80° ~ 90°；另一个位于进料槽的底部侧面，称为旁底刀，楔角为 60° ~ 65°，具体大小与 α_2 有关。

刀盘上所有刀片的伸出量必须保持相同。刀片要经常更换、刃磨，保持刃口锋利。更换时，利用带式制动器，锁住刀盘，以免换刀时发生事故。每换一把刀片后，转动一下刀盘，再换下一把刀片。刀片刃磨后，需重新调整刀片的伸出量。图6-6所示为采用重新浇铸铅条定位。利用刀片后部的牙齿相对于楔形垫块移动1~2个齿来调节的。前者调节是无级的，刃磨量少，应用较普遍。采用齿形垫块或铸铅条的目的，是防止切削过程中，因阻力或离心力使刀片产生位移。

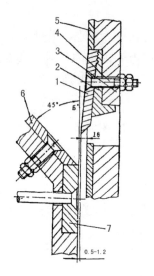

1. 飞刀；2. 楔形垫块；3. 刀盘；4. 调节螺钉；5. 护板；6. 铅条；7. 底刀

图6-6　盘式削片机飞刀和底刀的安装

由于盘式削片机的飞刀作平面运动，因此飞刀和底刀能较好地形成剪切作用，故原材料厚度对切削质量的影响不大。为了提高生产率，进料槽高度尺寸可取得大些，大多数设计成正方形。从理论上来说，盘式削片机的飞刀和底刀的间隙可调得很小(0.3~0.5mm)，但实际上考虑到刀盘的偏摆，此间隙一般调到0.5~1mm。刀盘直径小时取小值，反之，取大值。

(3)进料槽

进料槽分为水平进料槽(长料)和倾斜式进料槽(小于2m的短料)两种。

盘式削片机的进料槽主要有水平和倾斜式两种(图6-7)。水平式主要用来加工长料，后者主要加工小于2m的短料。形状主要为正方形，也有圆形、多角形等。对于加工较长原料的削片机进料槽应有足够的长度，防止原料跳动。$\alpha_1 = 45°~52°$，是进料槽的中心线与水平线的夹角(倾斜角)；$\alpha_2 = 20°~30°$，是进料槽的中心线在水平面的投影与刀盘中心轴线的夹角(偏角)。倾角和偏角对木片的切口面积、长度、厚度以及削片时的动力消耗有密切的关系。倾斜料槽通常还具有转角(料槽底平面与水平面的夹角)，其作用是使小直径原木、枝桠材在切削时沿槽底滑向刀盘的中心，减小切削阻力矩，减少能耗，以利于实现连续切削的条件。水平料槽通常只具有一个偏角，由于存在偏角，切削时也有一个进料方向的切削分力牵引木材作进给运动，因此切削较大直径原木的水平料槽盘式削片机也可不设进给机构，只需水平安置的喂料皮带或喂料滚台。

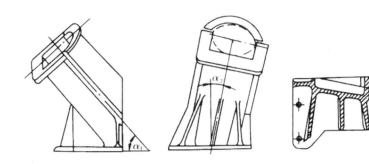

$\alpha_1 = 45°\sim 52°$ 进料槽的中心线与水平线的夹角（倾斜角）

$\alpha_2 = 20°\sim 30°$ 进料槽的中心线在水平面的投影与刀盘中心轴线的夹角（偏角）

图 6-7 进料槽的安装角度

（4）木片的形成

盘式削片机工作时，飞刀作平面运动，飞刀和底刀能形成良好的剪切作用，被切下来的木片，经过刀盘窄缝时，由于飞刀前刀面的压力作用，被分裂成一定厚度的木片流向刀盘后面。

刀盘背面盘缘处装了 6~8 个叶片（图 6-5），它随刀盘旋转推动木片在机壳内运动，并形成强大的气流（风压和风量），将木片沿切向排料管送到木片料仓。

6.1.2.2　多刀盘式削片机

多刀盘式削片机的特点有：①能实现连续切削，减少原木跳动，削片质量高；②飞刀数目增加和刀盘转速提高（比普通削片机高 50%~100%），生产能力高；③切削连续进行，电动机载荷稳定；④刀盘的转速高，可以蓄存较大的飞轮能量，单位生产能力的装机容量可较小，可采用电动机直联传动。

（1）实现连续切削的条件

普通盘式削片机削片过程中，削片刀对原木的切削是间歇进行的，即当第一把刀已离开原木后，要隔一段时间第二把刀才开始切削。这样不但影响机床的生产率，而且造成电动机载荷不稳和原料的跳动。为了改善这种情况，可采用多刀盘式削片机。

在削片过程中原木在牵引力作用下作进给运动，原木的被切断面紧贴着刀片的后面，并沿着刀的后面做相对移动（图 6-8），若被切断面的上部移动到刀盘面 B 点处，而相邻的第二把刀就开始切削，这是保证连续切削的必要条件。为满足这一条件，多刀盘式削片机的后角应由下式确定：

$$\mathrm{tg}\alpha = \frac{h}{L - l\sin\alpha_1} \qquad\qquad （式 6\text{-}1）$$

式中：L——相邻两刀片之间的平均距离，弧线长度，mm；

　　　h——刀片的伸出量，mm；

　　　l——木片的理论长度，mm；

　　　α_1——进料槽的倾斜角，°。

设刀盘上刀片总数为 Z，刀片刀口中点至刀盘中心的距离（即平均半径）为 R，则 L 为：

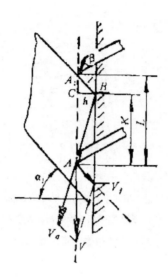

图6-8　多刀盘式削片机实现连续切削的原理图

$$L \approx \frac{2\pi R}{Z}$$　　　　　　　（式6-2）

带入上式得：

$$\mathrm{tg}\alpha = \frac{Zh}{2\pi R - Zl\sin\alpha_1}$$　　　　　（式6-3）

上式就是多刀盘式削片机的设计依据。尚须指出，多刀盘式削片机实现连续切削，须满足如下条件：

$$2\pi R\cos\alpha_1 \leqslant ZDd$$　　　　　　（式6-4）

由上式可见，当原木直径 d 一定时，多刀比少刀易于实现连续切削。

多刀盘式削片机实现连续切削时，在切削过程中至少有一把刀切入木材，这就大大减少原木在料槽中的跳动，所以削片的质量较高。由于切削是连续进行的，所以多刀削片机的生产能力要比普通盘式削片机高。

利用多刀盘式削片机切削，直径不大的枝桠或板条时，不能形成连续切削，为充分发挥其作用，最好采用成捆进料。

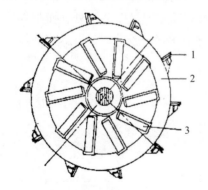

1. 叶片；2. 刀盘；3. 飞刀

图6-9　10刀盘式削片机的刀盘

（2）刀盘

多刀盘式削片机的结构，基本和普通盘式削片机一样，只是在刀盘上多装一些刀片，一般为8~12片，最多的有16片的。图6-9是10刀盘式削片机的刀盘结构示意图。

（3）飞刀和底刀安装

多刀削片机由于刀片数的增加，若采用普通盘式削片机的装刀方法则无法安装，因此，多刀盘式削片机的刀片是固定在刀盘的窄缝中，刀片的前面与刀盘平面夹角一般为45°，如图6-10所示。飞刀安装于专门的飞刀座上，飞刀座装在刀盘上。刀片的夹紧是用带有螺栓的刀夹实现的。刀盘正面衬以耐磨的扇形护板，用埋头螺钉固定在刀盘上。为了提高机械的利用时间，刀子的调整是在机外进行的。调整时，把每次刃磨后的刀片放入调刀盒内，利用调节螺钉使刀刃在整个长度上与调刀盒之间形成一致的间隙，而后再装在刀座中，并用螺栓夹紧。

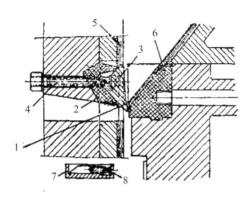

1. 飞刀；2. 飞刀座；3. 刀夹；4. 螺栓；5. 护板；6. 底刀；7. 调刀盒；8. 调节螺钉

图 6-10　多刀盘式削片机的飞刀和底刀安装

6.1.2.3　螺旋面盘式削片机

螺旋面盘式削片机，可切削直径 200mm 以下的原木、小径材和枝桠材。削片机主要由主机、联轴器、底架、电机等四部分构成，其中削片机主机由刀盘、上下罩壳、投料口及出料口等部分组成。

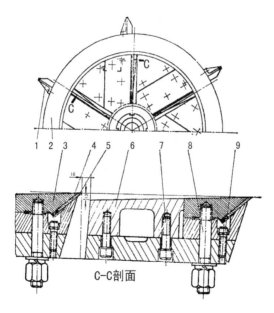

C-C 剖面

1. 叶片；2. 刀盘；3. 压刀块；4. 螺旋飞刀；5. 垫刀块；6. 扇形块；7、9. 螺钉；8. 双头螺栓

图 6-11　螺旋面盘式削片机刀盘结构

6.1.3 鼓式削片机

鼓式削片机的切削机构是一个筒状的刀辊（鼓），在刀辊表面平行于轴线装着若干飞刀，机座上装有一片底刀，飞刀与底刀组成切削机构，将输入的原料切成削片。鼓式削片机切削原料范围较广，如小径木、木材采伐剩余物（枝桠、枝条等）和木材加工剩余物（板皮、板条、圆木芯废单板等）。也可用来切削非木质原料。（毛竹、棉秆、麻秆、芦苇等）。

6.1.3.1 主要结构

常见的鼓式削片机由机座、切削部分（飞刀辊、底刀座）、进料部分（上下喂料辊、托料辊、输送带）、筛网、传动系统、液压系统等部分组成（图6-12）。

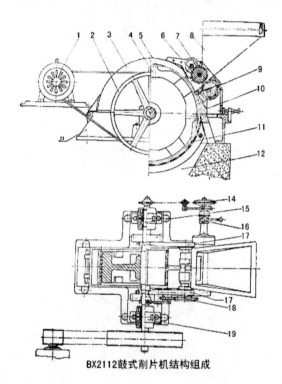

BX2112鼓式削片机结构组成

1. 电机；2. 皮带轮；3. 罩壳；4. 刀鼓；5. 飞刀；6. 上进料辊；7. 下进料辊；8. 进料槽；
9. 底刀；10. 底刀座；11. 筛网；12. 出料口；13. 机座；14. 下进料辊传动链；15. 主轴；
16. 手动润滑器；17. 摇臂；18. 上料辊传动齿轮；19. 轴承座

图6-12 斜口进料鼓式削片机的外形结构

6.1.3.2 切削部分

电机通过三角皮带、皮带轮驱动装有4把飞刀的刀鼓旋转。飞刀和装在底刀座上的底刀组成一个剪切机构（图6-13），当原料由进料辊送入时，即被剪切成木片。

削片机在工作过程中，因切削的间歇性、加料不连续性、瞬时切削截面的变化等，引起切削功率发生变化。因此刀鼓上驱动力所做的功与切削阻力所做的功不相等，造成刀鼓速度的波动，这样就降低了机器的效率，影响机器寿命及增加动力消耗。所以通常将装在主轴上的皮带轮和刀鼓按飞轮设计要求进行设计，使它们能在驱动力所做的功超过切削阻力所做的功时，把多余的能量贮存起来，即使其动能加大而速度增加不大，相反，当切削阻力的功超过驱动功时，又把贮存的能量释放出来，即使飞轮动能减少，而速度降低不致太大。这样就使削片机在工作中速率不致波动过大。

刀鼓是一个直径为 1160mm 的铸钢辊，由两个键和主轴联结。4 把飞刀装在刀鼓上，在飞刀前方、刀鼓的轮缘上有 4 条排料槽口，切下的木片由排料槽口落至刀鼓内，再经轮缘上的 8 个缺口落到筛网上。

飞刀背面为半径 580mm 的圆弧面，圆弧的中心与主轴中心有一个偏距，以保证切削后角。如果后角选择适当，切削时木材端头紧贴圆弧面的刀背，可以减少木材跳动，保证削片的质量。楔角约为 35°，刃磨时磨削刀的前面。底刀由 4 个埋头螺钉固定在底刀座上。飞刀和底刀之间的间隙，原则上要求在 0.8~1.0mm。调节时松开连接底刀座和机座的螺帽，使底刀座沿导轨方向移动，就可调节飞刀和底刀的间隙，如图 6-13、图 6-14。

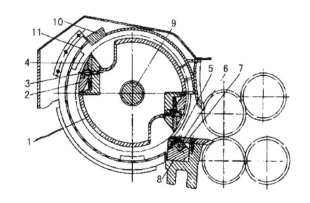

1. 刀鼓；2. 飞刀；3. 飞刀紧固螺栓；4. 压刀块；5. 底刀紧固螺栓；

6. 底刀；7. 底刀压刀块；8. 底刀座；9. 主轴；10. 碎料杆；11. 筛网

图 6-13　BX218 的切削机构

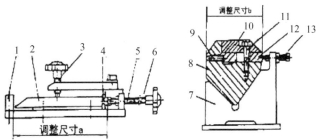

1. 定位挡块；2. 飞刀；3. 压紧螺钉；4. 飞刀底部调整螺钉；5. 飞刀调整装置限位螺杆；

6. 限位手柄；7. 底刀调整装置；8. 底刀座；9. 底刀调整螺钉；10. 压紧块；

11. 底刀压紧螺栓；12. 底刀；13. 底刀限位螺钉

图 6-14　BX218 飞刀和底刀的调节

鼓式削片机在切削过程中，切削力在进料方向的分力有时成为木材进给的阻力（推出力），有时成为木材的牵引力（拉入力）。因此，若鼓式削片机的刀鼓直径，被加工原料的最大厚度，进料槽的倾斜角度等参数选择恰当，则鼓式削片机也可不用强制进料装置。林区用的移动式削片机，为了减轻重量，可以采用无强制进料装置的鼓式削片机。但是，由于鼓式削片机的切削过程是间歇进行的，这就造成切削过程中木料的跳动，所以一般应采用强制进料装置，以减小木料跳动，保证削片质量。此外，φ 角的数值愈小愈接近纵向切削，φ 角的数值愈大愈接近端向切削，为减少动力消耗，尽可能使 φ 角在较小的数值范围内变化。在一定的刀鼓直径下，被加工材料愈厚 φ 角变化范围愈大，剪切作用愈差，所以鼓式削片机不适于切削大直径的原木，其进料口大都设计成高度小、宽度大的长方状。

6.1.3.3 筛 网

筛网装在刀鼓下面的机座上（图6-12），筛网由筛板架、筛板和挡铁等组成（图6-15）。

筛板上钻有直径为40mm的圆筛孔（有的也采用方孔），筛板用铆钉和筛板架铆接。削下来的木片，经筛网孔排出，再由风机吸走。大块木片被筛板上挡铁挡住，再由飞刀破碎后排出。因此，经该削片机切削后的木片没有大块的，质量较好。但也增加了碎木片量。

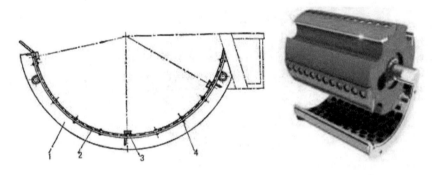

1. 筛网架；2. 筛板；3. 挡铁；4. 铆钉

图6-15　筛网的结构

6.1.3.4 进料部分

进料部分包括上、下喂料辊和进料槽以及底刀座（图6-12）。

上进料辊为一个带槽纹的铸钢辊，它由主轴通过一组减速齿轮驱动。齿轮组和上进料辊都装在两个摇臂上，摇臂的一端套装在主轴上，另一端搁置在上进料辊的提升机构（图中未标识）上。这种结构可以保证上进料辊高度变化（被加工材料厚度变化）时，仍然能正常进给木材。

下进料辊也是铸钢槽纹辊，用一对向心球面轴承装在底刀座上，与上进料辊相对应。它由主轴尾端的链传动系统减速传动。其转速与上进料辊相同，方向相反。

进料槽底面与水平面倾角40°，便于木材沿槽底滑向进料辊。槽口装一排挡铁，防止偶然向外反弹的木料造成事故。

图6-16为BX218所示鼓式削片机的进料系统及传动原理图。

6.1.3.5 传动系统

图6-17所示为图6-12机型的传动系统图。刀鼓和上、下进料辊均有主电动机驱动，它们之间由定比齿轮组和链传动联系，从而使主运动和进给运动的速比保持一个定值。因

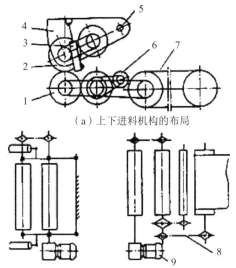

（a）上下进料机构的布局

（b）上进料机构的传动系统　（c）下进料机构的传动系统

1. 下进料滚；2. 上进料滚；3. 压紧油缸；4. 上进料滚座（压紧横梁）；5. 摆轴；

6. 支撑辊；7. 进料输送皮带；8. 传动链轮；9. 进给电机

图 6-16　BX218 鼓式削片机的进料系统

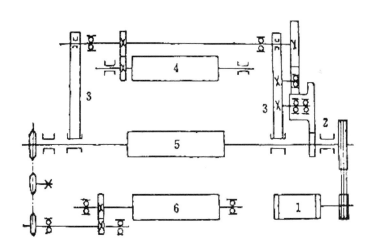

1. 主电机；2. 动轴承；3. 摇臂；4. 上进料辊；5. 刀鼓；6. 下进料辊

图 6-17　传动系统图

此，该机切制的木片长度是一个定值，约 20mm。木片理论长度 L 可由下式确定：

$$L = \frac{\mu}{n \cdot z} \times 10^3 \qquad\qquad （式 6-5）$$

式中：μ——进料速度，m/min；

　　　n——刀辊转速，r/min；

　　　z——飞刀数量。

6.1.3.6　强制进料鼓式削片机的生产率计算

$$Q = 3.6 \times 10^{-3} \, B H V_f K_1 K_2 K_3 K_4 \qquad\qquad （式 6-6）$$

式中：B——进料口宽度，m；

   H——进料口高度，m；

   V_f——进给速度，m/s；

   K_1——机床利用系数，0.7~0.8；

   K_2——工作时间利用系数，0.8~0.9；

   K_3——进料口装满系数，0.3~0.7；

   K_4——原料端面实积系数，枝桠枝条材0.2~0.3；板皮和板条0.3~0.5细径原木0.4~0.7。

6.1.4 盘式削片机和鼓式削片机的比较

盘式削片机进料槽口的形式接近正方形，其高度和宽度尺寸基本上相等，适宜于加工原木、间伐材和成捆的枝桠等，可以获得较高的生产率。若用来加工板皮、边条等截面尺寸较小的原料，进料时不易将料槽充满，设备的生产能力不能充分发挥。

鼓式削片机进料槽口的形状大都呈矩形，料槽口的高度小而宽度大，故对各种形状的原料具有较火的适应性。但是鼓式削片机不适宜切削较大直径的原木，因为鼓式削片机的飞刀作圆周运动，切削力的方向随着飞刀的位置不同而变化，因此布削片过程中不能很好地形成有利的剪切，而是砍剁木材，切削功率消耗大，且易产生碎料。

盘式削片机的飞刀作平面运动，故飞刀和底刀能较好地形成剪切作用，所耗切削功率相对地较小。盘式削片机削片时木材跳动小，加工的木片质量较好，碎料少。一般切削直径较大的原木常采用非强制进料的盘式削片机。强制进料的削片机(盘式和鼓式)通常用于加工制材和其他木材加工的剩余物，因为较短小的原料切削时易跳动，为保证木片质量，故需采用强制进料装置。对于板皮等原料的加工，通常采用一对或两对刺辊进料装置。

6.2 刨片机

刨片机是刨花生产备料工段主机之一，以木片、竹片、碎单板为原料，将其刨削成一定厚度的刨花，作为制造刨花板的原料(图6-18)。

机器由机座、刀辊、叶轮、磁选、分离、重物分离、振动给料，液压系统、制动系统等部分组成，并附有磨头调刀装置等辅助设备。

图6-18　木片加工成刨花

6.2.1　刨片机的分类

按结构可分为，鼓式、盘式和环式刨片机三种（图 6-19～图 6-21）。盘式刨片机由于生产率度低，逐渐被鼓式刨片机代替。

按进料方式分为，连续进料和间歇进料两种。

按原料预加工可分为，短料和长料刨片机。

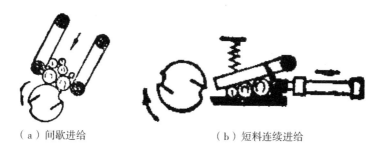

（a）间歇进给　　　　　　　　　　　（b）短料连续进给

图 6-19　鼓式刨片机

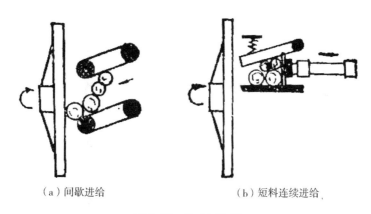

（a）间歇进给　　　　　　　　　　　（b）短料连续进给

图 6-20　盘式刨片机

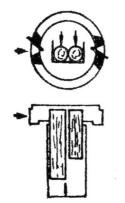

（a）长料连续进给的双鼓轮刨片机　　　　（b）短料连续进给的双鼓轮刨片机

图 6-21　环式刨片机

6.2.2 鼓式刨片机

鼓式刨片机和鼓式削片机的主要区别是切削方式不同，刨片机采用横向切削，削片机采用纵端向切削。同时鼓式刨片机切制的刨花形态好，但有厚度变化。

6.2.2.1 技术参数(表6-1)

表6-1 BX456刨片机主要技术参数

项 目	参 数	项 目	参 数
设备型号	BX456	刀鼓转速/(r/min)	970
刀鼓直径/mm	600	进料口尺寸(长×宽)/mm	590×245
刀鼓长度/mm	601	机床尺寸(长×宽×高)/mm	2618×1460×2575
刀片长度/mm	576	主电动机功率/kW	75
刀片数量	12	进给电机功率/kW	3

6.2.2.2 基本结构

图6-22所示为BX456鼓式刨片机结构图。刀鼓用铸钢件焊接而成，套装于主轴上，用键和防松螺母固定。主轴两端的轴承座和机座相连。电动机通过联轴器直接与主轴联结。在刀鼓外缘沿轴向开有12条装刀槽和12条排料槽。12把刀片安装在装刀槽上，刀片为梳齿形，齿宽26mm、齿槽宽24mm。前一把刀片和后一把刀片的齿形是交错配置的。切削时各个刀齿分别切下一片很薄的刨花，下一把刀的齿又切下前一把刀片齿槽部位留下的木材。因此，切制的刨花厚度为每齿进料量的两倍。该机切制的刨花可直接用作芯层刨花，或经过打磨再碎用作表层刨花。

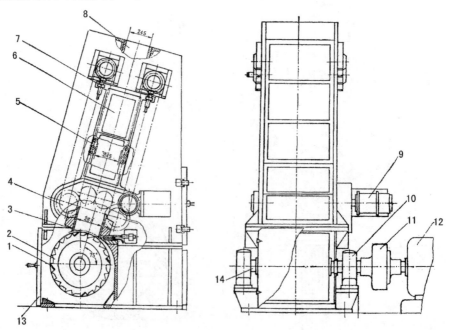

1. 飞刀；2. 刀鼓；3. 底刀；4. 进给传动系统(对列四排进给链条)；5. 进给链条；6. 进料槽(与地面夹角75°)；
7. 张紧螺杆；8. 进料口；9. 油马达；10. 轴承座；11. 联轴器；12. 主电机；13. 观察门；14. 主轴

图6-22 BX456结构图

进料槽为钢板焊制的矩形斗，其轴线与水平面呈75°夹角安装。进料口的尺寸为590mm×245mm。当木段水平放入进料斗后，由两组带齿的链条夹持木段并向刀轴送进。链条由油马达通过齿轮组驱动两根链轮轴带动所有链条运行。

6.2.2.3　刨刀的安装和调整

飞刀安装如图6-23所示。每把飞刀片以5对(共10个)螺钉拧在刀夹上，再把刀夹用4个螺钉装在刀鼓上。支撑块起限位作用，其宽度略小于刀片齿槽宽度，安装在齿槽前的排料槽中，在每条排料槽内安放5个支撑块。

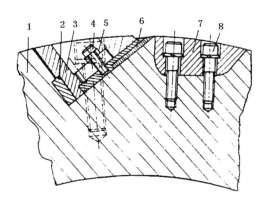

1. 刀鼓；2. 调整块；3. 刀夹；4、5、8. 高强度螺钉；6. 飞刀；7. 支撑块

图6-23　刨片机飞刀安装调整图

刀片的伸出量根据刨花厚度不同可以调节，调整时更换不同厚度的调整块，即可改变刀片的伸出量(表6-2)。底刀装在进料槽的底部如图6-22。

表6-2　刨花厚度、刀片伸出量、进料速度、液压马达转速的关系值

刨花厚度/mm	刀片伸出量/mm	进料速度/(m/min)	液压马达转速/(r/min)
0.2	0.28	1.175	6.3
0.4	0.57	2.35	12.6
0.6	0.85	3.525	18.9

6.2.3　环式刨片机(双鼓轮)

双鼓轮刨片机是将削片机切削出来的木片、碎单板片刨切成一定厚度的刨花。

它刨切的刨花质量不如鼓式刨片机，刨花的宽度尺寸差别大，最宽的接近木片厚度，窄的为针状刨花，刨花厚度也不均匀。此外，木材的树种、含水量以及喂料量和喂料的均匀性等对刨花质量的影响要比鼓式刨片机大。

6.2.3.1　技术参数(表6-3)

表6-3　双鼓轮刨片机主要技术参数

参　数	BX466型	BX468型	BX4612型
刀轮名义直径/mm	600	800	1200
刀片数/把	21	28	42
刀片长度/mm	225	300	375

（续）

参　　数	BX466 型	BX468 型	BX4612 型
刀轮转速/(r/min)	50	50	50
叶轮转速/(r/min)	1960	1450	930
主电机功率/kW	75	132	200
生产率/(kg/h)	700～900	1500～3000	3000
刨花厚度/mm	0.4～0.7	0.4～0.7	0.4～0.7
重　量/t	3	5.4	7.3
外形尺寸(长×宽×高)/mm	2800×2265×2110	3130×2512×2380	2150×2400×2790

6.2.3.2　基本结构和工作原理

图 6-24 所示为 BX466 双鼓轮刨片机结构图，它由进料斗、刀环、叶轮和机座等组成。为了获得较好的刨花质量，同时延长刀片、刀环和叶片的使用寿命，双鼓轮刨片机均应配置振动喂料装置和磁选装置(图中未表示)，以便控制喂料的均匀性和有效地清除混入木片的铁屑。喂料装置将木片连续均匀地送入料斗，较轻的木片在旋转叶轮造成的气流作用下吸入刀环内，并在气流和离心力作用下紧贴刀环，木片由叶轮的叶片(叶轮与刀环相对旋转)推送下进行刨切，刨花从刀前的缝隙中排出，如图 6-25 所示。较重的泥块等杂物在自重作用下由料斗下口排出。

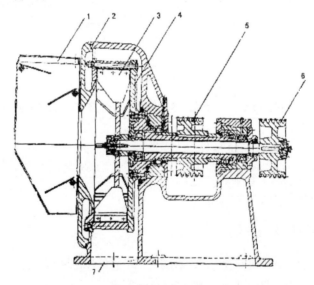

1. 进料斗；2. 机盖；3. 叶轮；4. 刀环；5. 刀环转动皮带轮；6. 叶轮反向转动皮带轮；7. 落料口

图 6-24　BX466 双鼓轮刨片机结构

刀环(图 6-24)由刀架和两个圆盘组装而成，并用螺钉紧固在空心套轴端部法兰上，空心套轴上装有驱动皮带轮。刀环内径为 600mm，其上均匀安装 26 把刀片，刀片的楔角为 36°。叶轮紧固在主轴的端头，叶轮的外径为 597mm，主轴的另一端装有皮带轮。刀环转向为逆时针，叶轮转向为顺时针，转速均为 1200r/min，电动机功率均为 22kW。

双鼓轮刨片机刨切刨花的质量和功率消耗与下述参数有关：刀片的伸出量 h，刀前缝隙的尺寸 s，叶轮和刀环内壁之间径向间隙值 r，刀刃磨钝半径 ρ，刀环内壁磨损不均匀程

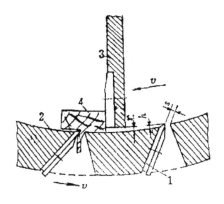

1. 刨刀片；2. 刀环(逆时针转)；3. 叶叶轮片(顺时针转)；4. 木片

图 6-25　双鼓轮刨片机的工作原理

度，叶轮叶片端部磨损程度以及被加工木片的尺寸和形状等。刀片伸出量 h 和刀前缝隙的尺寸 s 可以根据刨花厚度 e 按下述公式计算：

$$h = e - 0.054/0.767 \qquad\qquad\qquad (式 6\text{-}7)$$

$$s = e + 1.3 \qquad\qquad\qquad (式 6\text{-}8)$$

　　叶轮和刀环内壁之间径向间隙值 r 一般为 $1 \sim 1.5\text{mm}$。间隙过小，切削功率显著增加，这是由于碎木片的挤压，在缝隙内增大了摩擦阻力。间隙过大，切出的厚刨花比例显著增加，符合公称厚度的刨花比例下降。随着刀环内壁磨损不均匀程度的增大，刨花厚度不均匀性也随之增大。叶轮叶片的磨损和切刀变钝也影响刨花的质量和动力的消耗。

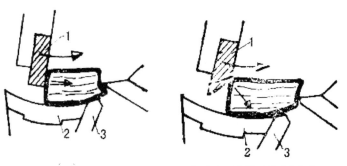

（a）切刀锋利时的受力状态　　　　　（b）切刀变钝时的受力状态

1. 叶片底刀；2. 刀环；3. 背压板(刀门间隙调整板)

图 6-26　木片的两种切削受力状态

　　图 6-26 列示了木片的两种切削受力状态。图 6-26(a)表示叶片和切刀未变钝情况下刨切，叶片推送木片，其推力平行于刀环内表面，刨切过程处于良好的工作状态。图 6-26(b)表示叶片和切刀变钝情况下刨切，叶片推送木片，其推力不平行刀环内表面，径向分力使木片压向刀环内表面，因而增加摩擦阻力和动力消耗，并加剧刀环防磨垫板的磨损。木片在通过变钝的切刃和叶片之间的间隙也受到挤压，故获得的刨花都较细碎。

　　削片机和刨片机的比较如表 6-4。

表 6-4　削片机和刨片机的比较

项　目	削片机	刨片机
切削机构	刀盘、刀辊等	鼓轮、刀轴、刀盘等
切削特征	端纵向切削	横向或接近于横向切削
适用原料	原木、采伐剩余物、木材加工剩余物	小径原木、加工剩余物、木片
评价指标	木片规格	刨花厚度

6.3　热磨机

热磨机是将木片分离成纤维的设备，是纤维板生产中的关键设备。目前采用的纤维分离设备主要有加热机械法的热磨机、精磨机和高速磨浆机。热磨机在高温高压下，将木片等植物原料分离成纤维的一种连续式分离设备。该设备加工出的植物纤维结构完整、得率高，耗电量低，得到广泛应用。精磨机加工原理和结构基本同热磨机，是将纤维再进一步磨细。但逐渐有淘汰的可能，主要原因是现代热磨机朝磨盘大型化、高速化、大功率方向发展，一次磨浆可以达到工艺要求，没有必要再增加精磨机了。高速磨浆机包括单磨盘、双磨盘和三磨盘。一般是加工前预先将原料软化，在常温、常压或较低的温度下进行纤维分离的设备。

6.3.1　热磨机的主要结构

热磨机主要由机座及传动部分、进料装置、预热蒸煮装置、研磨装置、排料装置、油路润滑、冷却及电控系统部分等组成（图 6-27）。

6.3.2　热磨机的工作原理

料仓的木片通过出料螺旋均匀的向热磨机进料螺旋供料，物料经过进料螺旋压缩，形成料塞（防止预热蒸煮罐内蒸汽由进料装置向外反喷），送入到预热蒸煮罐进行软化处理（软化时间由料位计、下部出料螺旋转速决定），然后由输送螺旋从静磨盘中部送入研磨室，由动静磨盘的相对运动，把送入它们之间的软化木片在高温、高压下分离成纤维。再在蒸汽压力的作用下通过排料装置排出，进入拌胶（添加剂）、干燥工序。

6.3.3　热磨机的进料装置

热磨机的进料装置有活塞式、转阀式和螺旋式三种，目前主要应用的是螺旋式进料装置。

6.3.3.1　螺旋式进料装置

由于物料将要在一个密闭的容器内进行木片的预热蒸煮，因此利用螺旋的必须将松散的木片连续形成料塞，从而可以密封高压蒸汽，又能实现连续进料。这就要求螺旋进料装置有较好的耐磨性，还应有相应的热膨胀适应性。

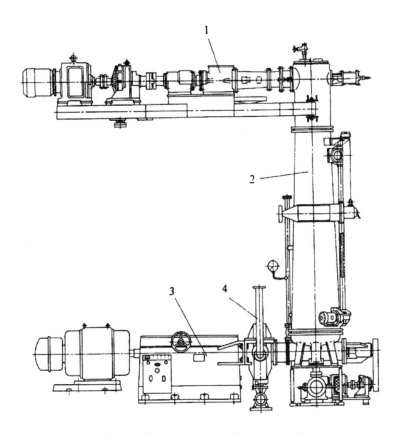

1. 进料装置；2. 预热蒸煮装置；3. 研磨装置；4. 排料装置

图 6-27 国产 BM119/10D 热磨机

（1）螺旋式进料装置的组成

螺旋进料装置主要由机座、螺旋、螺旋管、外塞管、动力系统、传动系统等组成（图 6-28、图 6-29）。

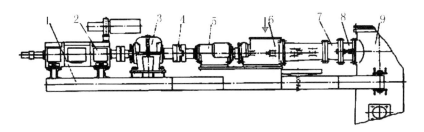

1. 底座；2. 进料电机；3. 减速器；4. 联轴器；5. 轴承箱；

6. 进料螺旋；7. 外塞管；8. 内塞管；9. 预热罐

图 6-28 热磨机的螺旋进料装置

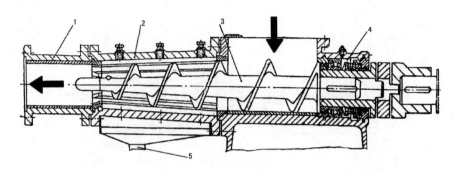

1. 外塞管；2. 螺旋管；3. 进料螺旋；4. 轴承座；5. 滤水孔（排水防滑）

图 6-29　进料螺旋的结构组成

（2）螺旋的结构形式

热磨机进料螺旋的结构类型如图 6-30 所示。一般热磨机的进料螺旋都采用组合式单头螺旋，进料段采用圆柱等距螺旋，压缩段采用不等距圆锥螺旋。常用螺旋角在 15°左右。

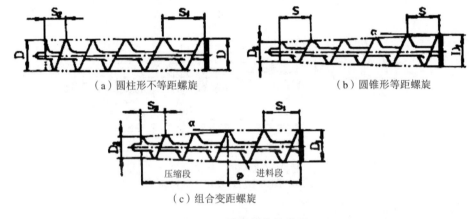

（a）圆柱形不等距螺旋　　　　　　　　（b）圆锥形等距螺旋

（c）组合变距螺旋

图 6-30　进料螺旋的类型

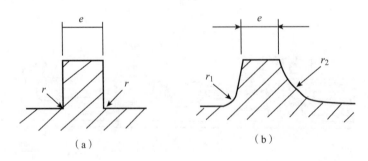

（a）　　　　　　　　　　（b）

图 6-31　螺旋叶片的法向齿形

图 6-31（a）中矩形断面螺槽容积大，适用于进料段，便于加工，但木片向前流动阻力大。$e = (0.05 \sim 0.07)D$，其中，e 是螺旋螺棱宽度，D 是螺旋外径。

图 6-31（b）中根部作了较大的圆弧过度，强度高，轴向流动阻力小。适用于压缩段，但加工不便。

螺旋头采用圆柱状的端部伸出，有利于木塞导出，防止反喷。

（3）螺旋管

螺旋管与螺旋配合，用于实现对物料的压缩和轴向输送，避免打滑。为便于制造和维修，可以作成剖分式结构。螺旋出口处的挤压、磨损剧烈，所以螺旋管出口处可采用衬套结构（塞圈），内部也有纵向沟槽，喇叭口结构（图6-32）。

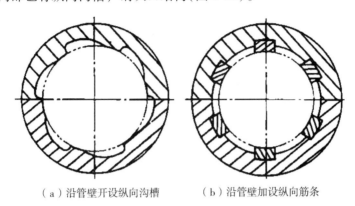

（a）沿管壁开设纵向沟槽　　　（b）沿管壁加设纵向筋条

图6-32　螺旋管的结构形式

（4）外塞管

外塞管紧接于螺旋及螺旋管的末端，用于形成密实的料塞，当料塞紧密度达到木材本身的密度，就足以起到密封作用。外塞管的孔径和形状与料塞的紧密度有关，并关系到进料机构的动力消耗，组合形比较合理，既有密度又便于排料。同时，外塞管的长度也关系到木塞的密度。外塞管的类型如图6-33所示。

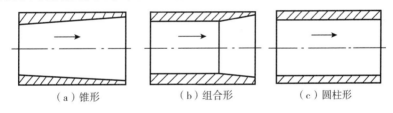

（a）锥形　　　　　　（b）组合形　　　　　　（c）圆柱形

图6-33　外塞管的类型

6.3.3.2　回转阀进料装置

转子装在一个精密配合（锥面配合，预热后阀体的衬套和转子之间的间隙约为0.051~0.076mm）的阀体内转动，转子上有若干个空腔，腔体和腔体之间通过转子叶片和阀体形成一个密闭的空间，当腔体转到上方进料口时接收物料，转到下方时靠自重落料。平衡器可以使转子两侧所受的蒸汽压力平衡，改善主轴和转子的受力状态。排气管用于在装料之前排出残存的压力气体。进气管为了能顺利落料。阀体两侧端盖上设冷却水管以使设备冷却（图6-34）。

回转阀比相同生产能力下的螺旋进料器所需的动力低，工作中不出现反喷现象，对各种原料的适应性强。但对于其加工的材料要求高，蒸汽消耗量大，没有广泛应用。

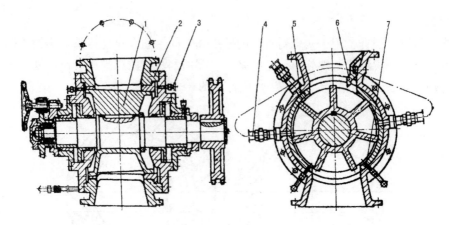

1. 转子；2. 阀体；3. 冷却水管；4. 蒸汽平衡器；5. 排气管；6. 刮刀；7. 进气管

图 6-34　回转阀的结构

6.3.4　热磨机的预热蒸煮装置

预热料仓对前一工段输送来的木片起缓冲、储存和预热作用。

6.3.4.1　预热蒸煮的主要目的

软化原料，纤维破坏损伤较小，且可获得柔韧的纤维；可降低动力消耗；原料易进行分离，且具有较好的板坯成型性能；为了得到良好的软化木片，降低磨浆能耗，采用同位素探测料位，从而导致料位仪输出电信号改变，转化成视觉效果。操作工就可确定原料在立式缸中的位置，从而确定高度和螺旋进料器的转速快慢，控制木片的软化程度（木片在预热蒸煮罐内的停留时间）。

6.3.4.2　预热蒸煮装置的组成

预热蒸煮装置主要有预热蒸煮罐、止回阀、蒸汽管、蒸汽安全阀、平衡管、料位控制器、卸料装置（出料螺旋）等组成（图 6-35）。

6.3.4.3　预热罐与蒸汽管

预热罐是预热蒸煮装置的主要组成部分，是高温高压蒸汽对原料进行软化的场所。其罐体是由不锈钢制成的受压容器，常采用上小下大的圆筒（锥形）形结构。

罐体中通蒸汽的管路各热磨系统不尽相同，国产 BM119/10D 热磨机有四路蒸汽入口，一路安装于罐体的顶部，另外三路成 120°角安装于靠近罐体底部的同一水平面上，这样有利于蒸汽穿透与渗透料堆内部，使物料软化均匀，亦可防止物料在罐体底部板结搭桥。罐体上还配有压力表和安全阀，以保证预热罐的安全。

平衡管（只针对大磨盘装备设置）设置原因：在研磨室内，一方面，研磨动力一部分转化为热能，引起温度和压力升高；另一方面，排料会造成蒸汽压力和温度的下降。这两种情况都会造成磨盘内外两侧出现较大的蒸汽压力差。这种差异会影响均匀排料；使研磨时间得不到保证，造成研磨质量下降。平衡管用于调节整个设备中蒸汽压力和温度。平衡管安装在预热罐和研磨室之间。

6.3.4.4　防反喷装置

在预热罐的上部，与螺旋进料器内塞管出料口相对应的一侧，安装一个防反喷装置，

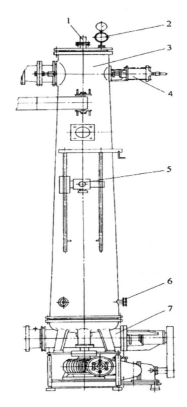

1. 蒸汽管；2. 压力表；3. 蒸煮罐；4. 止回阀；5. 料位控制器；6. 蒸汽管；7. 卸料与出料装置

图 6-35 热磨机的预热蒸煮装置

也称止回阀。它主要是由一根活塞杆及其伸出端所带的锥形塞组成(图 6-36)。其作用是当进料螺旋所形成的料塞较松时，靠气缸的气压作用使锥形塞封住内塞管的出料口，防止"反喷"现象的发生。同时可以利用止回阀在内塞管出料口上施加一阻力，保证形成密实的料塞；也有利于热磨机启动时最初料塞的形成。

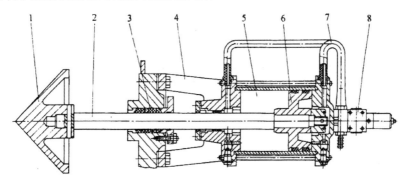

1. 锥形塞；2. 活塞杆；3. 盘根；4. 支座；5. 气缸；6. 活塞；7. 进气管；8. 电磁阀

图 6-36 热磨机的防反喷装置

该装置可以通过手动或机动控制电磁阀的开启。机动控制主要是通过控制进料螺旋的电机的电流值来实现。电流小时(下限)，电磁阀动作，锥形塞压向进料螺旋出料口，以形成密实的料塞和封闭预热蒸煮罐；电流大时（上限），电磁阀换向，气压减小，进给阻力减小以利于出料。

6.3.4.5 料位控制装置

木片在预热罐内蒸煮时间的长短对于纤维分离是非常重要的，木片在罐内的蒸煮时间是由料位高低来决定。在卸料器输送螺旋转速一定的情况下，料位越高，木片在罐内停留的时间越长。为了监测和控制罐内的物料堆积高度，进而实现对蒸煮时间的控制，在预热蒸煮罐内设有料位控制装置。

料位控制装置一般由料位探测器和电器控制系统组成。根据探测原理，有接触和非接触之分，前者如电阻式料位探测器，后者是目前广泛使用的 γ 射线料位探测器。

6.3.4.6 卸料器与送料螺旋

卸料器与送料螺旋安装于预热罐的底盘上，用于将蒸煮好的物料均匀、连续地供给热磨机的磨盘。

卸料器在罐底内部的部分有拨料爪和锥形帽，均用不锈钢材料制成。拨料爪的驱动电机通过蜗轮蜗杆减速器以 11r/min 的速度转动，不断拨动软化了的物料，防止木片在预热罐内"搭桥"，并使物料逐步落入罐底缺口下的送料螺旋内送入磨盘研磨（图 6-37）。

送料螺旋的转速应与物料的蒸煮时间相匹配，并保证均匀、定量的供料。送料螺旋的传动应能实现无级调速（5~50r/min）。

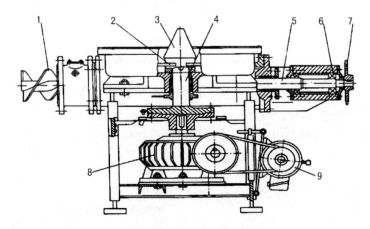

1. 送料螺旋；2. 拨料抓；3. 锥形帽；4、5. 轴；6. 轴承；7. 链轮；8. 减速器；9. 电机

图 6-37 热磨机的拨料器和送料螺旋

6.3.5 热磨机的研磨装置

热磨机的研磨装置是热磨机的主体，其作用是将蒸煮软化后的原料（木片）通过送料螺旋送入研磨室的磨盘中，使其受压缩、拉伸、剪切、扭转、冲击、摩擦和水解等多次重复的外力作用将纤维分离。

分离纤维是中密度纤维板区别其他板材最突出的特点。纤维质量是板材性能优异的关键所在。分离纤维是在高温（160~180℃）、高压的条件下工作的，它既是中密度纤维板生产中重要的工序，又是最复杂的环节之一。

研磨装置应具备条件：①有较高的外力作用频率，以保证物料在纤维分离过程中连续受力，能用较短的过程与较低的能耗完成分离，并保证纤维质量。②纤维分离的单位压力可以根据物料的不同进行调整，以保证纤维质量。③磨盘的间隙应能精确控制，因为它直接关系到分离出纤维的形态。④纤维分离是在高温、高压条件下进行工作的，研磨装置应有良好的密封及冷却性能。⑤保证主轴与磨盘的运动精度等。

6.3.5.1　热磨法的优点

热磨法目前已成为纤维板生产最主要的纤维分离方法。热磨法之所以被广泛利用主要在于它有下列优点。

适用于多种原料制浆、能获得大量柔韧性和交织性好的完整纤维、得率高（达95%）、生产能力大、占地面积小、噪声小、运行平稳、自动化连续作业、大幅度提高劳动生产率等。但耗电量占到纤维板总耗电的35%~45%。

6.3.5.2　热磨法分离纤维的机理

木材是一种复合材料，也是十分复杂的生物机体，除去导管和薄壁组织以外的全部狭长木质细胞统称纤维。纤维长度多在2~5mm之间，极短者约1mm，极长者7.438mm。纤维弦向直径平均0.02~0.04mm。极小者0.01mm，极大者0.08mm。

纤维形态对中密度纤维板影响甚大，纤维完整、细长比大、柔韧和交织性好，板材质量就高。热磨法分离纤维是在加热弱化纤维牢固的结合作用后，通过机械方法而获得纤维。

分离纤维是一个十分复杂的物理力学和化学转化过程，由于其理论十分复杂，又难于观察和模拟。因此，分离纤维机理的研究，还很难量化，目前大多处于定性阶段。

6.3.5.3　研磨装置的组成

研磨装置由研磨室部分、传动与控制部分及动力部分等构成。

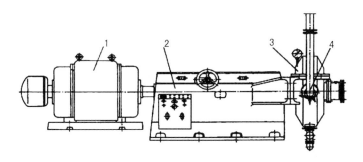

1. 大功率电机；2. 传动轴及控制部分；3. 研磨室；4. 排料装置

图6-38　热磨机的研磨装置

6.3.5.4　研磨室

研磨室部分主要由磨室壳体、固定磨盘、转动磨盘及密封与冷却装置组成（图6-39）。

磨室壳体由左右或上下两部分组成，便于安装磨片、检修。下图为上下结构的磨室壳体。上部分是可以拆卸的磨室盖，下体为磨室体，其一侧的轴向孔口嵌入一套管为研磨室的进料口。磨室壳体的另一侧孔口用于安装动磨盘和主轴，通过套轴与密封冷却装置相配合。壳体周边的孔口与排料装置连接（图中没显示），壳体底部开有排污口，用于排出冷凝

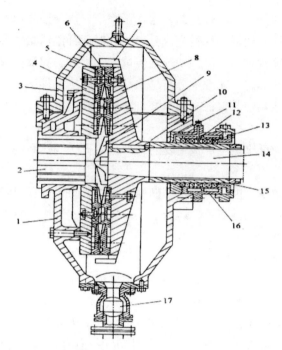

1. 磨室体；2. 套管；3. 磨室盖；4. 定磨盘；5、6. 磨片；7. 叶片；8. 动磨盘；9. 进料翼轮；10. 传动键；
11. 前高压密封环；12. 后高压密封环；13. 盘根；14. 主轴；15. 套轴；16. 冷却水环；17. 排污口

图 6-39　研磨机研磨室

水和其他杂物，常采用扁球体结构。

6.3.5.5　磨盘与磨片

磨盘包括定磨盘和动磨盘（图 6-39）。定磨盘通过基准面用螺栓紧固于磨室壳体内，其中心孔与套管相配，为物料进入磨盘间隙的入口。动磨盘通过键锥面配合于主轴端，转动磨盘在转动的同时还可以随主轴一起做轴向移动，调整两磨盘之间的间隙。转动磨盘的中央装有供料用的翼轮，以利于物料均匀地分送至两磨盘间隙之间。

磨片用螺钉固定在磨盘的端表面。磨盘通常分为整体式磨片和组合式磨片两种。组合式磨片又有单圈式和双圈式之分。在较大的热磨机中通常采用组合式磨片，每圈 4~8 片或更多（图 6-40）。国产 BM119/10D 采用双圈式组合磨片，盘上装有 8 片组成的 Φ900 的外圈磨片和 4 片组成的 Φ600 的内圈磨片。

由于动磨片是高速回转件，要求有较高的动平衡精度，一般出厂时都有标记，装配时应按编号排列，安装缝隙相等，螺栓重量相等。未作标记的磨盘安装在定磨盘上。

（1）齿条的排列形式

径向放射式的齿条是对称布置的，因此不管磨片正转还是反转都能研磨。这样，定期改变转动磨盘的旋转方向，就可以实现磨片的自行刃磨，大大提高了

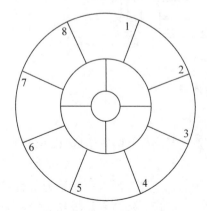

图 6-40　动磨盘上磨片的安装

磨片的使用寿命，如图6-41(a)。

切向放射式的磨片，正转时有甩出效应，纤维在磨片间通过能力强，生产率高，但研磨时间较短，反转时具有拉入效应，纤维在磨片间停留时间长，研磨充分，但生产率低，如图6-41(b)。

人字磨片是一种组合式的齿条排列形式，常用在大型热磨机中，如图6-41(c)。

(a)径向放射式　　　　(b)切向放射式　　　　(c)人字式

图6-41　磨片齿条的排列形式

根据齿面或沟槽宽度的变化，磨片可分为齿宽不变型和槽宽不变型两种，这两种目前都普遍得到应用(图6-42)。

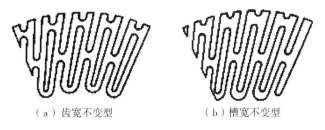

(a)齿宽不变型　　　　　　(b)槽宽不变型

图6-42　磨片齿条的宽度变化

(2)磨片的结构

磨片齿面包括进料破碎区和研磨区两部分(图6-43)。破碎区的锥度约为4°~5°，分布稀疏的数根齿条。研磨区本身又有里、外两区域组成。研磨区在设计时采用齿宽很小、数量很多的径向齿。磨片破碎区和研磨区的径向齿齿槽中还设计有周向齿(或称横筋)。周向齿在磨片上呈同心圆状或渐开线状梯次分布，其作用是阻碍原料的径向运动，延长原料的研磨时间，确保纤维的研磨质量。

两磨片在进料区形成8°~10°的锥度角，即木片在两磨盘进料区由里到外的移动过程中，磨盘间隙由大到小，木片在进料区粗磨，在研磨区精磨(径向宽度一般为40~50mm)。

磨片的材料有采用复合铸铁，表面为白口铁，背面为普通铸铁，也有采用特种铸钢，国外多采用耐磨不锈钢材料。

6.3.5.6　密封及冷却装置

热磨机主轴的一端穿过研磨室壳体进入研磨室内，用于装配动磨盘，为了防止研磨室内的蒸汽连同纤维在高压下由壳体与主轴配合处挤出研磨室而造成泄漏，在主轴套轴的外表面设有密封装置(图6-44)。

BM119/10D热磨机采用高压水和填料两种方式的组合。密封套为夹层式结构。工作时前端的高压密封环通入高压水，压力大于研磨室压力0.2~0.3MPa，密封填料采用盘

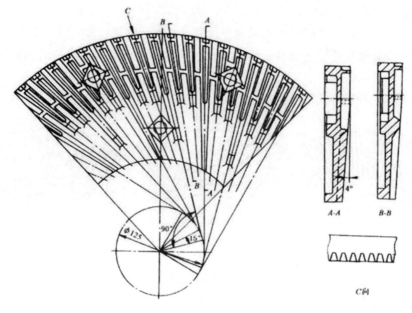

图 6-43　磨片的结构

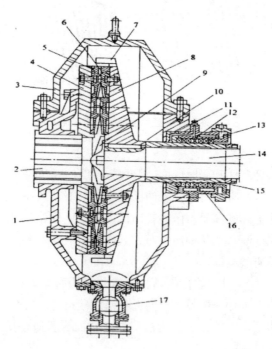

1. 磨室体；2. 套管；3. 磨室盖；4. 固定磨盘；5、6. 磨片；7. 叶片；8. 转动磨盘；9. 进料翼轮；10. 传动键；
11. 前高压密封环；12. 后高压密封环；13. 盘根；14. 主轴；15. 套轴；16. 冷却水环；17. 排污口

图 6-44　主轴与转动磨盘的装配

根，以减轻对轴套的磨损，盘根共 6 条，每 2 条 1 组，在第 1 组盘根之后又有后高压密封
环形成两路密封。

6.3.5.7　研磨动力及传动与控制系统

（1）研磨动力

热磨机主轴的驱动电机功率较大，目前功率在 60～15000kW 之间，大型热磨机为了减小主电机的体积，多采用高压供电，6000V、11000V 等，而且需要冷却系统。

主电机和主轴之间一般用齿轮联轴器连接，以保证传递大功率和轴向移动。甚至允许电机轴和热磨机主轴有微小的不对中。

（2）主轴与轴承组

热磨机主轴在传递扭矩的同时，还要承受研磨过程中产生的轴向力。而且主轴的结构及装配对设备的性能影响很大。应此热磨机的主轴必须满足强度、刚度外还需要很高的运动精度，在较高的温度下其轴向和周向跳动必须在允许的范围内。

设计主轴时应从以下几个方面考虑：合理地确定主轴的材料和热处理；合理设计主轴的结构尺寸和轴承类型；尽可能选择短轴，并使动磨盘靠近轴承座；保证主轴的加工和装配质量；设法提高主轴的工作精度，磨片间隙 $e = 0.2～0.5$mm。

（3）磨盘加压装置

分离纤维需要动磨盘和定磨盘之间产生一定的研磨压力。研磨压力的大小要根据物料的特性、生产率、预热时间等因素考虑。压力过大，纤维易切断；压力小，产量高，但纤维粗，纤维束多。

国产 BM119/10D 采用液压加压装置，包括加压装置和液压传动系统。加压油缸安装在前轴承组的后端，活塞用圆螺母固定在空心活塞杆（套轴）上，空心活塞杆与前轴承组壳体相连。压力油通过活塞、活塞杆、前轴承组、主轴、动磨盘来施压。

（4）磨盘间隙微调装置

磨盘间隙的大小直接影响到纤维的粗细和质量。精确地调节磨盘间隙是热磨机操作的关键。一般都是调整动磨盘相对于定磨盘的轴向距离来实现。

BM119/10D 热磨机的磨盘间隙微调机构直接安装于加压油缸之后，由一手轮驱动蜗轮蜗杆机构转动，蜗轮的侧面有一推力轴承压在油缸的端盖上，控制磨盘间隙就是控制蜗轮向左的轴向位移。涡轮加工成内螺纹与空心活塞杆伸出端的外螺纹相配。当蜗轮转动时就可以通过螺母丝杆机构驱动活塞杆做轴向移动。该机手轮每转动 1 圈可产生 0.17mm 的轴向位移。

6.3.6　热磨机的排料装置

安装在研磨室的排料口，用于排出磨好的纤维。

排料装置应满足的要求有：必须使研磨室内的纤维连同蒸汽按一定速度稳定排出，确保研磨室内的气压能基本保持平衡，不宜让蒸汽和纤维在短时间内大量排出，使平衡失调。密封性良好，不泄漏蒸汽和损失纤维。

热磨机的排料装置分为周期性排料装置（S 型排料管阀）和连续式排料装置（板式孔阀）两种。

如图 6-45 所示，研磨室内的纤维在高压蒸汽的喷放作用下，首先进入排料直管，经管端再碎环的作用使纤维团分散，然后经过进口阀门进入 S 型管内；由于 S 型管内两阀体

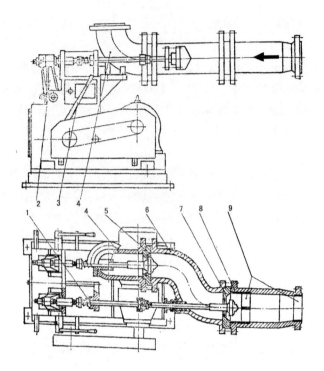

1. 阀杆(水平两处);2. 摇臂(阀杆支座);3. 手柄(手动开启);4. 弯管;
5、7. 阀门;6. S 型管;8. 接研磨室出料管;9. 再碎环

图 6-45　S 型排料管阀

的交错动作(同轴凸轮控制),从而使纤维周期性的经出阀口通过弯管排出。S 型管的弯曲程度要保证管内料不堵,存料量不多,一般曲率半径和管径大体一致。为消除排料管可能堵塞,设有人工开启出料阀的手柄,通过摇臂杠杆作用,使出料阀手工开启。一般排料阀的交替频率高而阀行程短,可以防止堵料现象,又可使磨室内的气压比较稳定。这种排料装置结构简单,但易堵料,产量低,主要用在产量小的小型热磨机系统中。

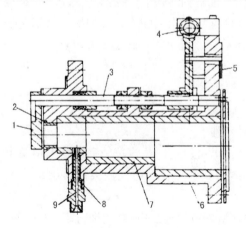

1. 阀瓣;2. 衬套;3. 转轴;4. 蜗轮蜗杆机构;5. 指针;
6. 阀体;7. 耐磨套;8. 冷却水套管;9. 喷胶口

图 6-46　板式小孔连续排料阀

如图 6-46 所示板式小孔连续排料阀由阀瓣和阀口衬套构成了可调节开度的排料阀口。阀口衬套安装于排料阀阀体的前端口,阀瓣则固定在转轴的端部,它与阀口相紧贴。

工作时,由蜗轮蜗杆机构控制阀瓣与衬套的相对位置,来实现排料口大小的调节。在阀体的出口端面上有指针及刻度来反映阀口开启大小。排料口开度的大小(全闭、全开、1/2 开度)视热磨机的产量、纤维质量及主电机电流值而定。有的热磨机采用气动装置来控制排料口的大小,以实现自动控制。阀口衬套采用不锈钢制成，磨损后可以更换。

在排料阀口后设有喷胶口。由于浆料的高速运动，胶料进入排料管后可以使胶料和纤维混合均匀，完成施胶，一起送入下道工序。在喷胶管的周边设有冷却水套管，以防因排料阀体的高温造成喷胶管内胶液固化。

这种排料装置结构简单，操作维修方便、产量高、动力消耗小，得到广泛采用。几种典型热磨机的参数见表 6-5。

表 6-5　几种典型热磨机的主要技术参数

型　号	生产能力 /(t/d)	磨盘直径 /mm	磨盘转速 /(r/min)	电动机功率 /kW	生产国
BW119/10B	18~26	900	980	312	
BW119/10D	25~40	900	980	353	中国(上海人造板机厂)
BW119/15	40~60	900	1500	837	
BW1111/10	50	1070	980	560	
BW1111/15	100	1070	1500	1120	中国(镇江林机厂)
BW1111/15A	150	1070	1500	1500	
L-32	20~70	800	1474	800	
L-36	50~100	915	1000	1000	瑞典
L-42	75~150	1070	1000	1750	(Sunds Defibrator)
L-69	300~400	1525	1500	4500	

6.4　干燥机

纤维和刨花的干燥是通过热介质供热使刨花和纤维水分蒸发，达到所要求的终含水率的过程。纤维板先施胶后干燥，含水率控制在 8%~12%，先干燥再施胶含水率控制在 2%~4%。刨花板干燥刨花的终含水率为 2%~6%。生产三层板时，表层刨花含水率 4%~6%，芯层刨花含水率 2%~4%。

6.4.1　刨花和纤维的干燥

6.4.1.1　纤维和刨花干燥的特点

采用高温快速干燥，因为刨花和纤维形态小，无需考虑其变形问题，干燥温度可以达到 350℃。热交换效率高，干燥速率快，干燥机生产能力大。干燥系统中一般配备防火、防爆安全控制系统。

6.4.1.2　纤维和刨花的运行状态

纤维在直立或水平管道中呈悬浮状态，借助于介质气流运动。刨花主要借助于机械运动，有的作悬浮状气流运动，有的介于两者之间作混合运动。

6.4.1.3　影响干燥工艺的因素

（1）干燥介质参数的影响

①介质温度

高温介质可缩短干燥时间，减少干燥管道的长度和降低动力消耗。但会引起施胶纤维的提前固化和停滞纤维的炭化问题。施加酚醛胶的纤维干燥介质温度可高于施加脲醛胶的，先干燥后施胶工艺的干燥介质温度应高于先施胶后干燥的。生产中控制介质出口温度比进口温度更重要，介质出口温度见表6-6。

表6-6 介质出口温度

干燥工艺	先施胶后干燥			先干燥后拌胶		
干燥方式	一级	二级		一级	二级	
		I级	II级		I级	II级
进口介质温度/℃	160	160	120	210	210	140
出口介质温度/℃	60~90			80~100		

②介质相对湿度

采用开动排湿风机或向干燥系统内充入低湿度介质的方法，可及时排除介质中的水分。

③介质流速

速度的选择与流经干燥系统的热量有关，当介质温度不变时，输入的总热量随介质流速的增加而增加。还与物料的运行状态有关，纤维与刨花必须有一定的风速才能处于悬浮状态。且与物料在干燥系统中停留时间有关，风速越大，停留时间越短，干燥机内介质流速的自由变化，干燥介质在机内的温度变化也引起流速的变化。

（2）物料条件的影响

①树种与初含水率

树种不同，生材的初含水率不同，细胞的组成结构不同，密度差异大，导致在相同的干燥工艺条件下，干燥速度不同。

②物料形态

刨花形状尺寸对干燥速度影响显著。木材中的水分主要是通过表面蒸发，刨花厚度与水分扩散阻力及距离密切相关，因此厚度是影响干燥速度的关键。干燥过程中，当刨花形状尺寸相差较大时，将严重影响干燥质量。一般，刨花厚度越大，需要的干燥时间就越长。

刨花尺寸的参差不齐也是影响刨花干燥质量的重要因素。在相同的干燥条件下，大小刨花混在一起干燥，会出现大刨花未达到终含水率值；小刨花过干，甚至引起火灾及爆炸危险。

对三层结构刨花板，所需的表层刨花与芯层刨花应分别干燥。

（3）干燥装置工作状态的影响

①送料浓度与充实系数

输送1kg绝干纤维所需的标准状态下的空气量称为送料浓度。在保证原料终含水率要求的前提条件下，输送浓度对干燥机效率和产量影响很大。

输送浓度较大，单位时间内，纤维受热面积大，纤维中水分蒸发速度快，干燥机效率和产量提高，但浓度过大，终含水率达不到要求，纤维的分散性差，会产生沉积现象。输送浓度较低，干燥质量好，但干燥机效率和产量降低。介质与纤维的比例为12m³:1kg，纤维停留时间 5~10s。

刨花干燥时，干燥滚筒上物料截面积与滚筒截面积之比称为充实系数，该值一般取为 0.25~0.35。

②干燥辊筒安装角度与转速

③物料在干燥机内的停留时间(t)

$$t = mk\frac{L}{Dntga}$$
（式6-9）

式中：m——辊筒内气流流向系数；

　　　k——抄板系数；

　　　L——滚筒长度，mm；

　　　D——滚筒直径，mm；

　　　n——滚筒转数，r/min；

　　　a——滚筒安装角度，°。

④干燥机周围环境条件的影响

干燥机外界周围的空气温度和湿度改变时，需及时调整干燥机的进口温度，使刨花含水率能达到生产要求。气温低湿度大时，应适当提高干燥机进口温度，并适当降低刨花终含水率，以防刨花吸湿。

6.4.2　纤维和刨花干燥机

6.4.2.1　纤维和刨花干燥机分类

按使用的热介质或载热体分为蒸汽、热油、燃气、热水、热空气等干燥机。按设备结构分为回转式和固定式干燥机。按传热方式和物料运动方式分为接触传热或对流传热机械传动、对流传热气流传动干燥机。

6.4.2.2　纤维干燥机(管道干燥)

纤维干燥机有一级或二级管道气流干燥系统，由长度 70~100m，直径 1~1.5m 的管道组成。

一级干燥(图6-47)：湿纤维一次通过干燥器就可达到干燥要求，干燥介质温度 250~350℃，时间 3~4s。这种方法效率高，设备简单，投资少，但干燥质量不高，干后纤维含水率不均，而且着火几率大。一级干燥是压入式，属于正压操作，纤维经过风机，有利于分散，但对风机叶片和电机主轴有损伤。

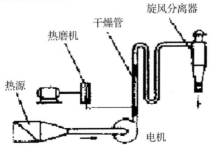

图6-47　一级气流干燥系统(正压式)

二级干燥(图6-48)：湿纤维需通过两次干燥器才可达到干燥要求，干燥介质温度第一级180~200℃，时间3~4s；第二级140~160℃，时间3~4s。干燥质量高，含水率均匀，着火几率小，投资大，热损失大，热效率低。二级干燥是吸入式，属于负压操作，抽风机在干燥管后，对干燥过程的影响与压入式相反。

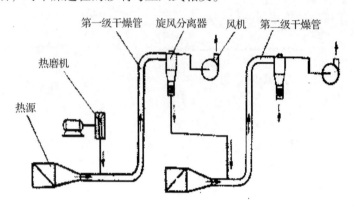

图6-48 二级气流干燥系统(负压式)

6.4.2.3 刨花干燥机

对刨花干燥机的要求是全部刨花快速均匀的干燥到要求的含水率；干燥过程不损伤刨花，所需热量少，可除去粉尘；容量大，工作效率高，操作简便；整个干燥过程可连续化作业，而且无火灾危险；

常用的干燥设备有接触加热回转式辊筒干燥机(图6-49)和转子式干燥机(图6-50)。

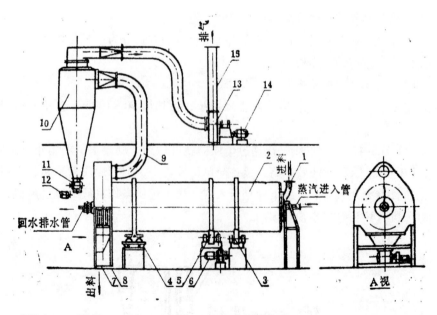

1. 进料斗；2. 干燥筒；3. 托辊；4. 导辊；5. 齿轮；6. 电机；7. 出料器；8. 出料电机；9. 风管；
10. 旋风分离器；11. 出料器；12. 电机；13. 排湿风机；14. 电机；15. 排气管

图6-49 接触加热回转式辊筒干燥机

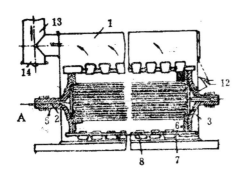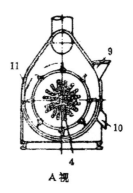

A视

1. 机壳；2. 空心轴；3. 封头；4. 钢管；5. 导管；6. 圆环；7. 钢杆；8. 叶片；9. 进料口；
10. 出料口；11. 观察口；12. 空气补给空；13. 排湿孔；14. 管

图6-50　转子式干燥机

（1）接触加热回转式辊筒干燥机

湿刨花与加热管直接接触使刨花干燥，这种设备干燥效率高，刨花易碎，蒸汽管维修困难。过程控制因素有圆筒长度、转速、风速和温度。

内部有隔热的回转圆筒；导向叶片；外部有圆环和齿圈，由托架和导辊支承、由电机驱动；圆筒内有加热管道，通入饱和蒸汽，两端通过回转接头与进气管和排气管连接；设有排湿口，配有排湿风机和旋风分离器。

圆筒长5~18m，直径与长度比为1:4~1:6，圆筒转速一般在2.39~25r/min，饱和蒸汽压1.3MPa，圆筒出口的空气流速一般1.5~2.5m/s，排湿口温度保持在80℃合适。

（2）转子式干燥机

由蒸汽管加热刨花使其干燥，同时由叶片推动刨花沿干燥机轴向移动。这种设备的特点是干燥效率高，热损失小。

由机壳、转子、进料机构、排湿装置、传动系统组成。转子由多组钢管组成，架在机壳的空心轴上。转子由两个封头和钢管组成。从导管经过空心轴及封头向钢管内注入热水或蒸汽。在转子外侧焊装几个圆环，圆环上在焊接带叶片的钢杆。

将刨花由含水率65%干燥到4%，每小时产量可达850~900kg，消耗热水（温度190℃）约27t。

第7章
沙生灌木复合材料工程设计

工程设计，是根据建设工程的要求，对建设工程所需的技术、经济、资源、环境等条件进行综合分析、论证，编制建设工程设计文件的活动。工程设计是人们运用科技知识和方法，有目标地创造工程产品构思和计划的过程。本章主要介绍沙生灌木刨花板、沙生灌木中密度纤维板、沙生灌木生态卷材的典型工程设计思路与规范。

7.1 沙生灌木刨花板工程设计

7.1.1 项目概述

（1）项目名称

年产 50000m³ 沙生灌木混合料环保型刨花板。

（2）主要技术经济指标

年产 50000m³ 沙生灌木混合料刨花板生产项目主要技术经济指标见表 7-1。

表 7-1 主要技术经济指标表

序 号	项 目	单 位	方案指标
1	生产能力	m³/a	50000
2	原材料消耗量	m³/a	60000
3	项目投资总额	万元	8856.87
	其中：建设投资	万元	7698.02
	流动资金	万元	1158.84
	利用外汇	万美元	55.86
4	资金投入建设期	年	2
5	年销售收入	万元	6403.69
6	年利润总额	万元	1955.95
7	职工总定员	人	210

（续）

序　号	项　目		单　位	方案指标
8	税后投资回收期（从建设年计）		年	6.16
9	贷款偿还期（从建设年计）		年	4.92
10	财务内部收益率	税前	%	26.97
		税后		17.45
11	财务净现值	税前	万元	7397.31
		税后		2426.43
12	投资利润率		%	22.08
13	投资利税率		%	29.39
14	资本金利润率		%	57.29
15	年平均总成本		万元	3769.50

7.1.2　生产工艺及设备选型

本项目生产工艺的设计是以沙生灌木混合料为原料，以脲醛树脂为胶黏剂，采用单层压机生产刨花板，生产设备中关键主机铺装机选用瑞典 Sunds 公司，配套国产设备。

7.1.2.1　生产纲领

（1）产量：年产 5000m³（设计厚度 16mm），日产 180m³。

（2）产品规格：幅面为 1220mm×2440mm，厚度为 6~30mm，密度为 550~800kg/m³（计算密度 700kg/m³）。

（3）胶黏剂：脲醛树脂。

（4）防水剂：石蜡。

（5）质量检验标准：GB/T 4897—2015《刨花板》。

（6）工作制度：年工作日为 280d；日工作班为 3 班（原料场、削片 2 班），为保证 40h/周，安排 4 班工人；日有效工作时间为 22.5h。

（7）产品用途：广泛应用于家具、室内装修、包装、音响材料、台板和车船内部装修等领域。

7.1.2.2　生产工艺流程

原料→削片→木片料仓→刨片→湿刨花料仓→刨花干燥→刨花分选→干刨花料仓→拌胶→铺装→板坯截断→热压→冷却→裁边→砂光→检验分等→成品入库。

工艺流程见图 7-1。

7.1.2.3　生产工艺简述

本生产线可分为刨花制备、干燥及分选、拌胶、铺装热压、后处理、砂光等工段。

（1）刨花制备工段

本工段包括金属物检测、削片、木片贮存、刨片等工序，其主要任务是将沙生灌木混合材，加工成合格刨花。

为保证连续生产，原料运到厂后，应有一定量的储存。各种不同的原料应分垛储存，以利于生产时有计划地进行比例搭配，保证产品的质量。原料用装载车或运输车辆运至削

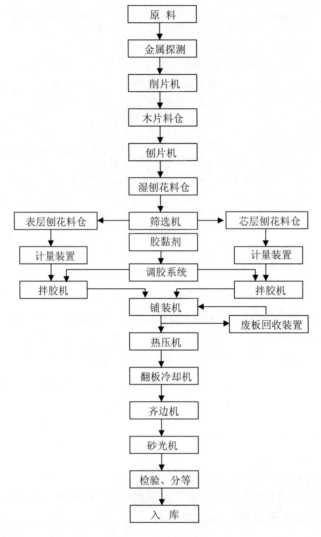

图 7-1　工艺流程

片机上料皮带运输机两侧，由人工向削片送料，经金属物检测后，由皮带运输机运至削片机，合格木片后，木片再由刮板运输机运至木片料仓。刮板运输机将木片送到两台BX4612刨片机进行刨片，加工成平均厚度为0.5mm的刨花，合格的刨花风送至湿刨花料仓。

（2）干燥分选工段

本工段包括刨花干燥、刨花分选、打磨等工序，其主要任务是将刨花干燥到要求的含水率，干燥后的刨花经筛选分成表层刨花和芯层刨花，其中过大的刨花打磨成表层刨花。

较高含水率的湿刨花均匀从湿刨花仓出料，送至转子式干燥机干燥，干燥刨花的含水率用湿度计计量以控制质量，刨花干燥到含水率为2%~3%时，干刨花由防水螺旋运输机运到筛选机分选。当刨花着火时，以保证着火刨花不进入筛选机。筛选机将表层刨花分选出来，由风机送至表层刨花料仓，其余部分由运输送至气流风选机进行二次分选，在气流的作用下合格的片状刨花风送至芯层刨花料仓，不合格的粗大刨花送到环式打磨机，破碎为细料后送回到筛选机，经筛选后再分别送至表层或芯层刨花料仓。

（3）施胶工段

本工段包括调胶、施胶、石蜡等工序，主要任务是将胶黏剂及防水剂（石蜡）均匀地分布到刨花表面。

表层刨花料仓和芯层刨花料仓中的刨花，分别通过批量秤和均料螺旋运输机送至拌胶机，同时调制好的胶黏剂也经过计量后进入拌胶机，在拌胶机内胶液和添加剂均匀地分布在刨花表面上，刨花量和胶黏剂量均为事先设定自动控制，也可以通过人工自行调节，表层刨花的施胶量为 9%～12%，芯层刨花的施胶量为 8%～10%，拌胶时，拌胶机的冷却水应保持在 10℃ 以下，拌胶后的刨花由运输机分别送至表层铺装机和芯层铺装机。拌胶后的表层刨花含水率为 9%～13%，芯层刨花的含水率为 7%～10%。

（4）铺装热压工段

本工段包括铺装、板坯截断、板坯运输、热压等工序。其主要任务是通过铺装机将刨花铺装成细表面渐变结构、厚度一致的板坯，经预压、横截及热压制成一定强度的毛边板。

进入铺装机的刨花，分别由表层铺装系统和芯层铺装系统将拌胶刨花铺在不断转动的金属网带上，形成三层结构的板坯，板坯截锯将连续的板坯带截成一定规格的毛板坯，截下的废料由回收系统回收到铺装机，铺装机带有密度和含水率检测系统，如果检测的板坯不合格，由回收系统回收到铺装机重新铺装，合格的板坯送入压机进行热压，在热压温度 180～220℃、热压压力 2.5～3.5MPa 的条件下，压制成具有一定强度的毛边板。

（5）后处理工段

本工段包括毛边板运输、冷却、截边、堆垛等工序。其主要任务是将热压后的毛边板由纵、横锯边机锯成成品板的规格。

热压后的毛边板经抽板运输机动到达翻冷却运输机内，将板材的温度降到 60℃ 以下，以防止脲醛胶热解，减少温差引起的翘曲变形，平衡板材的含水率，冷却后的毛边板经纵横齐边机锯成 1220mm×2440mm 的板材，然后堆垛送入半成品堆放场。

（6）砂光检验工段

本工段包括装板、砂光、检验、堆垛等工序。其主要任务是将齐边板表面疏松的预固化层砂掉，砂光后的刨花板再经质量检验分等后，按不同等级进行堆垛，以待入库。

7.1.2.4 设备选择

在世界刨花板设备生产厂家中，知名的厂家有：联邦德国 Siempelkamp 公司、瑞典 Sunds 公司和挪威克瓦纳集团 Bison 公司；我国成套生产刨花板设备的厂家有：四川东华机械厂、上海人造板机器厂、西北板机厂、信阳木工机械厂、昆明板机厂、苏州林机厂、沈阳重型机器厂。在国内这几个生产厂家中，以沈阳重型机器厂为主，国内几个厂家与 Bison 公司合作生产的 50000m³/a 刨花板成套设备，在国内已有 6 条生产线在运行，用户反映较好，这套生产线由沈阳重型机器厂负责热压工段主要设备，附属设备由苏州林机厂、镇江林机厂、昆明板机厂配套生产，该套设备为我国 20 世纪 80 年代末期重大引进技术装备之一，全套图纸为 Bison 公司提供，根据各地的具体情况，配套部分进口的主机，进口主机引进的数量由项目实施时确定，我国的根河刨花板厂、露水河刨花板厂、牡丹江木综厂等6家著名的刨花板厂均为此生产模式。

在我国配套生产的刨花板设备中，主机设备的关键部件为进口件，目前运转较好的生产线的进口部件的利用率在25%~50%，总体看来，这些生产线运行的效果是好的。本项目铺装机引进其他主机选用根据克瓦纳集团Bison公司的技术图纸合作生产设备。

主要设备清单见表7-2。

表7-2　主要设备表

序　号	名　　称	规格型号	单　位	数　量	备　注
1	皮带运输机	B650	台	2	
2	金属探测器		台	1	
3	鼓式削片机	BX218	台	2	
4	刮板运输机	L17000	台	1	
5	木片仓		个	2	
6	皮带运输机	B500L9600	台	2	
7	环式刨片机	BX4612	台	2	
8	气力输送系统	300kg/h 绝干刨花	台	2	
9	湿刨花料仓	100m³	个	1	
10	皮带运输机	B500 11120	台	1	
11	磁选器		个	1	
12	刨花干燥机	GB235/2C	台	1	
13	刮板运输机	B750 AA8960	台	1	
14	刮板运输机	B500 AA1320	台	1	
15	防火螺旋运输机	直径400mm L400	台	1	
16	筛选机	BF178	台	1	
17	刮板运输机	B500AA10400	台	1	
18	气流分选机	BF214	台	1	
19	旁通螺旋运输	直径315mm L2990	台	1	
20	螺旋运输机	直径315mm L5990	台	1	
21	筛环式打磨机	BX568	台	1	
22	气力输送系统	1200kg/h 绝干刨花	台	1	
23	气力输送系统	2500kg/h 绝干刨花	台	1	
24	表层干刨花料仓	50m³ 直径3800mm	台	1	
25	芯层干刨花料仓	50m³ 直径3800mm	台	1	
26	料仓卸料螺旋	直径315mm L8000	台	1	
27	料仓卸料螺旋	直径315mm L8000	台	1	
28	皮带运输机	B500 L24000	台	1	

（续）

序　号	名　称	规格型号	单　位	数　量	备　注
29	皮带运输机	B500 L4000	台	1	
30	集群电控系统	DH1-3			
31	控制台		套	1	
32	开关板		套	1	
33	批量秤		台	1	
34	计量螺旋	BJLI33	台	1	
35	环式拌胶机	BS123	台	1	
36	批量秤		台	1	
37	计量螺旋	BZL136	台	1	
38	环式拌胶机	BS122	台	1	
39	调胶计量装置		套	1	
40	开关板		套	1	
41	控制台		套	1	
42	天关板		套	1	
43	乳化设备		套	1	
44	固化剂溶解设置		套	1	
45	固定式铺装机		台	1	
46	板坯运输机		台	1	
47	金属网带		套	1	
48	移动式板坯截锯		台	1	
49	压机进料装置		台	1	
50	热压机		台	1	
51	废板坯料仓		台		
52	抽板分离装置		台		
53	毛板秤		台		
54	辊式运输机		台		
55	冷却翻板装置		台		
56	辊式运输机		台	1	
57	纵横锯装置		台	1	
58	辊式运输板		台	1	
59	垛板台		台	1	
60	辊式运输机		台	1	
61	压机排气装置		台	1	
62	皮带运输机	B500 L18000	台	1	
63	螺旋运输机		台	1	

（续）

序　号	名　称	规格型号	单　位	数　量	备　注
64	气力输送系统		套	3	
65	砂光机		台	1	
66	砂光机除尘系统		套	1	
67	辊式干板运输机	BZY3512A	台	1	
68	纵向辊式升降台	BSJ154×8/3	台	1	
69	推板机	BAY8212	台	1	
70	纵向进料辊台	BZY3112/5	台	1	
71	带式干板运输机	BZY1212/6	台	1	
72	堆垛机	BDD114×8A	台	1	
73	横向辊式升降台	BSJ144×8/3	台	2	
74	辊式干板运输机	BZY3524/2B	台	2	
75	砂光线电控系统		套	1	

主要技术指标见表7-3。

表7-3　主要技术指标表

序　号	名　称		单　位	指　标	备　注
1	生产能力		m^3/a	50000	
2	产品规格				
	幅　面		mm	1220×2440	
	厚　度		mm	6~22	
	密　度		kg/m^3	500~800	
3	工作制度				
	年工作日		d	280	班有效工作
	日工作班		班	3	时间7.5h
	班工作时		h	8	
4	原料消耗		t	60000	
5	辅助材料消耗	脲醛树脂	t/a	5500	60%固含量
		石　蜡	t/a	350	
6	生产用水		t/m^3	1.0	
7	生产用汽		t/m^3	1.5	1.2 MPa
8	装机容量		kW	2782	
9	建筑面积		m^2	5280	
10	车间定员		人	91	
	其中：工　人		人	62	
	技术管理人员		人	4	
	辅助工人等		人	25	

7.1.3　辅助车间及公用工程

7.1.3.1　制胶车间

（1）概　述

本车间是年产 50000m³ 刨花板车间的配套工程，为刨花板车间提供脲醛树脂。其设计规范为年产 3600t 树脂胶（固含量 100%），主要产品为 MN-12 脲醛树脂，该树脂是生产刨花板较好的胶种。

（2）生产工艺简述

甲醛汽运到厂，经过滤除杂质后，用专门的甲醛泵，泵送到甲醛库贮存。

尿素汽运到厂区化工原料库贮存。生产使用的原料，用运输车辆运到车间，利用电动葫芦吊至加料平台。

制胶时，将甲醛贮罐中的甲醛，利用甲醛泵送至中间贮罐，由真空吸至计量罐计量后送入反应釜。调整甲醛 pH 值，然后加入尿素及化工辅料，在 40~50min 内升温到 90℃ 左右进行反应，保持一定时间后，再用甲酸调 pH 值，经过 40~50min 后，树脂反应到终点，再经过脱水、降温即可放出反应釜，送到贮胶罐备用。胶黏剂检验合格后，泵送到刨花板车间。

（3）车间布置

本车间为 2 层厂房，反应釜安装在 2 层平台上。车间内布置化验室 1 间。

（4）车间定员

本车间为 3 班生产，定员 20 人，其中 1 名车间主任，1 名技术人员。

（5）设备表

制胶车间主要设备见表 7-4。

表 7-4　制胶车间主要设备表

序　号	设备名称	型号规格	单　位	数　量	备　注
1	甲醛过滤器	$F = 0.3m^2$	个	2	
2	甲醛吸料罐	$V = 2m^3$	个	2	
3	真空泵	S-Z4 型	台	3	
4	真空罐	$V = 2m^3$	个	2	
5	防爆屏蔽电泵	PW-10/20-1.5	台	3	
6	甲醛贮罐	$V = 100m^3$	个	3	
7	甲醛中间贮罐	$V = 5m^3$	个	2	
8	甲醛计量槽	$V = 2.0m^3$	个	2	
9	电动葫芦	CD1-12	台	1	
10	搪玻璃反应釜	$V = 1500L$	台	1	
11	搪玻璃反应釜	$V = 5000L$	台	3	
12	列管冷凝器	$F = 40m^2$	个	3	
13	列管冷凝器	$F = 10m^2$	个	1	

(续)

序 号	设备名称	型号规格	单 位	数量	备 注
14	加料器	$V=0.6m^3$	个	3	
15	脱水罐	$V=0.3m^3$	个	3	
16	磅秤	1000kg	台	2	
17	甲醛计量秤	2000kg	台	1	
18	输胶泵		台	3	
19	轴流风机		台	2	
20	化验仪器		套	1	

（6）制胶车间主要技术经济指标

主要技术经济指标见表7-5。

表7-5 主要技术经济指标

序 号	设备名称	型号规格	数 量	备 注
1	设计规模	t/a	5500	树脂含量60%
2	全年生产天数	d	280	
3	工作制度	班/d	3	
4	主要化工原料			
	甲 醛	t/a	3795	含量37%
	尿 素	t/a	2090	含量46%
	聚乙烯醇	t/a	45.65	含量99%
	甲 酸	t/a	24.75	含量90%
	氢氧化钠	t/a	14.85	
5	能源消耗			
	设备总装机容量	kW	190	包括化验室
	最大用汽量	t/h	1.2	压力0.2MPa
	最大用水量	t/h	8	包括冷却水
6	车间定员	人	20	
	其中：生产工人	人	18	
	技术管理人员	人	2	
7	建筑面积	m^2	1200	
8	设备费用	万元	98.85	

7.1.3.2 供热工程

（1）供热方式

生产用热能有两种供热方式，即干燥机、制胶采用蒸汽供热；热压机采用热油供热。供暖采用厂区热网提供的90/70热水采暖，经计算，此方案每年可节约主燃料费用20%，采用热油炉的另一优点是，可以大量利用制板过程中的裁边条、砂光粉尘等废料作燃料。缺点是操作工需增加8人。厂区内建设锅炉房一座，为生产和生活供热，从锅炉房引一条主管道向干燥机供应压力为 1.2MPa 的饱和蒸汽，干燥机的凝结水采用高温回水的方式回锅炉房，凝结水在二次蒸发成为压力为 0.2MPa 的二次蒸汽供应制胶车间，锅炉房的蒸汽也可以减压供应制胶车间。本项目从节能的角度出发，锅炉给水系统安装两套系统，一套为常规系统，一套为高温给水系统，多余的高温回水通过高温回水系统直接进入锅炉，冬季高温回水用于采暖，不足部分由锅炉补充。锅炉房内安装换热设备，用于加热热水供厂区采暖。

在刨花板车间旁建设热油炉房一座，主要向热压机供热。热油炉在设计时要考虑既能以煤为燃料，又可以用砂光木粉和裁边条为原料，以保证既节约能源又减少环境的污染。

（2）全厂热负荷见表 7-6，全厂采暖用热负荷见表 7-7。

表 7-6　全厂热负荷表

序　号	项　目	供热方式	用汽量/(t/h)	压力/MPa	备　注
1	干燥机	饱和蒸汽	8.4	1.2	有回水
2	热压机	热　油			
3	制　胶	饱和蒸汽	0.8	0.2	或用二次蒸汽
4	采　暖	饱和蒸汽	3.2	0.2	有回水
5	生　活	二次蒸汽	0.8	0.2	
	总　计		11.6		

表 7-7　全厂采暖用热负荷表

序　号	项　目	建筑面积/m²	用汽量/(t/h)	备　注
1	刨花板车间	4800	1.4	机械循环
2	制胶车间	1200	0.2	机械循环
3	车库、机修	450	0.2	机械循环
4	锅炉房	1260	0.2	机械循环
5	办公室	2100	0.4	机械循环
6	宿　舍	200	0.2	机械循环
7	其　他		0.6	机械循环
	总　计		3.2	

（3）设备选择

①锅炉：选择呼和浩特市锅炉厂产 SHW10-2.5/A Ⅱ 锅炉 2 台。

②热油炉：选用常州能源设备总厂生产的 120 万 kcal 热油炉 1 台。

（4）设备表见表 7-8。

表 7-8　锅炉房设备表

序　号	名　称	型号规格	单　位	数　量	生产厂家
1	锅　炉	SHW10-2.5	台	2	呼和浩特锅炉厂
2	锅炉辅机		套	2	呼和浩特锅炉厂
3	水处理设备		套	1	呼和浩特锅炉厂
4	热油炉		台	1	常州能源设备厂
5	热油循环泵		台	2	常州能源设备厂

（续）

序　号	名　称	型号规格	单　位	数　量	生产厂家
6	热油炉辅机		套	1	常州能源设备厂
7	导热油		t	5	江阴化工厂
8	停电用循环泵		台	1	常州能源设备厂
9	二次蒸汽系统		套	1	呼和浩特锅炉厂
10	热水循环泵		台	2	呼和浩特锅炉厂
11	高压回水系统		套	1	沈阳
12	换热器		套	1	呼和浩特锅炉厂
13	水质化验设备		套	1	外购

（5）主要技术经济指标见表7-9。

表7-9　主要技术经济指标表

序　号	项　目	单　位	指　标	备　注
1	锅炉出力	t/h		
	最　大	t/h	20.00	锅炉的最大蒸发量
	平　均	t/h	11.60	生产实际需要
2	耗煤量	t/a		
	最　大	t/a	27500	
	平　均	t/a	16000	生产实际需要
3	灰渣量	t/a	5500	
4	装机容量	kW	260	
5	用水量			
	平　均	t/h	4.5	
	最　大	t/h	20.0	
6	耗盐量	t/a	80	
7	定　员	人	17	
8	建筑面积	m²	1260	
9	设备费用	万元	178.6	不含热油炉房

7.1.3.3　供　电

（1）供电电源

供电电源为 10kV，生产设备及锅炉房、水泵等均为交流电 0.4kV，故配电主电压为 0.4kV。

（2）负荷计算

本设计根据生产工艺等专业提供用电总容量为 3548kW，全厂用电负荷计算见表7-10。

表7-10　全厂用电负荷计算

建筑名称	设备功率 /kW	需要系数 K_X	功率因数 $\cos\varphi$	有　功 /kW	无　功 /kVar	视在功率 /kVA
全厂合计 同时系数	3548	0.55	0.8	1956	1642	2440
$K\Sigma P = 0.9$ $K\Sigma q = 0.97$	3548	0.5	0.79	1757	1419	2257
补偿低压电力电容器总功率					−985	
补偿后合计			0.97	1757	443	1810

（续）

建筑名称	设备功率/kW	需要系数 K_X	功率因数 $\cos\varphi$	有功/kW	无功/kVar	视在功率/kVA
变压器损耗 $\triangle Pb = 0.02Sjs$ $\triangle Qb = 0.15Sjs$				40	145	
合计	3548	0.56	0.95	1797	588	20

根据计算，选用 S8-1000-10/0.4 变压器 2 台，S8-400-10/0.4 变压器 1 台，自然功率因数 0.79，达不到供电部门的要求，本设计采用高低压电容补偿方式，拟选用 PGJ 型电容屏 8 台，补偿功率为 985kVar，补偿后的功率因数为 0.97。

（3）变电所

全厂设置总变配电所，内设变压器室、高压配电室、低压配电室及值班室和修理间，主变压器置于变压器室内，选用 GG-1A 型高压开关柜五台，用于 10kV 高压电源进线，变压器高压侧的控制保护和计量，选用 PGL-03 型低压配电屏 8 台，作为变压器低压侧出线的控制、保护和计量。

10kV 高压电源用电缆引至进线高压柜，低压出线由室外电缆沟分别送至生产车间、动力配电柜，由配电柜送到设备电控箱，均采用放射式配电。

（4）车间配电

动力配电主电压为 380V，车间选用 XL(F)-14 型动力配电箱，对设备集中控制保护。远离动力箱设备操作面加装控制按钮就地操作，电控箱安装考虑防水、防潮。车间配电及控电线路均为 BLV500 与 BV-500 线沿电缆沟或沿地穿钢管暗敷。

（5）照 明

车间照明均用节能吊灯，办公室和附属房间均采用日光灯照明。车间电照线路均为墙上明敷，办公室和其他为穿钢管暗敷。

（6）防雷与接地

生产车间、锅炉房、烟囱、变配电所、屋面设避雷、带防雷避雷针，引下线至接地极，接地电阻不大于 10Ω。变压器中性点接地，变配电所内高压柜、低压配电屏外壳均做接地保护。生产车间内动力配电箱及设备金属非常电部分利用穿线钢管同室外接地极连成保护地网，接地电阻不大于 4Ω。

（7）主要变电设备见表 7-11。

表 7-11 变电设备一览表

序 号	设备名称	型 号	单 位	数 量	备 注
1	电力变压器	S8-1000 10/0.4	台	2	
2	电力变压器	S8-400 10/0.4	台	1	
3	高压开关柜	GG-1A	台	5	
4	电容器屏	PGJ1	台	8	
5	低压配电屏	PGL-03	台	8	
6	动力配电箱	XL(F)-14	台	6	
7	照明箱	XM-7	台	4	

7.1.3.4 给排水

(1)给 水

年产50000m³刨花板工程项目，每小时最大用水量为89.50m³，平均为19.5m³，日最大耗水量2148m³，平均为468m³，另外还要考虑消防用水。本厂用水均为自建水井，抽取地下水，送到水塔，供水压力为0.25MPa，本厂建深水井一眼，本项目新购供水设备。深水泵出水量为100m³/h，为保证生活、生产用水的需要建水塔一座，同时建一座容积为400m³标准圆形钢筋混凝土贮水池，以保证生产和消防的需要。

为节约用水，设备的冷却水全部封闭回收，利用冷却装置冷却后循环利用。

厂区设生产、生活、消防合同给水管道，Dg200给水管道在厂区内布成环行给水管网，沿途设置消火栓、闸井。

给水管道一部分设在地沟内，不能沿沟敷设的均采用直埋。

项目用水见表7-12。

表7-12 项目用水一览表

序 号	项目名称	用水量/(m³/h)		备 注
		最 大	实 耗	
1	制 胶	8.5	2.0	回用80%
2	锅 炉	20.0	4.5	损失
3	调 胶	1.0	1.0	外排
4	拌胶冷却	22.0	0.0	全部回用
5	热压冷却	16.0	0.0	全部回用
6	生 活	4.0	4.0	外排
7	其他用水	8.0	8.0	
	合 计	89.5	19.5	

(2)排 水

生活污水及工业污水排入厂内排污管线后外排。

7.1.3.5 机械检修

为保证工厂正常生产，确保各车间生产设备，辅助生产设备，动力设备和生活设施的正常运转，建机修车间，以保证本项目机修工作需要。

7.1.3.6 厂区其他工作

为保证原辅材料的供应和产品外运，购置2台运输车辆，不足部分运输由社会解决。

为保证办公及接待客记需要，购置1台轿车及部分现代办公设备。

7.1.4 环境保护与节能

7.1.4.1 主要污染物及防治措施

在刨花板的生产过程中，无严重有害物质排放，但有砂光粉尘、废水、废气、废渣和少量游离甲醛产生，项目设计时要求采取有效措施使各项指标达到《工业企业厂界环境噪声排放标准》(GB 12348—2008)，填写环境影响报告表，报环境部门审批。在项目设计过程中初步提出如下防治措施，以达到上述标准。

（1）废水、废气、废渣

①废水：锅炉房的冲渣废水日均 5t；制胶车间产生的脱水废水日均 3t，其废水中含甲醛 2%～3%，甲醇 2%～8%，属高浓有机废水，间歇排放；车间冲洗废水日均 1～1.5t，废水中主要污染物为悬浮物；锅炉房废水经自然澄清后循环使用；制胶车间产生的脱水废水用沉淀法处理，沉淀物用焚烧法处理，经环保部门测定同类厂家，沉淀物经焚烧后排入大气中的甲醛、甲醇的含量远低于国家允许的排放标准；冲洗废水排量较少，可拌入煤中燃烧处理。

②废气：锅炉燃烧烟气和热油炉燃烧烟气经 35m 高烟囱外排，烟气中烟尘含量约 15kg/h，采用除尘率为 92% 的麻石水膜除尘器，烟尘的排放浓度约 230mg/m³，符合 GB 13271—2014 的二类区域排放标准，其他氧化物排放也符合工业"三废"排放标准。各车间内无组织排放的甲醛气体，经强制排风至室外，又经大气稀释，空气中游离甲醛浓度小于 0.05mg/m³，符合工业企业设计卫生标准。不需再作特殊处理。

③废渣：锅炉房每年产生煤灰渣约 5500t，可用于呼和浩特市房屋建筑及铺筑道路；热油炉产出的木粉灰可作为农田施肥用。

（2）粉 尘

粉尘主要来自砂光机、裁边锯和备料工段，本研究报告提出备料工段与主生产车间隔离，并尽可能使削片机露天作业，或斗敞开式作业，砂光木粉和裁边木粉采用高效旋风分离器收集。使主车间内粉尘浓度控制在 10mg/m³ 以下。

（3）噪 音

据监测部门测定，刨花板生产过程中的主要设备除削片机外，均能达到国家有关机床噪音排放标准。该项目对削片机放置场地采用半敞式，操作工采用双班轮操作方式，并配全所有劳保设施，可达到国家标准。

7.1.4.2 厂区绿化及环保绿化投资

考虑到厂址周围环境和当地的植被情况，决定尽量选用造价低廉的灌木为绿化树种，并在设计中预留常绿乔木绿化带及花木绿化区，绿化重点为办公区、厂区主干道及厂区外围，利用废水灌溉，节约绿化费用。

环保绿化投资见表 7-13。

表 7-13 环保绿化投资表 单位：万元

项目名称	设 施	投 资	备 注
主车间	隔离建筑	2.0	
	通风设备	10	经费已列入设备费
	除尘设备	40	
制胶车间	废水处理	5.0	经费已列入设备费
锅炉房	除尘降噪	1.0	经费已列入设备费
厂区工程	绿 化	4.0	
合 计		62	

7.1.4.3 节 能

（1）设计依据

①国务院国发［1996］4 号《节约能源管理暂行条例》。

②GB/T 3485—1998《评价企业合理用电技术导则》。

③GB/T 3486—1993《评价企业合理用热技术导则》。

④国家计划委员会、国务院经济贸易办公室、建设部计资源［1992］1958 号文印发《关于基本建设和技术改造项目可行性研究报告增列节能篇（章）的暂行规定》的通知。

（2）能耗指标与分析

年产 50000m³ 刨花板生产线，主要由瑞典引进目前世界上最先进的进口设备，其余部分设备选用沈阳重型机器厂与德国技术合作生产的定型产品，主要零部件由德国引进，设备性能达到国际先进水平。其他配套设备，削、刨片设备选用镇江林业机械厂的设备；砂光设备选用苏州林机厂生产定型产品；锅炉选用呼和浩特市锅炉厂生产的双锅筒横置式链条炉；部分输送设备及料仓自制。

主要能耗指标见表 7-14。

表 7-14　主要能耗指标

序　号	项　目	单　位	指　标	备　注
1	总装机容量	kW	3548	
2	成品板耗电	(kW·h)/m³	140	
3	成品板耗水	t/m³	1.0	
4	每小时耗汽	t/m³	1.5	$P=1.2MPa$

刨花板生产线主机均为国际先进设备，其他配套设备均为国内优质定型产品，在国内技术领先，性能可靠，能耗低，整机性能接近发达国家同类产品。全线各项主要能耗指标均低于国家制定的《刨花板厂建设标准》中同等建设规模的能耗指标。

（3）节能措施

①刨花板生产线用水量较少，干燥机采用转子式干燥机，耗汽量较少，干燥机的回水送回锅炉房，经换热器交换作为锅炉补水及用于全厂冬季采暖，节约了能源。

②刨花板热压机供热介质均采用导热油，热能的有效利用率可达 90% 左右，比蒸汽节能 30%～40%。

③刨花板均采用宽带砂光机进行砂光，每年产生木粉分别为 3500t，木粉用于热油炉及锅炉燃料，每年节约标准煤分别约为 800t。

④锅炉选用燃烧充分、热效率高的呼和浩特市锅炉厂生产的自动上煤链条炉，锅炉铺机选用国家颁布的节能产品。

⑤所有热力管道、热力设备、阀门等均采用高效节能涂抹式保温材料 ZBT-700 保温。该材料不存在缝隙与对流的热损失，优于目前常用的岩棉保温材料，且造价比岩棉低。

⑥各车间主要用电设备安装电表计量控制用电量。

⑦各车间热力入口处安装流量计，既便于计量也促进节能。

7.1.5　职业安全卫生与消防

7.1.5.1　职业安全卫生

（1）设计依据

①《关于生产性建设工程项目职业安全卫生监察暂行规定》。

②《国务院关于加强防尘毒工作的决定》。

③GBZ 1—2010《工业企业设计卫生标准》。

（2）生产过程中职业危害因素的分析

①生产过程中使用的化工原料

制胶过程中使用的甲醛液体、甲酸液体均能挥发出刺激性气味，氢氧化钠溶液对皮肤亦有腐蚀作用。

②生产过程中产生的主要危害因素

游离甲醛方面：制胶车间和调拌胶系统、热压机、凉板机等设备周围空气中游离甲醛气体浓度超过国家规定的 $3mg/m^3$ 标准，对操作工有一定的危害。

噪音方面：削片机、热磨机、锯边机、物料输送风机、空气压缩机的噪音在90~110dB（A）之音，超过了国家规定的 8h 工作允许噪音标准。

木粉尘方面：本项目拟建方案砂光机每天生产木粉 12.5t，若处理不当会影响工人的健康。气力输送管道系统若设计不好，也会产生粉尘，造成车间内环境污染，旋风分离器设计不当会造成厂区环境污染。

其他方面：高速转动的机械设备，各种电器设备及为生产所需而设置的坑沟及升降口、走台等处，若没有适当的防护措施，易造成人身伤害事故。

（3）防治措施

①刨花板车间的主要设备选用沈阳重型机器厂与德国比松（Bison）公司技术合作生产的设备，其性能达到国际先进水平，是目前国内生产的年产 $50000m^3$ 刨花板自动化生产线的最佳设备之一。同时采用屋顶轴流风机强制通风；砂光粉尘采用布袋式旋风分离器，其效率为99%。

②胶黏剂在制作过程中采有负压加料，避免了甲醛气体的挥发。

③凡散发游离甲醛气体的设备上方均安装排气罩、屋顶风机，并在车间墙上安装多台轴流风机进行强制通风，以降低车间内游离甲醛气体的浓度。

④强噪音设备的基础用减振处理，并与车间隔离。各种风机和空压机采用单独小房音隔离，封闭噪音的扩散。国产削片机的噪音治理目前国内尚无良好的解决办法，削片工段采用轮班工作制，缩短工时，以减轻人体接触声源的机会和程度，并对操作人员发放防护耳塞、耳罩以达到 GBZ 1—2010 和 GB/T 50087—2013 标准。

⑤对锅炉房的工人要定期更换防护眼镜、防尘服、防尘口罩等个人防护用品，增加除尘、降温措施以减少工人肺病的发生。

⑥合理布置机器和工作台等设备，便于工人安全操作；各车间内外平台、过道、楼梯处加设围栏；暴露在设备外部的旋转、转动部位及工人可能到达的坑、沟等处均设置防护装置；电气设备采用接零、接地等保护措施；车间内设置"当心触电""严禁烟火"等警告

标志。

⑦车间内应设置劳动保护管理人员（兼职），要制定各种安全操作规程，定期向工人更换个人劳动保护用品，严格限制加班加点，加强对女工的劳动保护，定期为工人进行身体检查，加强安全生产教育，以减少这些劳动过程中的有害因素对人体的危害。

（4）预期效果及评价

本项目危害职业安全的因素主要是游离甲醛气体、木粉尘及噪音，针对以上因素考虑了相应的防治措施，使车间内空气中游离甲醛气体浓厚控制在 $3mg/m^3$ 以下、木粉尘在 $10mg/m^3$ 以下，除削片工段外其他操作工 8h 内所受噪音均小于 86dB（A）。

车间内的通风、采光、照明、企业的这全防护等分别到了有关标准。

7.1.5.2　消防

（1）设计依据

①《中华人民共和国消防条例实施细则》。

②GB 50016—2014《建筑设计防火规范》。

③《消防手册》

（2）主要防火措施

①工艺：刨花板生产中凡有火灾危险发生的设备内均装有火花自动探测器及灭火装置，如干燥设备、干纤维输送设备等。

②总图：总图布置中功能分区明确，有生产区、动力区、原料区、化工库区、办公区及生活区等。化工库区及锅炉房设在原料场和备料工段的下风向。各建筑物间留有足够的防火间距。厂区道路呈环形布置通向各车间。路面宽 6~8m，符合消防要求。原料场设环形消防道并在适当位置设置一定数量的消火栓。

③建筑：本项目的各单位火灾危险属丙类，各建筑物均按二级耐火等级设计。跨度较大的建筑物采用钢筋砼单层排架、薄腹梁、大型屋面板，其他建筑物用砖混凝土结构。各建筑物的安全出口不得少于 2 个。

④消防：本项目在供水（已有水井）、厂区水网、厂区热网、消防等共计投入 58.4 万元，其中用于购置消防设备约 5 万元。各车间内设置消防栓。厂区内环形供水网上设置地下消火栓。在原料场设置专用消防供水管网和消防栓。室内外按规范要求设置消防灭火器。室内外配置低压消防设施。

⑤其他：电器、通风、采暖、供汽、供油等系统均按规范设置了相应的防火设施。

（3）结论

本项目在工艺、厂区、建筑、消防等方面均按国家规范设计了相应的消防措施，分别达到了国家的有关规定。

7.1.6　劳动定员与人员培训

7.1.6.1　工作制度

（1）年工作日：280d。

（2）日工作班次：主生产车间为 3 班，制胶车间为 3 班。

（3）班有效工作时间：7.5h。

　　本项目实行 40h/周工作制。为保证企业正常生产，有利于提高工时效率和设备利用率，年 280d 有效工作日通过人员倒班予以实现，实际安排工人按 4 班安排。以于行政，销售部门，机修车间、配电室和锅炉房等处的工作制定可按国家有关规定及参照类似企业的实际情况制定。

7.1.6.2　劳动定员

（1）全厂人员编制表见表 7-15。

表 7-15　全厂人员编制表

序　号	单位名称	人　数	备　注
1	厂部	50	
	其中：行政人员	15	
	生产技术	5	
	财务会计	3	包括仓库保管员
	供应销售	20	
	保卫消防	7	
2	主生产车间	91	
	其中：生产工人	56	
	辅助工人	18	
	管理人员	17	
3	制胶车间	20	
4	锅炉房	17	
5	变电室	9	
6	原料场及地磅房	5	
7	机修车间	8	
8	食　堂	4	
9	浴　池	2	
10	车　队	4	
	合　计	210	

（2）刨花板车间定员表见表 7-16。

表 7-16　刨花板车间定员表

序　号	工位名称	生产班次	每班人数	合计人数	备　注
1	削　片	2	2	4	
2	刨　片	4	2	8	含磨刀工
3	干燥分选	4	1	4	
4	调　胶	4	1	4	
5	施　胶	4	1	4	
6	铺装成型	4	1	4	
7	热　压	4	2	8	
8	锯　边	4	1	4	
9	砂　光	2	3	6	

（续）

序　号	工位名称	生产班次	每班人数	合计人数	备　注
10	统计员	1	1	1	
11	检验员	4	2	8	
12	车间主任	1	2	2	
13	技术人员	1	2	2	
14	电　工	4	2	8	
15	保全工	4	2	8	
16	辅助工			16	
	合　计			91	

7.1.6.3　人员培训

为确保产品质量和生产效益，保证设备的安全运行，要加强对人员的培训，未经专业技术培养的人员不得上岗。

（1）培训要求

①车间主任：要求必须熟悉车间生产工艺过程及技术特点，能及时处理生产中发生的主要问题，要对全车间生产计划的全面完成及安全生产负责。

②车间技术员：要求对车间的设备性能有全面的了解，能及时处理各种设备所发生的故障，应对生产工艺技术、产品质量负责，要具备一定专业学历和具有一定生产经验。

③工段长：要求工段长不脱产，既能参加生产又是班组的生产组织者；要有较高的技术水平，能单独处理本工段的生产技术问题。

④生产工人：根据不同工种的技术要求，经过应知应会的培训和技术考核后，要达到能胜任本岗位工作或高一级的技术水平。

（2）培训计划

为节约资金，减少开支，刨花板车间的车间主任，工段长和30%的生产工人，在国内较先进的同类厂家进行技术培训。培训时间以达到本岗位要求的操作技术水平为止；工人培训后回厂参加本项目的设备这装和调试工作。其余生产工人在上岗后，由经培训过的工人在本厂进行在职培训，逐步达到能胜任本岗位工作要求，具体培训计划见表7-17。

表7-17　培训计划表

序　号	部门及工种	人　数	地　点	备　　注
1	主生产车间	19		
	其中：车间主任	2		
	生产工人	11		
	检　验	1	北　京	刨花板车间工人在北京市木材厂
	化　验	1		
	电　工	1		
	机　修	2		
2	锅炉房	17	呼和浩特	获得上岗证书
3	变电室	8	呼和浩特	
4	制　胶	8	北　京	
	合　计	51		

7.1.7　项目建设实施计划

本项目建设期为 2 年，具体安排如下：

(1)第 1 年 2 月—3 月：初步设计。

(2)第 2 年 4 月—9 月：设备订货、土建施工图设计、非标设备设计。

(3)第 1 年 5 月—第 2 年 7 月：土建工程施工。

(4)第 2 年 4 月—11 月：设备安装调试。

(5)第 2 年 12 月：试产。

(6)第 3 年投产、生产能力达到 80%。

(7)第 4 年正常生产。

项目进程安排见表 7-18。

表 7-18　项目实施进程安排表

时间 内容	前期工作				第 1 年												第 2 年												第 3 年		
	9	10	11	12	1	2	3	4	5	6	7	8	9	10	11	12	1	2	3	4	5	6	7	8	9	10	11	12	1	2	3
前期工作	▬	▬	▬	▬	▬																										
初步设计						▬	▬																								
设备订货								▬	▬	▬																					
施工图设计						▬	▬	▬	▬																						
非标设备设计									▬	▬	▬	▬																			
非标设备制造													▬	▬	▬	▬	▬	▬	▬												
土建工程									▬	▬	▬	▬	▬	▬	▬	▬	▬	▬	▬	▬	▬	▬	▬								
设备安装																				▬	▬	▬	▬	▬	▬	▬	▬				
设备调试																										▬	▬	▬			
试 生 产																												▬			
投 　 产																													▬	▬	▬

7.1.8　投资估算与资金筹措

本项目为新建项目，建成后利用当地丰富的灌木资源生产刨花板。项目建成投产后，其设计能力按年产 50000 m³ 刨花板进行投资估算，投资估算范围包括：基本生产工程、辅助生产工程、按规定计取的无形资产和递延资产投资。

7.1.8.1　投资估算

本项目建设投资采用指标法估算，执行国家颁发的投资估算指标，其他费用的确定，根据林业部(原)编制的《林产工业工程建设其他费用定额》国家标准及类似营运企业的情况确定。投资估算指标和取费标准如下。

(1)建筑工程费：根据当地条件，采用类似工程的单位造价指标进行估算。

(2)安装工程费：按设备费用的 8.0% 估算，辅助生产工程按设备费用的 15% 估算。

(3)设备费用：包括设备购置费和设备运杂费两部分，设备购置费中，专门设备部门根据厂家最新提供报价，进口设备以到岸价格计算；设备运杂费为8.0%。

(4)引进设备附加费用：引进设备增值税为17%，引进设备关税为16%，商检费为2‰，保险费1.5‰，银行手续费1.5‰。

(5)其他费用

①建设单位管理费：按建安工程费用的1%估算。

②生产工人培训费：按建安工程费用的1.5%。

③办公及生活家具购置费：按每位职工150元估算。

④联合试运转费：按试运转工程项目投资的1%估算。

⑤勘察设计费：按工程项目费用的1.8%估算。

⑥供电贴费：按550元/kVA。

⑦预备费：基本预备费取工程费用、其他费用的5%，涨价预备金(设备材料价差)按国家规定的工程费用每年用款数量为基础，按物价指数6%年递增。

⑧固定资产投资方向调节税：本项目为"三废"利用项目和产业开发项目，执行零税率。

7.1.8.2 基础数据

(1)项目实施进度

本项目建设期(按资金实际投入计)为18个月，投产后第1年生产负荷达到设计能力的80%，第2年起每年达100%，生产期15年，整个项目计算期17年。

(2)总投资构成及估算。

①建设投资构成及估算：固定资产投资总额由工程费用，其他费用、不可预见费用构成，总额为7377.08万元；建设期利息为320.95万元。

②流动资金估算：流动资金估算按分项详细估算法进行估算，其中储备、生产、销售三环节正常占用的资金核定为，储存3个月的原材料、燃料，3个月的化工原料，库存1个月的产品，流动资金正常年为1158.84万元。

③项目总投资：项目总投资＝固定资产投资＋建设期利息＋流动资金＝8856.87万元。

7.2 沙生灌木纤维板工程设计

7.2.1 项目概述

(1)项目名称

年产50000m³沙生灌木混合料环保型中密度纤维板项目。

(2)主要技术经济指标

年产50000m³沙生灌木混合料中密度纤维板生产项目主要技术经济指标见表7-19。

表 7-19　主要技术经济指标表

序　号	项　目		单　位	指　标	备　注
1	中密度纤维板生产能力		m³/a	50000	
2	原材料消耗量		t/a	80000	
3	项目投资总额		万元	7533.09	
	其中：建设投资		万元	6541.62	
	流动资金		万元	991.47	
4	资金投入建设期		年	1	
5	年销售收入		万元	7250.52	
6	年利润总额		万元	1750.28	
7	职工总定员		人	155	
8	投资回收期(从建设年计)		年	5.57	
9	贷款偿还期(从建设年计)		年	4.68	
10	财务内部收益率	税前	%	29.21	
		税后		2183	
11	财务净现值	税前	万元	28023.13	
		税后		399625	
12	投资利润率		%	23.23	
13	投资利润率		%	32.31	
14	资本金利润率		%	79.93	
15	年平均总成本		万元	4816.21	

7.2.2　生产工艺及设备选型

本项目生产工艺的设计依据内蒙古农业大学的科技成果"沙生灌木人造板生产技术产业化及其资源永续利用技术的研究"中沙生灌木混合中密度纤维板生产技术。是以沙生灌木混合料为原料，以脲醛树脂为胶黏剂，采用干法生产工艺，引进部分主机，利用国产设备生产中密度纤维板。

7.2.2.1　生产纲领

（1）产量：年产中密度纤维板 50000m³（设计厚度 8mm）。

（2）产品规格：幅面为 1200mm×2440mm，厚度为 6～22mm，密度为 600～800kg/m³（计算密度 750kg/m³）。

（3）质量检验标准：GB/T 11718—2009《中密度纤维板》。

（4）工作制度：年工作日为 280d，日工作班为 3 班(原料场、削片 2 班)，日有效工作时间为 22.5h。

7.2.2.2　中密度纤维板生产工艺流程

原料→削片→木片料仓→筛选→水洗→预热料仓→纤维分离→施胶及纤维干燥→干纤维料仓→铺装成型→预压→板坯截断→热压→冷却→裁边→砂光→检验分等→成品入库。

7.2.2.3　中密度纤维生板产工艺简述

本生产线可分为备料、纤维制备、施胶及干燥、铺装热压、后处理、砂光等工段。

（1）备料工段

本项目计划建设两个原料场，厂区内建设一个，在清水河县建一个削片站，厂区外原料的削片站将收购的原料加工成木片后，汽车到厂区储存备用，厂区储存供一周生产使用的原料。

本工段包括金属物检测、削片、木片贮存、木片洗涤等工序，其主要任务是将柠条等加工成规格木片。

柠条经金属物检测后，由皮带运输机运至削片机，削片机将其削成规格木片储存，本片由汽车运至物场区木片料仓。随后，木片由木片料仓均匀排料，经过筛选、水洗后送至预热料仓。

（2）纤维制备工段

本工段包括木片预热、纤维分离等工序，其主要目的是将木片充分软化并分离成纤维。预热的主要目的是提高原料的含水率，尤其是原料内部的含水率，使其在一定温度下原料有所软化。经过预热后，先后通过热磨机的垂直及水平蒸煮缸，经过充分软化后，进入热磨机并分离成纤维，不合格纤维通过三通阀排掉。

（3）施胶干燥工段

本工段包括调胶、施胶、石蜡等工序。

其主要任务是将胶黏剂及防水剂（石蜡）均匀地分布到纤维表面；在150℃的温度下通过管道干燥机将纤维干燥，并将其含水率控制到8%~10%的范围内，干燥后的纤维计量后打入料仓，计量的作用为控制用胶量。

（4）铺装热压工段

本工段包括铺装、预压、板坯截断、板坯运输、装板、热压、卸板等工序。其主要任务是通过铺装机将纤维铺装成厚度一致的板坯，经预压、横截及热压将板坯压制成具有一定强度的毛边板。

进入铺装机的纤维由铺装机铺在成型线上，经过连续式预压机预压，形成有一定强度的板坯带，再由板坯横截锯将连续的板坯带截成一定规格的板坯，不合格的板坯由风机回收，合格的板坯由装机将板坯送入多层压机进行热压，压制成具有一定程度的毛边板。毛边板由卸板机卸出，由运输机送入下一工序。

（5）后处理工段

本工段包括成板运输、冷却、截边、堆垛等工序。其主要任务是将热压后的毛边板由纵、横锯边锯成成品板的规格。

（6）砂光检验工段

本工段包括装板、砂光、检验、堆垛等工序。其主要任务是将齐边板表面疏松的预固化层砂掉，以利于产品的直接使用和表面装饰。

砂光由宽带砂光机完成，砂光后的中密度纤维板再经质量检验分等后，按不同等级进行堆垛，以待入库。

7.2.2.4　中密度纤维板设备选择

目前，我国成套生产适合制造中密度纤维板设备的主要厂家有：四川东华机器厂、上海人造板机器厂、西北板机厂、苏州林机厂。在这4个生产厂家中，上海板机厂的设备可满足本项目的要求。本项目质量控制的关键设备热磨机选用维美特公司或安德里茨公司生产的主机，国内配套附属设备，此方案国内已有成功的经验。主要设备表（表 7-20）。

表 7-20 中密度纤维板车间主要设备

编 号	设备名称	型号或代号	单 位	数 量	备 注
0100	木片制备工段				
0101	金属探测装机				
0102	上料皮带运输机	BZY1150/15	台	2	镇江林机厂
0103	鼓式削片机		台	2	镇江林机厂
0104	出料皮带运输机	BX218	台	2	镇江林机厂
0105	木片筛选机	按工艺参数设计	台	1	非 标
0106	水洗机	BF1420B	台	1	镇江林机厂
0107	斗式提升机		台	1	主机进口
0108	皮带运输机	D450S	台	1	包头运输机械厂
0109	木片方料仓	按工艺参数设计	台	1	非 标
0110	振动下料器	X503（200M3）	台	1	上海板机厂
0111	木片方料仓带运输机	X504	台	2	非 标
0112	斗式提升机	按工艺参数设计	台	1	包头运输机械厂
0113	皮带运输机	D450S	台	1	非 标
0114	正反转皮带运输机	按工艺参数设计	台	1	非 标
0115	油冷式电磁除铁器	RCDE-6	台		上海板机厂
0200	纤维制备工段				
0201	木片预热料仓		台	1	上海板机厂
0202	热磨机	42′	台	1	主机进口
0203	排料三通阀（分流阀）		台	1	上海板机厂
0204	废料分离系统	按工艺参数设计	台	1	非 标
0205	石蜡熔化及施加设备		套	1	上海板机厂
0206	胶料、固化剂调配设备		套	1	上海板机厂
0207	胶料、固化剂喷施设备		套	1	上海板机厂
0208	纤维干燥机（主机）	BG253	台	1	上海板机厂
0209	纤维干燥机（风管）	按工艺参数设计	套	1	非 标
0210	纤维干燥机（分离器）		台	1	非 标
0211	纤维干燥机（转阀）	X510.46	台	1	
0212	火花探测和灭火喷头		套	1	德 国
0213	防火皮带运输机	X725	台	1	上海板机厂
0214	纤维二次输送系统	按工艺参数设计	台	1	非 标
0215	纤维料仓	X516B	台	1	上海板机厂
0300	铺装热压工段		台	1	
0301	纤维铺装运输机	X628D	台	1	上海板机厂
0302	成型带式运输机	X629D	台	1	上海板机厂
0303	连续带式运输机	X830	台	1	上海板机厂
0304	同步运输机	X 733	台	1	上海板机厂
0305	板坯齐边锯	X631	台	1	上海板机厂
0306	板坯横截锯	X732	台	1	上海板机厂
0307	一号加速皮带运输机	X834	台	1	上海板机厂

（续）

编　号	设备名称	型号或代号	单　位	数　量	备　注
0308	金属探测器	JT-3	台	1	上海板机厂
0309	二号加速皮带运输机	X835	台	1	上海板机厂
0310	废板坯回收装机	X637	台	1	上海板机厂
0311	三号加速皮带运机	X836	台	2	上海板机厂
0312	无垫板装板机	X841			上海板机厂
0313	热压机	X842　12 层	台	1	上海板机厂
0314	热压机组液压系统	X834	套	1	上海板机厂
0315	卸板机	X844	台	1	上海板机厂
0316	热压机排气罩	按工艺参数设计	套	1	非　标
0317	铺装气力输送系统	按工艺参数设计	套	1	非　标
0318	铺装废料除尘系统	按工艺参数设计	套	1	非　标
0319	铺装、板坯横截止除尘系统	按工艺参数设计	套	1	非　标
0320	铺装扫平纤维气力回收系统	按工艺参数设计	套	1	非　标
0321	板坯齐边纤维气力回收系统	按工艺参数设计	套	1	非　标
0322	废板坯气力输送系统	按工艺参数设计	套	1	非　标
0323	纤维除尘气力输送系统	按工艺参数设计	套	1	非　标
0400	成品制备工段	X571			非　标
0401	毛板冷却机	X846	台	1	
0402	冷却进板运输机	X224	台	1	上海板机厂
0403	翻板冷却机	X848	台	1	上海板机厂
0405	纵向进板运输机	X565A	台	1	上海板机厂
0406	横向进板运输机	X575	台	1	上海板机厂
0407	横向锯边机	X576 A	台	1	上海板机厂
0408	横向出板运输机	X577	台	1	上海板机厂
0409	板垛对中机	X227	台	1	上海板机厂
0410	液压升降台	X228	台	1	上海板机厂
0411	板垛辊台	X229	台	1	上海板机厂
0412	叉车辊台	X230	台	1	上海板机厂
0413	锯边机除尘系统	按工艺参数设计	台	1	非　标
0500	砂光工段		台	1	
0501	辊式干板运输机	BZY3524/2C	台	1	苏州林机厂
0502	推板机	BZY8212	台	1	苏州林机厂
0503	横向辊比液压升降台	BZY144×8/3	台	1	苏州林机厂
0504	纵向进料混合	BZY3112/5	台	1	苏州林机厂
0505	六砂架宽砂光机	BSG2813	台	1	进　口
0506	带式干板运输机	BZY1212/6	台	1	苏州林机厂
0507	堆垛机	BDD114×8/A	台	1	苏州林机厂
0508	横向辊式液压升降台	BSJ144×8/3		2	苏州林机厂
0509	辊式干板运输机	BZY3524/2B(2C)	台	2	苏州林机厂
0510	砂机除尘系统	按工艺参数设计	套	1	非　标
0600	电气控制系统				
0601	主生产线电气控制系统	0100-0400	套	1	上海板机厂
0602	砂光线电气控制系统	0500	套	1	苏州林机厂

7.2.2.5　中密度纤维板车间主要技术经济指标（表 7-21）

表 7-21　中密度纤维板车间主要技术经济指标表

序　号	名　　称	单　位	指　标	备　注
1	生产能力	m³/a	50000	
2	产品规格			
	幅　面	mm	1220×2440	
	厚　度	mm	6~22	
	密　度	kg/m³	600~800	
3	工作制度			
	年工作日	d	280	班有效工作
	日工作班	班	3	时间7.5h
	班工作时	h	8	
4	原料消耗			
	柠条（沙柳）	t	80000	
5	辅助材料消耗			50%固含量
	脲醛树脂胶	t/a	10000	
	防水剂	t/a	350	
6	生产用水	t/m³	1.0	
7	生产用汽	t/m³	1.5	1.2MPa
8	装机容量	kW	4700	
9	建筑面积	m²	3974	
10	车间定员	人	61	
	其中：工　人	人	49	
	技术管理人员	人	4	
	辅助工人等	人	8	

7.2.3　辅助车间及公用工程

7.2.3.1　制胶车间

（1）概述

本车间是年产 50000m³ 中密度纤维车间的配套项目。根据不同的生产要求，本车间可生产脲醛树脂，其设计规模为年产 10000t 树脂胶，主要产品为 NQ-80 低毒脲醛树脂。

（2）脲醛树脂生产工艺简述

甲醛汽运到厂，经过滤除杂质后，用专门的甲醛泵，泵送到甲醛库贮存。尿素汽运到厂区化工原料库贮存，生产使用的原料，用运输车辆运到车间，利用电动葫芦吊至加料平台。制胶时，将甲醛贮罐中的甲醛，利用甲醛泵送至中间贮罐，由真空吸至计量后送入反应釜。调整甲醛 pH 值，然后加入尿素及化工辅料，在 40~50min 内升温到 90℃ 左右进行反应，保持一定时间后，降温后即可放出反应釜，送到贮胶罐备用。胶黏剂检验合格后，泵送到车间。

（3）车间布置

本车间为 2 层厂房，反应釜安装在 2 层平台上，车间内布置化验室 1 间。

（4）车间定员

本车间为 3 班生产，定员 11 人，其中 1 名车间主任，1 名技术人员。

（5）制胶车间设备见表 7-22。

表 7-22　制胶车间设备表

序　号	设备名称	型号规格	单　位	数　量	备　注
1	甲醛过滤器	$F=0.3m^2$	个	2	
2	甲醛吸料罐	$V=2m^3$	个	2	
3	真空泵	S-Z4 型	台	3	
4	真空罐	$V=2m^3$	个	2	
5	防爆屏蔽电泵	PW-10/20-1.5	台	3	
6	甲醛贮罐	$V=100m^3$	个	3	
7	甲醛中间贮罐	$V=5m^3$	个	2	
8	甲醛计量槽	$V=2.0m^3$	个	2	
9	电动葫芦	CD1-12	台	1	
10	搪玻璃反应釜	$V=1500L$	台	1	
11	搪玻璃反应釜	$V=5000L$	台	3	
12	列管冷凝器	$F=40m^2$	个	3	
13	列管冷凝器	$F=10m^2$	个	1	
14	加料器	$V=0.6m^3$	个	3	
15	脱水罐	$V=0.3m^3$	个	3	
16	磅　秤	1000kg	台	2	
17	甲醛计量秤	2000kg	台	1	
18	输胶泵		台	3	
19	轴流风机		台	2	
20	化验仪器		套	1	

（6）制胶车间主要技术经济指标见表 7-23。

表 7-23　制胶车间主要技术经济指标

序　号	设备名称	型号规格	数　量	备　注
1	设计规模	t/a	10000	树脂含量 60%
2	全年生产天数	d	280	
3	工作制度	班/d	3	
4	主要化工原料			
	甲醛	t/a	6600	含量 37%
	尿素	t/a	4100	含量 46%
	三聚氰胺	t/a	283	含量 99%
5	能源消耗			
	设备总装机容量	kW	190	包括化验室
	最大用汽量	t/h	1.2	压力 0.2MPa

（续）

序　号	设备名称	型号规格	数　量	备　注
	最大用水量	t/h	8	包括冷却水
6	车间定员	人	20	
	其中：生产工人	人	18	
	技术管理人员	人	2	
7	建筑面积	m²	1060	
8	设备费用	万元	89.00	

7.2.3.2　供热工程

（1）供热方式

生产用热能有两种供热方式，即干燥机、制胶采用蒸汽供热；热压机采用热油供热。采暖采用厂区热网提供的 90/70 热水采暖，经计算，此方案这样每年可节约主燃料费用 20%，采用热油炉的另一优点是，可以大量利用制板过程中的裁边条，砂光粉尘等废料作燃料。厂区内建设锅炉房一座，安装两台热油锅炉和一台蒸汽锅炉为生产和生活供热，供应蒸汽压力为 1.25MPa 的饱和蒸汽，热油温度为 220℃。

（2）全厂热负荷见表 7-24，全厂采暖用热负荷表 7-25。

表 7-24　全厂热负荷表

序　号	项　目	供热方式	用汽量/(t/h)	压　力/MPa	备　注
1	干燥机	热　油			
	压　机	热　油			
	热磨机	饱和蒸汽	1.2	1.0	
2	贴面热压机	热　油			
3	制　胶	饱和蒸汽	0.8	0.2	
4	采　暖	饮和蒸汽	3.1	0.2	
5	生　活	二次蒸汽	0.2	0.2	
	总　计		5.3		

表 7-25　全厂采暖用热负荷

序　号	项　目	建筑面积/m²	用汽量/(t/h)	备　注
1	中纤板车间	3574	1.4	机械循环
2	削片车间	400	0.2	机械循环
3	制胶车间	343	0.2	机械循环
4	机修车间	400	0.2	机械循环
5	锅炉房	540	0.2	机械循环
6	办公室	600	0.3	机械循环
7	宿　舍	400	0.2	机械循环
8	食　堂	240	0.1	机械循环
9	变电所	210	0.1	机械循环
10	其　他		0.2	机械循环
	总　计		3.1	

（3）设备选择

①锅炉：选择呼和浩特市锅炉厂产 DZL4-1.25／A Ⅱ 锅炉 1 台。

②热油炉：选用常州能源设备总厂生产的 360 万 kcal 热油炉 1 台。

（4）设备表见表 7-26。

（5）主要技术经济指标见表 7-27。

表 7-26　设备表

序　号	名　　称	型号规格	单　位	数　量	生产厂家
1	锅　炉	DZL6-1.25	台	1	呼和浩特锅炉厂
2	锅炉辅机		套	1	呼和浩特锅炉厂
3	水处理设备		套	1	呼和浩特锅炉厂
4	热油炉		台	2	常州能源设备厂
5	热油循环泵		台	4	常州能源设备厂
6	热油炉辅机		套	2	常州能源设备厂
7	导热油		t	15	江阴化工厂
8	停电用循环泵		台	2	常州能源设备厂
9	热水循环泵		台	2	呼和浩特锅炉厂
10	高压回水系统		套	1	沈阳
11	水质化验设备		套	1	外购

表 7-27　主要技术经济指标

序　号	项　目	单　位	指　标	备　注
1	锅炉出力	t/h		
	最　大		6	锅炉的最大蒸发量
	平　均		5.3	生产实际需要
2	耗煤量	t/a		
	最　大		31000	
	平　均		19200	生产实际需要
3	灰渣量	t/a	5500	
4	装机容量	kW	960	
5	用水量	t/h	4.5（均）/10	10 为最大用水量
6	耗盐量	t/a	10	
7	定　员	人	17	
8	建筑面积	m²	850	

7.2.3.3　供　电

（1）供电电源

供电电源为 10kV，生产设备及锅炉房、水泵等均为交流 0.4kV，故配电主电压为 0.4kV。

（2）负荷计算

本设计根据生产工艺等专业提供用电总容量为 3548kW。

表 7-28　负荷表

建筑名称	设备功率 /kW	需要系数 K_X	功率因数 $\cos\varphi$	有功 /kW	无功 /kVar	视在功率 /kVA
全厂合计	3548	0.55	0.8	1956	1642	2440
同时系数 $K\Sigma P=0.9$ $K\Sigma q=0.97$	3548	0.5	0.79	1757	1419	2257
补偿低压电力电容器总功率					−985	
补偿后合计			0.97	1757	443	1810
变压器损耗 $\triangle Pb=0.02Sjs$ $\triangle Qb=0.15Sjs$				40	145	
合计	3548	0.56	0.95	1797	588	2091

　　根据计算，选用 S8-1000-10/0.4 变压器 2 台，S8-400-10/0.4 变压器 1 台，自然功率因数 0.79，达不到供电部门的要求，本设计采用高低压电容补偿方式，拟选用 PGJ 型电容屏 8 台，补偿功率为 985kVar，补偿后的功率因数为 0.97。

　　(3) 变电所

　　全厂设置总变配电所，内设变压器室、高压配电室、低压配电室及值班室和修理间，主变压器置于变压器室内，选用 GG-1A 型高压开关柜五台，用于 10kV 高压电源进线，变压器高压侧的控制保护和计量，选用 PGL-03 型低压配电屏 8 台，作为变压器低压侧出线的控制、保护和计量。

　　10kV 高压电源用电缆引至进线高压柜，低压出线由室外电缆沟分别送至生产车间、动力配电柜，由配电柜送到设备电控箱，均采用放射式配电。

　　(4) 车间配电

　　动力配电主电压为 380V，车间选用 XL(F)-14 型动力配电箱，对设备集中控制保护。远离动力箱设备操作面加装控制按钮就地操作，电控箱安装考虑防水、防潮。车间配电及控电线路均为 BLV500 与 BV-500 线沿电缆沟或沿地穿钢管暗敷。

　　(5) 照明

　　车间照明均用节能吊灯，办公室和附属房间均采用日光灯照明。车间电照线路均为墙上明敷，办公室和其他为穿钢管暗敷。

　　(6) 防雷与接地

　　生产车间、锅炉房、烟囱、变配电所、屋面设避雷、带防雷避雷针，引下线至接地极，接地电阻不大于 10Ω。变压器中性点接地，变配电所内高压柜、低压配电屏外壳均做接地保护。生产车间内动力配电箱及设备金属非常电部分利用穿线钢管同室外接地极连成保护地网，接地电阻不大于 4Ω。

　　(7) 主要变电设备见表 7-29。

表 7-29　电气设备一览表

序　号	设备名称	型　号	单　位	数　量	备　注
1	电力变压器	S8-1000 10/0.4	台	2	
2	电力变压器	S8-400 10/0.4	台	1	
3	高压开关柜	GG-1A	台	5	
4	高压启动柜	HGQ1	台	1	
5	电容器屏	PGJ1	台	8	
6	低压配电屏	PGL-03	台	8	
7	动力配电箱	XL(F)-14	台	6	
8	照明箱	XM-7	台	4	

7.2.3.4　给排水

（1）给　水

年产 50000m³ 纤维工程项目，每小时最大用水量为 89.50m³，平均为 19.5m³，日最大耗水量 2148m³，平均为 468m³，另外还要考虑消防用水。本厂用水均为自建水井，抽取地下水，送到水塔，供水压力为 0.25MPa，本厂建深水井一眼，本项目新购供水设备。深水泵出水量为 100m³/h，为保证生活、生产用水的需要建水塔一座，同时建一座容积为 400m³ 标准圆形钢筋混凝土贮水池，以保证生产和消防的需要。为节约用水，设备的冷却水全部封闭回收，利用冷却装置冷却后循环利用。

厂区设生产、生活、消防合同给水管道，Dg200 给水管道在厂区内布成环行给水管网，沿途设置消火栓、闸井。

给水管道一部分设在地沟内，不能沿沟敷设的均采用直埋。

项目用水见表 7-30。

表 7-30　项目用水一览表

序　号	项目名称	用水量/(m³/h)		备　注
		最　大	实　耗	
1	制　胶	8.5	2.0	回用80%
2	锅　炉	20.0	4.5	损失
3	调　胶	1.0	1.0	外排
4	拌胶冷却	22.0	0.0	全部回用
5	热压冷却	16.0	0.0	全部回用
6	生　活	4.0	4.0	外排
7	其他用水	8.0	8.0	
	合　计	89.5	19.5	

（2）排水

生活污水及工业污水排入厂内排污管线后外排。

7.2.3.5　机械检修

为保证工厂正常生产，确保各车间生产设备，辅助生产设备，动力设备和生活设施的正常运转，建机修车间，以保证本项目机修工作需要。

7.2.3.6　厂区其他工作

为保证原辅材料的供应和产品外运，购置两台运输车辆，不足部分运输由社会解决。为保证办公及接待客记需要，购置 1 台轿车及部分现代办公设备。

7.2.4　环境保护与节能

7.2.4.1　环境保护

（1）设计依据

①《中华人民共和国水污染防治法》。

②《中华人民共和国大气污染防治法》。

③《中华人民共和国环境噪声污染防治法》。

④《中华人民共和国固体废物污染防治法》。

⑤GB 12348—2008《工业企业厂界环境噪声排放标准》。

⑥GB 8978—1996《污水综合排放标准》。

⑦GB 13271—2014《锅炉大气污染物排放标准》。

（2）主要污染物及防治措施

在中密度纤维板的生产过程中，无严重有害物质排放，但有砂光粉尘、废水、废气、废渣和少量游离甲醛产生，项目设计时要求采取有效措施使各项指标达到 GB 12348—2008《工业企业厂界环境噪音排放标准》、GB 13271—2014《锅炉大气污染物排放标准》、GB 3096—1993《城市区域环境噪声标准》，填写环境影响报告表，报环境部门审批。在项目设计过程中初步提出如下防治措施，以达到上述标准。

①废水：锅炉房的冲渣废水应合理控制，随炉渣运到灰渣场自然蒸发；制胶车间使用不脱水胶黏剂，车间冲洗废水日均 1～1.5t，废水中主要污染物为悬浮物，含有少量的甲醛；冲洗废水排量较少，可拌入煤中燃烧处理。

②废气：锅炉燃烧烟气和热油炉燃烧烟气经 35m 高烟囱外排，烟气中烟尘含量约 15kg/h，采用除尘率为 92% 的麻石水膜除尘器，烟尘的排放浓度约 230mg/m³，符合 GB 13271—2014 的二类区域排放标准，其他氧化物排放也符合工业"三废"排放标准。各车间内无组织排放的甲醛气体，经强制排风至室外，又经大气稀释，空气中游离甲醛浓度小于 0.05mg/m³，符合工业企业设计卫生标准。不需再作特殊处理。

③废渣：锅炉房每年产生煤灰渣约 5500t，可用于铺筑厂区道路；热油炉产出的木粉灰可作为农田施肥用。

④粉尘：粉尘主要来自砂光机、裁边锯和备料工段，本工程提出备料工段与主生产车间隔离，并尽可能使削片机露天作业，或半敞开式作业，砂光木粉和裁边木粉采用高效旋风分离器和袋式除尘器收集。使主车间内粉尘浓度控制在 10mg/m³ 以下。

⑤噪音：据监测部门测定，中密度纤维板生产过程中的主要设备除削片机外，均能达到国家有关机床噪音排放标准。该项目对削片机放置场地采用半敞式，操作工采用双班轮操作方式，并配全所有劳保设施，可达到国家标准。

（3）厂区绿化及环保绿化投资

考虑到厂址周围环境和当地的植被情况，决定尽量选用造价低廉的灌木为绿化树种，并在设计中预留常绿乔木绿化带及花木绿化区，绿化重点为办公区、厂区主干道及厂区外围，利用废水灌溉，节约绿化费用。

环保绿化投资见表7-31。

表7-31　环保绿化投资表

单位：万元

项目名称	设　施	投　资	备　注
主车间	隔离建筑	12.0	经费已列入建筑工程费
	通风设备	10	经费已列入设备费
	除尘设备	40	经费已列入设备费
制胶车间	废水处理	12.8	经费已列入设备费
锅炉房	除尘降噪	15.0	经费已列入设备费
厂区工程	绿　化	5.0	
合　计		94.8	

7.2.4.2　节　能

(1)设计依据

①国务院国发[1996]4号《节约能源管理暂行条例》。

②GB/T 3485—1998《评价企业合理用电技术导则》。

③GB/T 3486—1993《评价企业合理用热技术导则》。

④国家计划委员会、国务院经济贸易办公室、建设部计资源[1992]1958号文印发《关于基本建设和技术改造项目可行性研究报告增列节能篇(章)的暂行规定》的通知。

(2)能耗指标与分析

年产50000 m^3 中密度纤维板生产线，选择上海人造板机器厂与德国合作生产的定型产品，部分零部件由德国引进，设备性能达到国际先进水平。关键主机设备热磨机和水洗机选用奥地利安德里茨公司德设备，其他配套设备、削片设备选用镇江林业机械厂的设备；砂光设备选用苏州林机厂生产定型产品；锅炉选用呼和浩特市锅炉厂生产的单锅筒纵置式链条炉；部分输送设备及料仓自制。

主要能耗指标见表7-32。

表7-32　主要能耗指标

序　号	项　目	单　位	指　标	备　注
1	总装机容量	kW	5484	
2	成品板耗电	$(kW \cdot h)/m^3$	420	
3	成品板耗水	t/m^3	1.0	
4	每小时耗汽	t/m^3	0.45	

中密度纤维板生产线主机均为国内优质定型产品，性能可靠，能耗低，整机性能接近发达国家同类产品。全线各项主要能耗指标均低于国家制定的《中密度纤维板厂建设标准》中同等建设规模的能耗指标。

(3)节能措施

①中密度纤维板生产线用水量较少，干燥机采用管道干燥机，耗汽量较少，干燥机的

回水送回锅炉房，经换热器交换作为锅炉补水及用于全厂冬季采暖，节约了能源。

　　②热压机供热介质均采用导热油，热能的有效利用率可达 90% 左右，比蒸汽节能 30%~40%。

　　③中密度纤维采用宽带砂光机进行砂光，每年产生木粉分别为 4700t，木粉用于热油炉及锅炉燃料，每年节约标准煤分别约为 3400t。

　　④锅炉选用燃烧充分、热效率高的呼市锅炉厂生产的自动上煤链条炉，锅炉铺机选用国家颁布的节能产品。

　　⑤所有热力管道、热力设备、阀门等均采用高效节能涂抹式保温材料 ZBT-700 保温。该材料不存在缝隙与对流的热损失，优于目前常用的岩棉保温材料，且造价比岩棉低。

　　⑥各车间主要用电设备安装电表计量用电量以促进节能。

　　⑦各车间热力入口处安装流量计，既便于计量也促进节能。

7.2.5　职业安全卫生与消防

7.2.5.1　职业安全卫生

　　(1)设计依据

　　①劳字[1988]48 号文《关于生产性建设工程项目职业安全卫生监察暂行规定》的通知。

　　②国发[1984]97 号文《国务院关于加强防尘毒工作的决定》。

　　③GBZ 1—2010《工业企业设计卫生标准》。

　　④GB/T 50087—2013《工业企业噪声控制设计规范》。

　　(2)生产过程中职业危害因素的分析

　　①生产过程中使用的化工原料：制胶过程中使用的甲醛液体、甲酸液体均能挥发出刺激性气味，氢氧化钠溶液对皮肤亦有腐蚀作用。

　　②生产过程中产生的主要危害因素：制胶车间和调拌胶系统、热压机、凉板机等设备周围空气中游离甲醛气体浓度超过国家规定的 $3mg/m^3$ 标准，对操作工有一定的危害。

　　③噪音：削片机、热磨机、锯边机、物料输送风机、空气压缩机的噪音在 90~110dB (A)之音，超过了国家规定的 8h 工作允许噪音标准。

　　④木粉尘：本项目砂光机产生的木粉若处理不当会影响工人的健康。气力输送管道系统若设计不好，也会产生粉尘，造成车间内环境污染，旋风分离器设计不当会造成厂区环境污染。

　　⑤其他：高速转动的机械设备，各种电器设备及为生产所需而设置的坑沟及升降口、走台等处，若没有适当的防护措施，易造成人身伤害事故。

　　(3)防治措施

　　中密度纤维板车间的主要设备选用上海人造板机器厂生产的设备，是目前年产 50000m³ 中密度纤维板自动化生产线的最佳设备之一。同时采用屋顶轴流风机强制通风；砂光粉尘采用布袋式旋风分离器，其效率为 99%。

　　胶黏剂在制作过程中采用负压加料，避免了甲醛气体的挥发。

　　凡散发游离甲醛气体的设备上方均安装排气罩、屋顶轴流风机，并在车间墙上安装多台轴流风机进行强制通风，以降低车间内游离甲醛气体的浓度。

强噪音设备的基础用减振处理，并与车间隔离。各种风机和空压机采用单独小房音隔离，封闭噪音的扩散。国产削片机的噪音治理目前国内尚无良好的解决办法，削片工段采用轮班工作制，缩短工时，以减轻人体接触声源的机会和程度，并对操作人员发放防护耳塞、耳罩以达到国家标准。

对锅炉房的工人要定期发放防护眼镜、防尘服、防尘口罩等个人防护用品，增加除尘、降温措施以减少工人肺病的发生。

合理布置机器和工作台等设备，便于工人安全操作；各车间内外平台、过道、楼梯处加设围栏；暴露在设备外部的旋转、转动部位及工人可能到达的坑、沟等处均设置防护装置；电气设备采用接零、接地等保护措施；车间内设置"当心触电""严禁烟火"等警告标志。

车间内应设置劳动保护管理人员（兼职），要制定各种安全操作规程，定期向工人发放个人劳动保护用品，严格限制加班加点，加强对女工的劳动保护，定期为工人进行身体检查，加强安全生产教育，以减少这些劳动过程中的有害因素对人体的危害。

（4）预期效果及评价

本项目危害职业安全的因素主要是游离甲醛气体、木粉尘及噪音，针对以上因素考虑了相应的防治措施，使车间内空气中游离甲醛气体浓厚控制在 $3mg/m^3$ 以下、木粉尘在 $10mg/m^3$ 以下，除削片工段外其他操作工 8h 内所受噪音均小于 86dB（A）。

车间内的通风、采光、照明、企业的安全防护等分别到了有关标准。

7.2.5.2 消 防

（1）设计依据

①国发［1984］69 号文《中华人民共和国消防条例实施细则》。

②GB 50016—2014《建筑设计防火规范》。

③《消防手册》。

④GB 50140—2005《建筑灭火器配置设计规范》。

⑤《建筑技术标准规范》汇编。

（2）主要防火措施

①工艺：中密度纤维板生产中凡有火灾危险发生的设备内均装有火花自动探测器及灭火装置，如干燥设备、干纤维输送设备等。

②总图：总图布置中功能分区明确，有生产区、动力区、原料区、化工库区、办公区及生活区等。化工库区及锅炉房设在原料场和备料工段的下风向。各建筑物间留有足够的防火间距。厂区道路呈环形布置通向各车间。路面宽6～8m，符合消防要求。原料场设环形消防道并在适当位置设置一定数量的消火栓。

③建筑：本项目的各单位火灾危险属丙类，各建筑物均按二级耐火等级设计。跨度较大的建筑物采用钢筋砼单层排架、薄腹梁、大型屋面板，其他建筑物用砖混凝土结构。各建筑物的安全出口不得少于2个。

④消防：本项目在供水、厂区水网、厂区热网、消防等共计投入49.91万元，其中用于购置消防设备约5万元。各车间内设置消防栓。厂区内环形供水网上设置地下消火栓。在原料场设置专用消防供水管网和消防栓。室内外按规范要求设置消防灭火器。室内外配

置低压消防设施。

⑤其他：电器、通风、采暖、供汽、供油等系统均按规范设置了相应的防火设施。

（3）结论

本项目在工艺、厂区、建筑、消防等方面均按国家规范设计了相应的消防措施，分别达到了国家的有关规定。

7.2.6　劳动定员与人员培训

7.2.6.1　工作制度

（1）年工作日：280d。

（2）日工作班次：原料场 1 班，削片 2 班，中密度纤维板车间 3 班，制胶车间 3 班。

（3）班有效工作时间：7.5h。

本项目实行 40h/周工作制。为保证企业正常生产，有利于提高工时效率和设备利用率，年 280d 有效工作日通过人员倒班予以实现，实际安排工人按 4 班安排。以于行政，销售部门，机修车间、配电室和锅炉房等处的工作制定可按国家有关规定及参照类似企业的实际情况制定。

7.2.6.2　劳动定员

（1）全厂人员编制见表 7-33。

表 7-33　全厂人员编制表

序　号	单位名称	人　数	备　注
1	厂　部	36	
	其中：行政人员	8	
	生产技术	5	
	财务会计	3	
	供应销售	15	包括仓库保管员
	保卫消防	5	
2	主生产车间	61	
	其中：生产工人	49	
	辅助工人	8	
	管理人员	4	
3	制胶车间	11	
4	锅炉房	17	
5	变电室	9	
6	原料场及地磅房	5	
7	机修车间	8	
8	食　堂	4	
9	车　队	4	
	合　计	155	

（2）中密度纤维板车间定员见表 7-34。

表 7-34　中密度纤维板车间定员表

序　号	工位名称	生产班次	每班人数	合计人数	备　注
1	削　片	2	2	4	
2	热　磨	4	1	4	含磨刀工
3	干　燥	4	1	4	
4	调　胶	4	1	4	
5	施　胶	4	1	4	
6	铺装成型	4	1	4	
7	热　压	4	2	4	
8	锯　边	4	1	4	
9	砂　光	2	2	4	
10	统计员	1	1	1	
11	检验员	4	1	4	
12	车间主任	1	2	2	
13	技术人员	1	2	2	
14	电　工	4	2	8	
15	辅助工			8	
	合　计			61	

7.2.6.3　人员培训

为确保产品质量和生产效益，保证设备的安全运行，要加强对人员的培训，未经专业技术培养的人员不得上岗。

（1）培训要求

①车间主任：要求必须熟悉车间生产工艺过程及技术特点，能及时处理生产中发生的主要问题，要对全车间生产计划的全面完成及安全生产负责。

②车间技术员：要求对车间的设备性能有全面的了解，能及时处理各种设备所发生的故障，应对生产工艺技术、产品质量负责，要具备一定专业学历和具有一定生产经验。

③工段长：要求工段长不脱产，既能参加生产又是班组的生产组织者；要有较高的技术水平，能单独处理本工段的生产技术问题。

④生产工人：根据不同工种的技术要求，经过应知应会的培训和技术考核后，要达到能胜任本岗位工作或高一级的技术水平。

（2）培训计划

为节约资金，减少开支，车间主任，工段长和30%的生产工人，在国内较先进的同类厂家进行技术培训。培训时间以达到本岗位要求的操作技术水平为止；工人培训后回厂参加本项目的设备安装和调试工作。其余生产工人在上岗后，由经培训过的工人在本厂进行在职培训，逐步达到能胜任本岗位工作要求，电工和锅炉工招工时招收经过培训的工人，或自费培训获得上岗证，培训计划见表7-35。

表 7-35 培训计划表

序 号	部门及工种	人 数	地 点	备 注
1	中密度纤维板车间	19		
	其中：车间主任	2	北 京	
	生产工人	11	北 京	
	检 验	1	北 京	
	化 验	1	北 京	
	电 工	1	北 京	
	机 修	2	北 京	
2	锅炉房	17	呼和浩特	获得上岗证书
3	变电室	8	呼和浩特	
4	制 胶	6	北 京	
	合 计	50		

7.2.7 项目建设实施计划

本项目建设期为 1 年，具体安排如下：

（1）第 1 年 7 月：初步设计。

（2）第 1 年 8—12 月：设备订货、土建施工图设计、非标设备设计。

（3）第 1 年 9—第 2 年 5 月：土建工程施工。

（4）第 2 年 5—8 月：设备安装、调试。

（5）第 2 年 9—11 月：试产。

（6）第 2 年 10 月—第 3 年 9 月：投产，生产能力达到 80%。

（7）第 3 年 10 月：正常生产。

项目进程安排见表 7-36。

表 7-36 项目实施进程安排表

时间\内容	第 1 年							第 2 年										
	6	7	8	9	10	11	12	1	2	3	4	5	6	7	8	9	10	11	12
前期工作																			
初步设计																			
设备订货																			
施工图设计																			
非标设备设计																			
非标设备制造																			
土建工程																			
设备安装																			
设备调试																			
试生产																			
投 产																			

7.2.8 投资估算与资金筹措

本项目属新建基本建设项目，建成后利用当地丰富的灌木资源(沙柳等)生产中密度纤维板。中密度纤维板生产线设备选用上海人造板机器厂与德国 Siempelkamp 公司合作生产的设备，关键主机设备热磨机和水洗机选用奥地利安德里茨公司德设备。

7.2.8.1 投资估算

本项目建设投资采用指标法估算，执行国家颁发的投资估算指标，其他费用的确定，根据林业部(原)编制的《林产工业工程建设其他费用定额》国家标准及类似营运企业的情况确定。投资估算指标和取费标准：

(1)建筑工程费：根据当地条件，采用类似工程单位造价指标进行估算。

(2)安装工程费：按设备费用的 8.0% 估算，辅助生产工程按设备费用的 15% 估算。

(3)设备费用：包括设备购置费和设备运杂费两部分，设备购置费中专门设备部门根据厂家最新提供报价，进口设备以到岸价格计算；设备运杂费为 8.0%。

(4)其他费用

①建设单位管理费：按建安工程费用的 1% 估算。

②生产工人培训费：按每人培训费 5000 元计算。

③办公及生活家具购置费：按每位职工 150 元估算。

④联合试运转费：按试运转工程项目投资的 1% 估算。

⑤勘察设计费：按工程项目费用的 1.8% 估算。

⑥供电贴费：按 550 元/kVA 计算。

⑦工位器具费：按设备费有的 1.5% 计算。

⑧预备费：基本预备费取工程费用，其他费用的 5%，涨价预备金(设备材料价差)按国家规定的工程费用每年用款数量为基础，按物价指数 5% 年递增。

⑨固定资产投资方向调节税：根据新发布的文件固定资产方向调节税停征。

7.2.8.2 基础数据

本项目建设期(按资金实际投入计)，为 12 个月，投产后第 1 年生产负荷达到设计能力的 80%，第 2 年起每年达 100%，生产期 15 年，整个项目计算期 16 年。

(1)项目总投资：项目总投资＝固定资产投资＋固定资产投资方向调节税＋建设期利息＋流动资金，项目总投资为 7533.09 万元。

(2)建设投资构成及估算：固定资产投资总额由工程费用，其他费用、不可预见费用构成，总额为 6392.38 万元。该项目固定资产投资方向调节税根据国家规定免征。建设期利息 149.24 万元。

(3)流动资金估算：流动资金估算，按分项详细估算法进行估算，其中储备、生产、销售 3 个环节正常占用的资金核定为，储存 2 个月的原材料、1 个月的燃料、2 个月的化工原料，库存 1 个月的产品，流动资金正常年为 991.47 万元。

7.3　沙生灌木生态卷材工程设计

7.3.1　项目概述

（1）项目简介

本项目利用沙生灌木纤维制成具有一定厚度的生态材料（卷材），是以沙生灌木为主要材料，以普通纸为增强连接体，通过用人造板生产技术与纤维编织技术而制成的一种复合体。此种复合体具有一定的厚度和相当的湿拉强度，由植物纤维组成，因此具有较强的吸水和保水性能，同时含有大量的多糖，可为植物体生根发芽提供充足的营养物质和水源。在植物纤维卷材制造过程中置入沙生灌木种子（如柠条、沙蒿、沙柳、沙打旺、杨柴、花棒等）、保水剂及其他植物生长调节剂，制成包含有植物种子的植物生态材料（卷材），将此种卷材运输到育苗基地，在一定的温度和湿度的环境条件下，3~5d 种子即可发芽，芽根就可穿透卷材。将此种预先繁育后的卷材以网格状或带状铺设在沙漠上，发芽后的树种就可以在沙漠上生长，从而达到治理沙漠的目的。

（2）主要技术经济指标（表 7-37）

表 7-37　主要技术经济指标

序　号	名　称	单　位	数　量	备　注
1	育　苗	万亩/a	1	
2	治理沙地	万亩/a	10	
3	消耗木材量	万 t/a	0.7	
4	生态材料生产能力	万 m³/a	3.5	
5	项目总投资	万元	5000	
	其中：固定资产投资	万元	3500	
	流动资金	万元	1420	
6	建设期利息	万元	80	
7	成　本	元/亩	166	
8	建设期	年	2	
9	职工定员	人	86	
10	年产值	万元	4335	
11	年利税	万元	2000	
	投资利税率	%	44.4	

7.3.2　生产工艺及设备

7.3.2.1　生态材料生产线

生态材料生产线工艺流程见图 7-2。

7.3.2.2　主要设备

生态材料生产线主要设备见表 7-38。

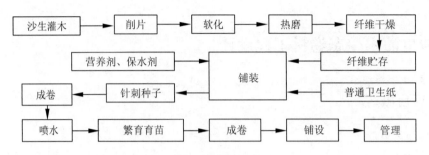

图 7-2　工艺流程

表 7-38　主要生产设备明细表

序　号	设备名称	单　位	数　量	备　注
1	削片机	台	1	镇　江
2	风送系统	套	3	自　制
3	热磨机	台	1	上　海
4	纤维气流干燥机	套	1	上　海
5	添加剂施加系统	套	1	上　海
6	木纤维贮存料仓	台	1	上　海
7	梳理机	台	1	上　海
8	转差式铺网机	台	1	上　海
9	混杂纤维开松机	台	2	上　海
10	预刺机	台	1	北　京
11	主刺机	台	1	北　京
12	成卷机	台	1	上　海
13	混杂纤维气流铺装机	台	1	上　海
14	纤维喂给机	台	1	上　海
15	喷水机	台	1	上　海
16	叉　车	台	2	镇　江
17	汽　车	辆	2	十　堰
18	锅　炉	台	1	呼和浩特
19	地　磅	台	1	常　州

7.3.3　项目建设

7.3.3.1　建筑工程

生态材料生产线主要建筑工程见表 7-39。

表 7-39　主要建筑工程明细表

序　号	建筑名称	单　位	数　量	备　注
1	削片工段	m²	160	敞　棚
2	主车间	m²	960	
3	锅炉房	m²	360	
4	变电室	m²	108	
5	水泵房	m²	108	

（续）

序　号	建筑名称	单　位	数　量	备　注
6	地磅房	m²	8	
7	成品库	m²	960	简易棚
8	办公室	m²	540	
9	宿　舍	m²	120	
10	厂区工程	m	1000	围墙、道路

7.3.3.2　育苗基地

育苗基地拟建在生态材料生产基地附近，主要建设内容见表7-40。

表 7-40　主要建设内容明细表

序　号	项目名称	单　位	数　量	备　注
1	平整土地	hm²	120	
2	微喷灌溉系统	hm²	120	
3	机　井	眼	8	
4	遮阳棚	hm²	120	
5	办公室及库房	hm²	4000	
6	网围栏	m	2400	
7	道　路	km	6	
8	绿　化	hm²	4	
9	拖拉机	台	8	
10	汽　车	辆	8	十　堰

7.3.3.3　建设规模

（1）年治理沙地：6667hm²。

（2）年生产生态材料：3.5 万 m³。

（3）年育苗：667hm²。

7.3.3.4　建设地点

中国北部由西向东断续分布着一个内陆沙区系列，毛乌素沙地位于整个沙区系列的中部，占据着鄂尔多斯高原南部和黄土高原北部区域，跨内蒙古、陕西、宁夏三省区，总面积约40000km²，其中约2/3 面积分布在内蒙古伊克昭盟（现鄂尔多斯市，下同）境内。鄂尔多斯高原广泛分布的白垩纪砂岩和周边分布的黄土中夹沙——上更新统萨拉乌苏系沙层，经水蚀、风蚀及搬运作用，为沙地的形成提供了丰富的沙源，构成了现今毛乌素沙地的主要物质基础。整个毛乌素沙地自西北向东南倾斜，海拔 1200～1600m。地表形态主要有两类，即梁地与滩地相间分布和沙丘与滩地相间分布。梁地大多为砂岩构成，上覆不同厚度的沙层，少有裸露。滩地为古冲积层和湖河相沉积物，厚度几十米至几百米，主要成分是细、粉沙粒。沙地受多旱、多风、风大等自然因素的影响，以及历史和现代人为不合理的开垦、樵采、放牧、狩猎等原因，逐使原本脆弱的沙地生态系统遭到严重的破坏，再经风力作用就形成本地区广为分布的流动沙丘和不断扩大的沙化土地，尤其地处毛乌素沙地腹部的乌审旗沙化程度更为突出，全旗土地几乎全部沙化，其中严重沙化的流动沙丘超过49%。毛乌素沙地地下水资源比较丰富，分布普遍但不平衡。据水文地质部门勘察测量，仅浅层地下水储蓄量达1203亿t，地下水主要靠大气降水补给，补给量多年平均为14亿t，地下水水质较好，矿化度小于1g/L。

乌审旗地处毛乌素沙地腹部，全旗总土地面积1206200hm²，占毛乌素沙地总面积的29%，经过几十年的治理，截止1999年底，全旗有林面积达55333hm²，林木覆被率达18.3%，20世纪80年代以来上级在治沙工程项目上给予了大力的支持，广大农牧民也付出了辛苦，加大了治理的力度。但由于地大沙多、条件恶劣、劳力偏少，全旗尚有466667hm²荒沙没有治理，生态环境恶化的趋势尚未得到根本有效的遏制，这些荒沙的存在，给各项事业的发展带来诸多不利，对此，必须加大治理力度，尽快恢复植被，改善环境。乌审旗"十五"、2015年林业建设总体目标指出：①近期目标(2000—2005年)全旗总规划治理面积22.48万hm²，其中人工造林6.53万hm²。人工种草4.81万hm²，飞播造林种草11.14万hm²。另外围封禁牧699万hm²，设立自然保护区3万hm²，城镇草坪绿化2.99hm²。期末林木覆盖率达到27.13%，植被覆盖度达到59.92%，年入黄泥沙减少500多万吨。经过近期建设，坚决遏制人为因素产生的新的荒漠化土地和水土流失，生态环境建设初见成效。②远期目标(2006—2015年)全旗总规划治理面积38.82万hm²。其中人工造林10.87万hm²，人工种草5.98万hm²，飞播造林种草21.97万hm²。另外围封禁牧10.44万hm²。期末全旗林木覆盖率达到43.47%，植被覆盖度达到79.23%，年入黄泥沙总量减少到500万t以下，全面遏制荒漠化发展趋势及水土流失，从根本上实现生态环境的良性循环。

为了治理毛乌素沙地，控制土地沙化，改善沙区环境条件，合理利用沙地光、热、水、土、生物等资源，提高沙地生产力，发展沙区经济。并为中国草原带和荒漠带辽阔的沙区改造及利用寻求科学方法、提供优化模式，当时的内蒙古科学技术委员会、内蒙古林业厅、伊克昭盟公署经过论证，于1983年10月决定在内蒙古乌审旗图克苏木境内建立内蒙古毛乌素沙地开发整治研究中心，承担毛乌素沙地综合治理与合理利用的研究项目。参加本项目研究的有内蒙古农业大学、内蒙古林业科学研究院、伊克昭盟林业治沙研究所、中国科学院兰州沙漠研究所、内蒙古水利科学研究所、内蒙古大学等单位的科研人员。另外，从1986年起中国和日本科学家经过在毛乌素沙地现场进行考察，双方先后签订了为期6年的关于毛乌素沙地综合治理与合理利用中日科技合作计划，同时中日合作研究还得到了两国政府机构、众多研究单位及民间企业的有力支持。

本建设项目需征沙地90hm²，厂址拟选在伊克昭盟乌审旗图克苏木图克镇北侧1km以北。图克苏木拥有土地总面积1096km²，其中流动沙地占65%，固定和半固定沙地占10%，滩地占25%，现有沙生灌木林面积约330km²，原料供应充足，该镇目前建有1座年产10000m³刨花板生产线(1993年底投产)。图克镇地下水资源丰富，多雨年份地下水位可达滩地地表，低洼处则有季节性积水，干旱年份滩地地下水埋深0.5~1.5m，人畜饮用及农作物灌溉都取自浅层地下水，水资源供应有保障。图克镇地处伊金霍洛旗——乌审旗公路中段，西距乌审旗旗政府所在地70km，东距伊金霍洛旗旗政府所在地60km，距伊克昭盟盟政府所在地(东胜市)120km，道路已硬化，交通运输方便，燃料、电力、原材料供应有保障。项目建成后，产品用于治理毛乌素沙地运距最短，同时也可运输到库布其沙地进行沙漠治理，是十分理想的建厂厂址。

7.3.3.5　建设期限

本项目拟在毛乌素沙地乌审旗图克镇建设，沙地平整后开槽沉沙，建设砖混结构单层厂房及育苗大棚，项目建设期为 2 年。

7.3.4　原材料及外部配套

7.3.4.1　原材料

（1）灌木纤维

1949 年以来，党和政府十分重视风沙危害地区的造林工作，20 世纪 50 年代初，继三北防护林建设工程实施后，伊盟毛乌素沙地、库布其沙地的东段和北缘陆续成立治沙站，营造了大面积的防风固沙林，产生了显著的生态效益、经济效益和社会效益。20 世纪 70 年代后，进一步加强植被建设，制定了以治沙为重点的农林牧水综合治理规划，造林中大量采用灌木树种和草本植物。如伊金霍洛旗，由于土地利用不合理，农田大面积沙化，作物产最很低，以后经过压缩耕地面积，发展林业牧业，大力营造防风固沙林、用材林，使森林覆盖率达到 24.2%，大大减轻了风沙危害，粮油作物丰收，牧业兴旺。1980 年，提出了植被建设是伊克昭盟最大基础建设的口号作为行动纲领。1995 年，做出了《关于进一步加强植被建设的决定》，并成立了植被建设办公室。1998 年，所属 7 旗 1 市被国家列入生态建设重点县，开始生态环境建设的新征程。

经过 50 年坚持不懈的努力，特别是 20 世纪 70 年代后的艰苦奋战，伊盟的林业建设取得了巨大成绩，有林地面积达到 1834.5 万亩，其中柠条 900 万亩（占有林地而积的 49.1%，下同），沙柳 680.55 万亩（占 37.1%），沙棘 49.5 万亩（占 2.7%），还有杨树、柳树、樟子松、油松、杨柴、花棒等。森林覆盖率达到 14.09%。现有沙柳枝条总蓄积是达 816.7 万 t，如以 3 年为一平茬利用周期，平均每年可产湿沙柳条 272.7 万 t。本项目建成后年耗沙柳 0.7 万 t，目前伊盟地区供建有 6 条沙柳人造板生产线（设计生产能力 6 万 m^3），年耗沙柳原料仅 7 万 t，因此本项目建设的沙柳原料供应足够。

（2）灌木种子

本项目拟种植柠条、沙蒿、沙柳、沙打旺、杨柴、花棒等沙生灌木，本项目年耗灌木种子 8640kg，灌木种子在伊克昭盟、包头市、呼和浩特市等各种子站都有供应，灌木种子供应足够。

（3）水、电、煤

①供水：本项目拟建在乌审旗图克镇，地下水资源丰富，本项目建成后平均耗水 3t/h，水资源供应有保障。

②供电：伊盟地区电力供应充足，图克镇建有 10kV 变电站供电电网，并与华北地区并网供电，本项目装机容量为 800kW，电力供应有保障。

③燃料：伊盟地区盛产煤炭，价廉质优，本项目年耗煤 3000t，燃煤供应有保障。

7.3.4.2　外部配套

本项目建成后外部配套情况良好，通往旗政府和盟政府所在地的公路均为二级油路，各嘎嗟均能通汽车，交通运输方便。图克镇已上程控电话网，通讯方便。目前该镇建有年产 10000m³ 刨花板生产线，机修设施也比较完善，对本项目的建设创造了良好的条件。该镇是通往乌审旗、伊盟一化、伊盟二化、杭锦旗等地的必经之路，娱乐场所、招待所、饭店等公用设施齐全。随着造林事业的发展，结合国家退耕还林试点示范项目在乌审旗的实施，不断推广先进林业科学技术，加速科研成果转化，极大地调动了广大农牧民种植沙生灌木的积极性（乌审旗刨花板厂的投产，使图克镇种植沙柳的农牧民得到了可观的收益），伊盟的林业生产形势出现前所未有的局面，生态环境也大为改观，人民群众的生活水平和质量有了明显提高。目前，项目建设区范围内，农业机械化装备水平有所提高，拥有大量中小型农用拖拉机及机引作业机械以及农用运输车辆、灌溉机械等，一些林场、苗圃和农户也购置不少农用车辆和耕作机械，这对于进行大规模治沙造林、提高劳动生产率和作业质量、实现林业生产现代化是极为有利的。

7.3.5 投资估算与资金筹措

7.3.5.1 投资估算

投资估算见表 7-41。

表 7-41 投资估算表

序 号	名 称	金 额/万元	备 注
1	生态材料生产车间	1800	可生产中纤板
2	育苗基地	1200	可种植花草、蔬菜
3	公用工程	500	
4	流动资金	1500	含建设期利息
	合 计	5000	

7.3.5.2 资金筹措

项目总投资 5000 万元，其中国家投资 500 万元，贷款 1500 万元，企业自筹 3000 万元。

参考文献

[1]屠志方,李梦先,孙涛.第五次全国荒漠化和沙化监测结果及分析[J].林业资源管理,2016(1):1 -5,13.

[2]王喜明.沙生灌木人造板生产技术产业化现状与发展[J].林产工业,2012,39(1):53-55.

[3]冯利群,高晓霞,王喜明.沙柳木材显微构造及其化学成分分析[J].内蒙古林学院学报(自然科学版),1996,18(1):38-42.

[4]红岭,安珍.沙柳材物理力学性质的测定[J].林产工业,2012,39(4):56-59.

[5]丁志刚,任安海,苏亮明.浅谈沙柳的生物学特性,自然分布及平茬复壮技术[J].内蒙古林业调查设计,2005,28(Z1):36-37.

[6]孙丹妮,何维明,王艳红.水分供应对毛乌素沙地油蒿和羊柴种间关系的影响[J].生态科学,2018,134(2):13-19.

[7]安保,白永祥,田志.沙柳生物学特性与造林技术研究[J].内蒙古林业科技,2003(S1):24-26.

[8]张文鑫,宋玮,宋志强,等.不同处理对北沙柳扦插繁殖的影响研究[J].北方农业学报,2014(5):32-33.

[9]段争虎,刘新民.沙坡头地区土壤结皮形成机理的研究[J].干旱区研究,1996(2):31-36.

[10]闫淑英.沙生灌木生物质能源林研究概述[J].内蒙古林业调查设计,2015,38(6):33-35.

[11]张立鹏.优良沙生灌木育苗及造林技术研究[J].防护林科技,2016(7):49-51.

[12]胡建鹏,邢东,姚利宏.沙生灌木基精细林产化工材料研究进展[J].安徽农业科学,2018(15):18 -19,94.

[13]何苗,宁虎森,罗青红,等.几种沙生灌木光合作用及水分生理特征比较[J].防护林科技,2018 (1):9-13.

[14]员艳丽,王铁娟,郑星星,等.5种蒿属沙生半灌木形态特征的比较研究[J].内蒙古师范大学报(自然汉文版),2016,45(1):64-70.

[15]陈艳.鄂尔多斯市造林总场森林抚育浅析[J].内蒙古林业调查设计,2019,42(2):9-10.

[16]何建龙,蒋齐,王占军.宁夏干旱风沙区人工柠条灌木林种群生物量动态分析[J].宁夏农林科技,2014(12):14-16.

[17]石坤,贾志清,张洪江,等.青海共和盆地典型固沙植物根系分布特征[J].中国水土保持科学,

2016，14(6)：78 - 85.

[18]古君龙. 荒漠草原中间锦鸡儿冠层水文过程研究[D]. 宁夏：宁夏大学，2018.

[19]苏芳，李敏，任颖，等. 花棒根系深色有隔内生真菌定殖结构和分离培养特征研究[G]. 中国菌物
学会 2018 年学术年会论文汇编，2018.

[20]李荣晨，程风琴. 花棒、杨柴种子活力的研究[J]. 陕西林业科技，1988(4)：21 - 23.

[21]高菲. 沙柳沙障对土壤理化性质的影响[J]. 内蒙古农业大学，2006，27(2)：39 - 42.

[22]安守芹，于卓，孔丽娟，等. 花棒等四种豆科植物种子萌发及苗期耐盐性的研究[J]. 中国草地学
报，1995(6)：29 - 32.

[23]安守芹，于卓. 四种固沙灌木苗期抗热抗旱性的研究[J]. 干旱区资源与环境，1995(1)，72 - 77.

[24]马虹，屠骊珠，王迎春，等. 花棒胚胎学研究[J]. 植物学报，1994(S1)：56 - 56.

[25]王玉魁，安守芹. 沙生饲用灌木对种的适应性评价[J]. 林业科学研究，1996，9(1)，21 - 26.

[26]李茂哉，赵克昌. 宝中铁路防沙护路林带树种选择及营造技术研究[J]. 甘肃林业科技，1999(1)：
15 - 20.

[27]杨明，董怀军. 四种沙生植物的水分生理生态特征及其在固沙造林中的意义[J]. 内蒙古林业科技，
1994(2)：4 - 7.

[28]张利平，滕元文. 沙生植物花棒气孔导度的周期波动[J]. 兰州大学学报(自然科学版)，1996(4)，
128 - 131.

[29]李录章. 花棒、柠条蒸腾作用的研究[J]. 内蒙古林业，1999(6)，33 - 36.

[30]赵明范，葛成，翟志中. 干旱地区次生盐碱地主要造林树种抗盐指标的确定及耐盐能力排序[J]. 林
业科学研究，1997，10(2)，194 - 198.

[31]蔡新斌，吴俊侠. 甘家湖自然保护区白梭梭种群特征与动态分析[J]. 干旱区资源与环境. 2016，30
(7)：90 - 94.

[32]吴琼. 中国沙棘、云南沙棘表型多样性研究[D]. 兰州：西北师范大学，2007.

[33]郑淑霞，上官周平. 黄土高原油松和刺槐叶片光合生理适应性比较[J]. 应用生态学报，2007，18
(1)：16 - 22.

[34]齐虹凌，于泽源，李兴国. 沙棘研究概述[J]. 沙棘，2005，18(2)：37 - 41.

[35]李焱，袁雅丽，司剑华. 高寒地区不同气温和土温对乌柳生长的相关性分析[J]. 西部林业科学，
2018，47(2)：70 - 74.

[36]王琳，冯建菊，蒋学玮. 沙棘植物资源的综合利用[J]. 北方园艺，2002(6)：24 - 25.

[37]段利民，童新. 固沙植被黄柳、小叶锦鸡儿蒸腾耗水尺度提升研究[J]. 自然资源学报，2018(1)：
52 - 62.

[38]冀北. 沙荒地不同坡位黄柳生物沙障对物种组成及多样性的影响[J]. 西南农业学报，2018，31(8)：
153 - 158.

[39]何世玉，彭晓滨. 多枝怪柳引种及生长情况[J]. 青海农林科技，2002(2)：65 - 66.

[40]张霞，丁学利，郭玉琴等. 红花多枝怪柳引种及园林应用[J]. 陕西林业科技，2006(3)：59 - 61.

[41]包哈森高娃. 不同种源山杏苗期生长特征对干旱胁迫的响应[J]. 内蒙古林业科技，2015，41(4)：5
- 8.

[42]吴月亮，许森，张静涵. 山杏不同无性系的产量性状及种仁营养成分研究[J]. 西南林业大学学报，
2018，38(6)：27 - 33.

[43]姜雁. 山杏营养杯育苗技术及利用价值[J]. 现代园艺，2019，374(02)：32 - 33.

[44]张志鹏，翟双喜. 不同扦插部位及促根剂对沙地柏扦插生根的影响[J]. 黑龙江农业科学，2018(2)：

63 – 66.

[45] 吉国强. 浅探沙地柏在城市绿化中的运用[J]. 农业开发与装备, 2017(12): 123 – 123.

[46] 张海升, 冯利群, 高晓霞. 柠条的构造、纤维形态及化学成分的分析研究[J]. 内蒙古林学院学报(自然科学版), 1997, 19(1): 41 – 45.

[47] 郭爱龙, 张海升, 高晓霞, 等. 4 种锦鸡儿灌木材微观构造、纤维形态和化学成分的分析研究[J]. 内蒙古林学院学报(自然科学版), 1998, 20(1): 13 – 17.

[48] 红岭. 柠条材锯切特性及采伐机具的研究[D]. 内蒙古: 内蒙古农业大学, 2006.

[49] 郑宏奎, 高晓霞, 冯丽群, 等. 花棒材的构造、纤维形态及化学成分研究[J]. 四川农业大学学报, 1998, 16(1): 154 – 158.

[50] 冯利群, 郭爱龙. 杨柴木材的构造、纤维形态及其化学成分的分析研究[J]. 内蒙古林业科技, 1997(4): 45 – 47.

[51] 刘晓丽. 沙棘材的构造与材性及水分迁移的研究[D]. 呼和浩特: 内蒙古农业大学, 2002.

[52] 张桂兰, 王喜明, 车芬, 等. 沙漠地区 3 种工业用灌木的构造及酸碱特性研究[J]. 内蒙古农业大学学报(自然科学版), 2001, 22(2): 56 – 61.

[53] 王正, 郭文静. 木塑复合材料板制造工艺的因子研究[J]. 林产工业, 1996, 23(2): 8 – 9.

[54] 吴健身. 聚丙烯纤维对木塑纤维复合材料性能的初步研究[J]. 木材工业, 1997(6): 5 – 7.

[55] 王建军, 吴健身. 添加丙纶纤维及其改性处理对木塑复合材料性能的影响[J]. 林产工业, 1998, 25(4): 12 – 16.

[56] 中国林科院木材工业研究所木质复合材料专题组. 木/塑纤维复合材料力学性能平衡性初探[J]. 木材工业, 1998, 12(3): 19 – 20, 24.

[57] 中国林科院木材工业研究所木质复合材料专题组. 木/塑纤维复合工程材料工艺试验研究[J]. 木材工业, 1998, 12(4): 15 – 17.

[58] 郭文静, 鲍甫成, 王正. 可降解生物质复合材料的发展现状与前景[J]. 木材工业, 2008(1): 12 – 14.

[59] 李光哲. 木质复合材料的研究进展[J]. 木材加工机械, 2010(1): 42 – 45.

[60] 马英赖. 低碳经济下木质复合材料的发展趋势[J]. 黑江科技信息, 2012(26): 241 – 461.

[61] 饶久平. 木质复合材料的发展与展望[J]. 福建林学院学报, 2003(3): 284 – 287..

[62] 王豪, 王秀峰, 王学智, 等. POSS/聚合物纳米复合材料的研究进展[J]. 材料导报, 2012(5): 144 – 148.

[63] 庚斌. 表面改性巧麻/PLA 复合材料的界面及力学性能研巧[D]. 上海: 东华大学, 2013.

[64] 欧阳彦辉. 木塑复合材料的性能研究[D]. 合肥: 合肥工业大学, 2009.

[65] 付文, 王丽, 刘安华. 木塑复合材料改性研究进展[J]. 高分子通报, 2010(3): 61 – 65.

[66] 方桂珍, 刘一星. 低分子量 MF 树脂固定杨木压缩木回弹技术的初步研究[J]. 木材工业, 1996, 10(4): 18 – 12.

[67] 方桂珍, 李淑君. 低分子量酚醛树脂改性大青杨木材的研究[J]. 木材工业, 1999, 13(5): 17 – 19.

[68] MYERSETC G E. Wood flour/polypropylene composites: Influenceofmaleated polypropylene and process and composition variables on me – chanical properties[J]. Intern. J. Polymer Mater, 1991, 15: 21 – 44.

[69] 王恺. 木粉—塑料复合模压用材: 木屑高效利用的新途径[J]. 林产工业, 1993, 20(6): 40 – 42.

[70] 王戈, 等. 聚氯乙烯废料的含量对复合刨花板性能的影响[J]. 木材工业, 1998, 12(3): 6 – 9.

[71] 王恺. 木质纤维复合材料: 一种有发展前景的复合材料[J]. 木材工业, 1994, 4(2): 32.

[72] 王正. 木质复合材料: 木材工业的发展方向. 世界林业研究[J]. 1994(2): 40 – 45.

[73]冯小明，张崇才．复合材料[M]．2版．重庆：重庆大学出版社，2011．

[74]龙超．沙柳石膏刨花板[J]．国际木业，2006(3)：20－21．

[75]金维洙，马岩．重组木制造工艺学[M]．哈尔滨：东北林业大学出版社，1998．

[76]阿伦，高志悦，马岩，等．沙柳材重组木的研制[J]．林业科技，2006，31(6)：35－37．

[77]阿伦，马岩，高志悦．木束形态对沙柳材重组木性能的影响[J]．林业科技，2007，32(1)：53－55．

[78]阿伦，高志悦，马岩．施胶量和断面结构对沙柳材重组木性能的影响[J]．林业科技，2007，32(2)：42－43．

[79]李奇，高峰，赵雪松，等．沙柳重组模板基材制造工艺研究[J]．内蒙古农业大学学报(自然科学版)，2010，31(1)：205－209．

[80]李奇，高峰，于秋霞，等．板坯结构、施胶方式对沙柳重组复合板性能的影响[J]．内蒙古农业大学学报(自然科学版)，2009，30(4)：204－207．

[81]李奇，赵雪松，高峰，等．混凝土模板用沙柳重组复合板的制备工艺[J]．木材工业，2011，25(3)：19－22．

[82]王恺．木材工业实用大全(人造板表面装饰卷)[M]．北京：中国林业出版社，2002．

[83]GB/T 17657—1999，人造板及饰面人造板理化性能试验方法[S]．

[84]GB/T 17656—1999，混凝土模板用胶合板[S]．

[85]LY/T 1574—2000，混凝土模板用竹材胶合板[S]．

[86]谭守侠，周定国．木材工业手册[M]．北京：中国林业出版社，2007．

[87]周定国．人造板工艺学[M]．北京：中国林业出版社，2011．

[88]东北林业学院．刨花板制造学[M]．北京：中国林业出版社，1991．

[89]GB 50827—2012．刨花板工程设计规范[S]．

[90]GB 50822—2012．中密度纤维板工程设计规范[S]．

[91]JB01—066．刨花板厂建设标准[S]．

[92]丁志刚，任安海，苏亮明．浅谈沙柳的生物学特性，自然分布及平茬复壮技术[J]．内蒙古林业调查设计，2005，28(S1)：36－37．

[93]刘涵．中国沙棘遗传多样性与亲缘地理学研究[D]．北京：北京师范大学，2009．

[94]刘歌畅，王安宁，陈海鹏，等．冀北沙荒地不同坡位黄柳生物沙障对物种组成及多样性的影响[J]．西南农业学报，2018，31(8)：